Digitaltechnik - Eine praxisnahe Einführung

Armin Biere · Daniel Kröning ·
Georg Weissenbacher · Christoph M. Wintersteiger

Digitaltechnik -
Eine praxisnahe Einführung

Prof. Dr. Armin Biere
Institute for Formal Models and Verification
Johannes Kepler University
Altenbergerstr. 69
A-4040 Linz, Österreich
biere@jku.at

Prof. Dr. Daniel Kroening
Georg Weissenbacher
Christoph M. Wintersteiger
Computer Systems Institute
ETH Zürich
8092 Zürich, Schweiz

daniel.kroening@inf.ethz.ch
georg.weissenbacher@inf.ethz.ch
christoph.wintersteiger@inf.ethz.ch

ISBN 978-3-540-77728-1   ISBN 978-3-540-77729-8 (eBook)

DOI 10.1007/978-3-540-77729-8

Bibliografische Information der Deutschen Nationalbibliothek
Die Deutsche Nationalbibliothek verzeichnet diese Publikation in der Deutschen Nationalbibliografie;
detaillierte bibliografische Daten sind im Internet über http://dnb.d-nb.de abrufbar.

Satz: Reproduktionsfähige Vorlage der Autoren
Einbandgestaltung: WMX Design GmbH, Heidelberg
Production: LE-TEX Jelonek, Schmidt & Vöckler GbR, Leipzig, Germany

Gedruckt auf säurefreiem Papier

9 8 7 6 5 4 3 2 1

springer.com

Vorwort

Die Digitaltechnik ist heute allgegenwärtig. Wir finden sie als eine Basistechnologie für ein großes Spektrum von informationstechnischen Anwendungen in nahezu allen Lebensbereichen. In der Digitaltechnik kommen viele verschiedene Disziplinen zusammen – naturwissenschaftliche wie die Physik, geisteswissenschaftliche wie die Mathematik, ingenieurwissenschaftliche wie die Elektrotechnik, und schließlich die Informatik, die Anteile aus all diesen Disziplinen vereinigt. An den Schnittstellen dieser Gebiete sind die Forschungsaktivitäten besonders lebendig – dies ist einer der Gründe für den rasanten Fortschritt in der Digitaltechnik.

Die thematische Breite ihrer Wurzeln macht die Digitaltechnik zu einem Grundlagenfach der verschiedensten Studiengänge an Universitäten und Fachhochschulen. Die Lebendigkeit des Gebietes bringt es mit sich, dass das bestehende Lehrmaterial immer wieder überarbeitet und ergänzt werden muss. Allerdings ist es nicht einfach, ein gutes Grundlagenlehrbuch zu schreiben. Zum einen liegt das an der schieren Größe des Gebietes. Wo soll man Schwerpunkte setzen, wo vertiefen, ohne die Darstellung zu überfrachten? Worauf kann man andererseits in einem Einführungsbuch verzichten? Und: wie berücksichtigt man den stetigen Wandel; welche Themen werden in fünf Jahren noch relevant sein? Zudem gilt es, ein ausgewogenes Verhältnis von theoretischen Grundlagen und Bezug zur Praxis zu finden.

All diese Abwägungen sind in dem vorliegenden Buch sorgfältig berücksichtigt worden. Das Buch vermittelt den Studierenden sowohl einen breiten Überblick über das Fachgebiet als auch eine fundierte Ausbildung in den wesentlichen theoretischen Grundlagen. Dabei wendet sich der Blick immer wieder auf moderne Entwicklungen im Bereich des Entwurfs informationstechnischer Systeme. Bekanntlich entwirft heutzutage kein Schaltungsentwickler seine Hardware noch von Hand. Stattdessen verwendet er Methoden des *Computer-Aided Design* (CAD), wofür leistungsfähige Softwarewerkzeuge zur Verfügung stehen. Der heutige industrielle Entwurfsprozess ähnelt in weiten Teilen eher dem Softwaredesign als der klassischen elektronischen Schaltungsentwicklung. Durch die damit einhergehende Automatisierung wurde die Produktivität des Entwurfsprozesses in den letzten Jahren drastisch erhöht und wird durch ständige Innovation immer weiter gesteigert. Um von diesen aktuellen Entwicklungen maximal profitieren zu können, ist es für einen Informatiker oder Ingenieur wichtig zu verstehen, was „hinter den Kulissen" solcher CAD-Systeme abläuft. Die Autoren vermitteln dieses Hintergrundwissen, indem sie die wichtigen Grundlagen der theoretischen Informatik in Beziehung setzen zu den Fragestellungen des rechnergestützten Entwurfs. Ein späterer „Designer" digitaler Systeme wird zwar in der industriellen Praxis selbst keine Entwurfsalgorithmen entwickeln. Dennoch versetzt ihn erst eine fundierte Vorbildung in die Lage, existierende CAD-Systeme produktiv einzusetzen, ihre Ergebnisse richtig zu interpretieren und die richtigen Designentscheidungen zu treffen.

Der konsequente Bezug zur Praxis zieht sich wie ein roter Faden durch alle Kapitel des Buches. Erläuterungen theoretischer Konzepte wie etwa der Booleschen Funktionen werden sofort um konkrete Anwendungen ergänzt, indem beispielsweise aufgezeigt wird, wie in der industriellen Praxis Schaltungen mittels sogenannter Hardwarebeschreibungssprachen entworfen werden. Die Autoren haben dazu die weit verbreitete Sprache Verilog gewählt und benutzen sie im gesamten Buch, um Beispiele behandelter Schaltungskonzepte vorzustellen. Die Leser werden angehalten, mit Hilfe frei erhältlicher CAD-Tools selbst praktische Erfahrungen zu sammeln. Gerade durch die Wahl der Sprache Verilog, die viele Ähnlichkeiten zu höheren Programmiersprachen wie Java aufweist, werden die Gemeinsamkeiten – aber auch die Unterschiede – des modernen Hardwareentwurfs im Vergleich zum Softwareentwurf für die Studierenden besonders deutlich.

Das vorliegende Buch gehört zu den wenigen Einführungen, die dem Thema der *Verifikation* digitaler Systeme ein eigenes Kapitel widmen. Kein anderes Thema spielt in der Praxis derzeit eine größere Rolle. In der Industrie entfallen heute bis zu 80% der Entwurfskosten für ein *System-on-Chip* auf die Verifikation, also auf das Problem zu entscheiden, ob ein Systementwurf alle funktionalen Anforderungen erfüllt. Diese Situation spiegelt sich sogar in den Personalentscheidungen der Firmen wider: Für den Schaltungsentwurf werden heute genauso viele Verifikationsingenieure wie „klassische" Designer gebraucht. Die Autoren tragen dieser Tatsache Rechnung. Es werden sowohl wichtige theoretische Grundlagen gelegt, als auch der Bezug zur Praxis anhand von CAD-Werkzeugen hergestellt, die für die Studierenden frei erhältlich sind.

Das Buch schließt mit dem beispielhaften Entwurf eines Prozessors. Hier kommt nochmals alles Gelernte zum Einsatz. Die Wahl der Befehlssatzarchitektur der Intel x86-Prozessorfamilie ist für die Studierenden von besonderem Reiz, denn sie können die hierfür erstellten Programme auch auf dem eigenen PC laufen lassen. Es lässt sich nämlich die gesamte für die x86-Architektur verfügbare „Toolchain" (Assembler, Debugger, etc.) anwenden. Für den Lernenden – gerade in den neuen Bachelorstudiengängen der Informatik, Elektrotechnik und Informationstechnik – entsteht so eine fundierte und umfassende Sicht auf Architekturen und Methodik der Digitaltechnik, die sowohl die Grundlagen für ein weiterführendes Studium als auch für die berufliche Praxis liefert.

TU Kaiserslautern, *Wolfgang Kunz*
Dezember 2007

⊙ **Danksagung**

Dieses Buch basiert auf einer Einführungsvorlesung in Digitaltechnik, welche in den Jahren 2001 bis 2007 von den beiden ersten Autoren am Informatikdepartement der ETH Zürich entwickelt wurde. Deshalb gilt der größte Dank natürlich den zahlreichen Assistenten, die beim Übungsbetrieb geholfen haben. Hervorzuheben sind Cyrille Artho, Viktor Schuppan und Gérard Basler. Auch möchten wir unseren ehemaligen Studenten danken, ohne deren positives Feedback das Buch wohl nie entstanden wäre. Schließlich stehen wir in der Schuld unserer Korrekturleser. So danken wir Angelo Brillout, Robert Brummayer, Susanne Cech Previtali, Veronika Licher, Dominik Stoffel, Oliver Trachsel und Thomas Wahl für die äußerst wertvollen Verbesserungsvorschläge.

⊙ **Extras im Web**

Zu diesem Buch stehen zahlreiche Extras zum Abrufen im Web zur Verfügung. Auf `http://www.digitaltechnik.org` finden Studenten weitere Übungsaufgaben, eine Fehlerliste, praktische Beispiele und Verilog-Quelltexte. Für Dozenten stehen Folien zur Begleitung einer auf diesem Buch basierten Vorlesung zum Abrufen bereit.

Inhaltsverzeichnis

Kapitel 1
Kombinatorische Schaltungen

1 Kombinatorische Schaltungen

In diesem Kapitel werden die Grundlagen gelegt, um *kombinatorische Schaltungen* zu verstehen, zu konstruieren und zu analysieren. Kombinatorische Schaltungen sind Schaltnetze bzw. Gatterschaltungen, welche aus Bausteinen zusammengesetzt sind, die logische Operationen implementieren.

Als angehende Ingenieure bestehen Sie selbstverständlich darauf, dass die Methoden, die wir Ihnen präsentieren, *mathematisch* fundiert sind. Der dafür notwendige Formalismus ist die *Boole'sche Algebra*.

1.1 Die Boole'sche Algebra

Die Boole'sche Algebra, auch Aussagenlogik genannt, beschäftigt sich ausschließlich mit binären Variablen und einfachen logischen Verknüpfungen wie „und", „oder" sowie „nicht". Der Name „Boole'sche Algebra" geht auf den Mathematiker George Boole (1815 – 1864) zurück. Die Wurzeln der Aussagenlogik kann man jedoch bis zu Aristoteles (384 v. Chr. – 322 v. Chr.) zurückverfolgen.

Eine Variable in einer Boole'schen Formel steht stellvertretend für eine Elementaraussage (z. B. „Albert Einstein war Schweizer"), der *semantisch* ein Wahrheitswert (*wahr* oder *falsch*) zugeordnet wird. In der Digitaltechnik handelt es sich dabei üblicherweise um Aussagen wie „die Spannung V_1 beträgt 5 Volt". Wir beschäftigen uns jedoch nicht mit der Interpretation der Elementaraussage, sondern ignorieren deren zugrunde liegende Bedeutung.[1]

Im Folgenden definieren wir die *Struktur* (Syntax) und die *Bedeutung* (Semantik) aussagenlogischer Formeln.

1.1.1 Syntax und Semantik

Eine Boole'sche Formel setzt sich aus Variablen und logischen Operatoren zusammen. Die Variablen sind *binär,* können also nur genau zwei Werte (wahr oder falsch) annehmen. Wir schreiben auch oft '1' für wahr und '0' für falsch. Zur Darstellung der Variablen verwenden wir in diesem Kapitel Kleinbuchstaben (a, b, ..., x, y, z). In den folgenden Kapiteln wird es jedoch durchaus auch üblich sein, Begriffe wie „Schalter", „Lampe" oder „carry" zu verwenden, um Variablen zu bezeichnen. In der Literatur (z. B. [Sch00]) finden sich auch oft Großbuchstaben (A, B, ...).

---

[1] Albert Einstein wurde 1879 in Ulm geboren und war bis zu seinem 17. Lebensjahr deutscher Staatsbürger, gab diese Staatsangehörigkeit jedoch auf, um dem Wehrdienst zu entgehen.

Tabelle 1.1. Übersicht der Boole'schen Operatoren

Bezeichnung	Boole'sche Logik	Algebraische Schreibweise	Verilog
nicht x	$\neg x$	$\overline{x}$, auch x'	!x
x und y	$x \wedge y$	$x \cdot y$, auch xy	x && y
x oder y	$x \vee y$	$x + y$	x || y
x impliziert y	$x \Rightarrow y$	$x \leq y$	!x || y
x äquivalent zu y	$x = y$, $x \leftrightarrow y$	$\overline{x \oplus y}$	x == y
x exklusiv-oder y	$x \neq y$	$x \oplus y$	x ^ y

Des Weiteren arbeiten wir mit einer vordefinierten Menge von logischen Operatoren (siehe Tabelle 1.1). In diesem Kapitel verwenden wir hauptsächlich die Operatoren „und" ($\wedge$), „oder" ($\vee$) sowie „nicht" ($\neg$). Neben der eben erwähnten Notation haben wir in Tabelle 1.1 auch die *algebraische* Schreibweise und die entsprechenden Verilog-Operatoren aufgeführt. Die algebraische Schreibweise kommt daher, dass die Aussagenlogik auch als zweielementige Algebra betrachtet werden kann. Die Operatoren in Verilog ähneln denjenigen der Programmiersprachen C und Java.[2]

Bevor wir uns mit der *Interpretation* (Semantik) Boole'scher Formeln beschäftigen, definieren wir, wann eine Formel *wohlgeformt*, also ein Element der Sprache der Boole'schen Formeln, ist.

1   **Beispiel 1** Die Boole'sche Formel $x \vee \neg y \wedge z$ (zu lesen als „x oder nicht y und z") ist wohlgeformt. Die Formeln $x\, y \wedge z$ und $x \wedge \vee y$ sind nicht wohlgeformt.

Die *Syntax* einer Sprache ist eine Menge von Konstruktionsvorschriften. Nur Ausdrücke, die diesen Vorschriften genügen, sind Teil der Sprache.

1.1   **Definition 1.1 (Syntax der Aussagenlogik)** Variablen (z. B. x) stellen *atomare Formeln* dar. *Formeln* der Aussagenlogik werden folgendermaßen konstruiert:
1. Alle atomaren Formeln sind Formeln.
2. $(F \wedge G)$ und $(F \vee G)$ sind Formeln, wenn F und G auch Formeln sind.
3. Für jede Formel F ist auch $(\neg F)$ eine Formel.

---

[2]Verilog verwendet eine *mehrwertige* Logik (wahr, falsch, undefiniert und hochohmig); die in diesem Kapitel besprochene zweiwertige Logik ist nur ein Sonderfall derselben.

Wir bezeichnen eine Formel F als *wohlgeformt*, wenn es sich um eine Formel laut Definition 1.1 handelt. In dieser Definition wurden neben den Variablen und logischen Operatoren auch Klammern verwendet, um die Lesbarkeit zu erhöhen.

Wenn die Klammerung fehlt, so ist die Formel entsprechend folgender Vorrangregeln zu interpretieren:[3]

1. Den höchsten Rang hat die Negation ($\neg$).
2. Die Konjunktion (*und*, $\wedge$) hat den zweithöchsten Rang.
3. Den nächstniedrigeren Rang hat die Disjunktion (*oder*, $\vee$).
4. Den nächstniedrigeren Rang hat der Implikationsoperator.
   Beachten Sie, dass zu diesem in Verilog kein Äquivalent existiert.
5. Äquivalenz und Exklusiv-Oder haben den niedrigsten Rang.

Beispiel 2 Die Boole'sche Formel $x \vee \neg y \wedge z$ aus Beispiel 1 entspricht der geklammerten Formel $x \vee ((\neg y) \wedge z)$.   2

Weist man allen Variablen einer Formel F einen Wert zu, so erhält man eine *Belegung*. Für jede Belegung nimmt die Formel einen Wahrheitswert an. Um diesen Wahrheitswert bestimmen zu können, müssen wir die Bedeutung (Semantik) einer Formel definieren.

Definition 1.2 (Semantik der Aussagenlogik) Eine *Belegung* ist eine Abbildung   1.2
$\beta : \mathbf{V} \rightarrow \{0,1\}$, welche jeder Variable aus der Menge $\mathbf{V}$ ein Element aus der Menge $\{0,1\}$ der Wahrheitswerte zuordnet. Die Zuordnung $\beta(x) = 1$ bedeutet, dass die Variable x in dieser Belegung 1 (bzw. wahr) ist.

Sei $\mathbf{E}$ die Menge der Formeln der Aussagenlogik, die aus den Variablen in $\mathbf{V}$ aufgebaut sind. Die Abbildung $\hat{\beta} : \mathbf{E} \rightarrow \{0,1\}$ erfüllt dieselbe Funktion wie β, jedoch für Formeln anstatt für Variablen.

1. Für jede atomare Formel F ist $\hat{\beta}(F) = \beta(F)$.
2. $\hat{\beta}(F \wedge G) = 1$, wenn $\hat{\beta}(F) = 1$ **und** $\hat{\beta}(G) = 1$, sonst $\hat{\beta}(F \wedge G) = 0$.
3. $\hat{\beta}(F \vee G) = 1$, wenn $\hat{\beta}(F) = 1$ **oder** $\hat{\beta}(G) = 1$, sonst $\hat{\beta}(F \vee G) = 0$.
4. $\hat{\beta}(\neg F) = 1$, wenn $\hat{\beta}(F) = 0$, sonst $\hat{\beta}(\neg F) = 0$.

Offensichtlich kann der Wert einer Formel F unter einer Belegung β mithilfe dieser Definition rekursiv über die Struktur der Formel ausgewertet werden.

---

[3]Dies wird auch durch die Ordnung der Operatoren in Tabelle 1.1 angedeutet.

Tabelle 1.2. Semantik von Implikation, Äquivalenz und Exklusiv-Oder

(a) Implikation

x	y	$x \Rightarrow y$
0	0	1
0	1	1
1	0	0
1	1	1

(b) Äquivalenz

x	y	$x = y$
0	0	1
0	1	0
1	0	0
1	1	1

(c) Exklusiv-Oder

x	y	$x \neq y$
0	0	0
0	1	1
1	0	1
1	1	0

3 **Beispiel 3** Wir wollen den Wert der Boole'schen Formel $x \vee \neg y \wedge z$ (siehe Beispiel 1) unter der Belegung $\{x \to 0, y \to 0, z \to 1\}$ ermitteln. Zu diesem Zweck berechnen wir zuerst die Werte der Teilformeln und verwenden dann die Regeln aus Definition 1.2, um den Wahrheitswert der Formel zu berechnen. Die Werte können übersichtlich in einer Tabelle dargestellt werden.

x	y	z	$\neg y$	$\neg y \wedge z$	$x \vee \neg y \wedge z$
0	0	1	1	1	1

1.3 **Definition 1.3 (Erfüllende Belegung, Tautologie)** Eine Belegung, für die eine Formel F wahr wird, bezeichnet man als *erfüllende Belegung*. Wenn für eine Formel F eine solche erfüllende Belegung existiert, so ist F *erfüllbar*. Wenn F für jede beliebige Belegung wahr ist, so bezeichnet man F als *Tautologie* (oder als *gültig*). Eine Formel, die für jede beliebige Belegung falsch ist, wird als *unerfüllbar* bezeichnet.

Wie wir in Beispiel 3 gesehen haben, kann die Semantik einer Formel also auch durch Angabe einer Tabelle definiert werden. Wenn man diese Tabelle so erweitert, dass sie den Wert der Formel für alle möglichen Variablenbelegungen enthält, so erhält man eine *Funktionstabelle*. Die Funktionstabelle ist bis auf die Reihenfolge der Variablen eindeutig definiert.

Wir definieren nun die Semantik der Operatoren aus Tabelle 1.1 mithilfe solcher Funktionstabellen (siehe Tabelle 1.2).

Die Implikation $x \Rightarrow y$ ist immer dann wahr, wenn x falsch ist oder sowohl x als auch y wahr sind. Denn einerseits kann man aus einer falschen Aussage Beliebiges folgern. Weiterhin kann eine wahre Aussage jedoch nur dann eine weitere implizieren wenn letztere wahr ist (siehe Funktionstabelle 1.2(a).

Die Operatoren Äquivalenz und Exklusiv-Oder sind *dual* zueinander. Das heißt, wenn $x = y$ wahr ist, dann ist $x \neq y$ falsch (siehe Funktionstabellen 1.2(b) und 1.2(c)) und umgekehrt. Das bedeutet aber, dass wir anstatt $x \neq y$ genauso gut $\neg(x = y)$ schreiben könnten. Die Funktionstabellen dieser zwei Formeln stimmen vollkommen überein. Wir sehen also, dass zwei (syntaktisch) unterschiedliche Formeln F und G ein und dieselbe Funktion beschreiben können. In diesem Fall sagen wir, dass F und G äquivalent sind, und schreiben

$$F \equiv G \,.$$

Die Darstellung einer Formel mittels der in Definition 1.1 festgelegten Regeln ist also nicht eindeutig. Tatsächlich gibt es für jede Funktionstabelle *unendlich* viele Formeln, die diese Funktion darstellen. Offensichtlich kann es jedoch nur eine *endliche* Anzahl von Boole'schen Funktionen mit n Variablen geben, da es ja nur endlich viele Funktionstabellen mit n Variablen gibt.
Wir werden nun zeigen, dass man mit nur wenigen Boole'schen Operatoren alle Boole'schen Funktionen ausdrücken kann. Man bezeichnet eine minimale Menge Boole'scher Operatoren, die hinreichend ist, um alle Boole'schen Funktionen darzustellen, als *Basis*.
Die Funktion $x \Rightarrow y$ kann mithilfe von „nicht" sowie „oder" dargestellt werden, nämlich als $\neg x \vee y$ (Aufgabe 1.4). Des Weiteren kann auch die Konjunktion mithilfe von $\neg$ und $\vee$ dargestellt werden; $x \wedge y$ entspricht $\neg(\neg x \vee \neg y)$. Damit kann man auch $(x \wedge y) \vee (\neg x \wedge \neg y)$ mit Negationen und Disjunktionen ausdrücken. Wie sich leicht verifizieren lässt, hat diese Formel die gleiche Funktionstabelle wie der Äquivalenzoperator. Der Exklusiv-Oder-Operator wiederum ist die Negation des Äquivalenzoperators. Offensichtlich handelt es sich bei $\{\neg, \vee\}$ also um eine Basis.[4]
In der Praxis ist die Operation NAND, die negierte Konjunktion $\overline{x \wedge y}$, von besonderem Interesse, da sich NAND-Bauteile aus herstellungstechnischen Gründen besonders billig produzieren lassen. Die Negation $\neg x$ kann mittels einer NAND-Operation $(\overline{x \wedge x})$, die Disjunktion $x \vee y$ kann wie folgt mithilfe dreier NAND-Operationen implementiert werden:

$$\overline{\overline{(x \wedge x)} \wedge \overline{(y \wedge y)}}$$

(Sie können das sehr einfach mittels Funktionstabelle verifizieren). Somit stellt schon die NAND Operation alleine eine Basis dar.

1.1.2 Rechenregeln der Boole'schen Algebra
Wir haben bereits festgestellt, dass ein und dieselbe Boole'sche Funktion verschieden dargestellt werden kann. Eine Möglichkeit, zu zeigen, dass zwei Formeln F und G logisch äquivalent sind, ist der Vergleich der Funktionstabellen. Funktionstabellen können jedoch sehr groß werden (siehe Aufgabe 1.2).

---

[4]Beachten Sie, dass diese Argumentation noch keinen formalen Beweis darstellt. Hierfür wäre es notwendig, zu zeigen, dass *alle* Bool'schen Funktionen mit zwei Parametern (siehe Aufgabe 1.6) mit $\neg$ und $\vee$ dargestellt werden können.

Tabelle 1.3. Grundlegende Äquivalenzen der Boole'schen Algebra [Man93]

(1)	$F \vee 0 = F$	(2)	$F \wedge 0 = 0$
(3)	$F \vee 1 = 1$	(4)	$F \wedge 1 = F$
(5)	$F \vee F = F$	(6)	$F \wedge F = F$
(7)	$F \vee \neg F = 1$	(8)	$F \wedge \neg F = 0$
(9)	$F \vee G = G \vee F$	(10)	$F \wedge G = G \wedge F$
(11)	$F \vee (G \vee H) = (F \vee G) \vee H$	(12)	$F \wedge (G \wedge H) = (F \wedge G) \wedge H$
(13)	$F \wedge (G \vee H) = F \wedge G \vee F \wedge H$		
(14)	$F \vee G \wedge H = (F \vee G) \wedge (F \vee H)$		
(15)	$\neg(F \vee G) = \neg F \wedge \neg G$	(16)	$\neg(F \wedge G) = \neg F \vee \neg G$
(17)	$\neg(\neg F) = F$		

Alternativ kann man versuchen, die Formel F unter Anwendung einer Liste von Äquivalenzregeln so lange umzuformen, bis man die Formel G erhält. In Tabelle 1.3 sind einfache Äquivalenzen der Boole'schen Logik aufgeführt, wobei es sich bei F, G und H um beliebige Boole'sche Formeln handeln darf.

---

4   **Beispiel 4** Wir wollen zeigen, dass $(x \vee (y \vee z)) \wedge (z \vee \neg x)$ und $(\neg x \wedge y) \vee z$ äquivalent sind. Der Beweis verwendet die in Tabelle 1.3 aufgelisteten Regeln.

$$ (x \vee (y \vee z)) \wedge (z \vee \neg x) $$

1.)	$((x \vee y) \vee z) \wedge (z \vee \neg x)$	(Assoziativität, Regel 11)
2.)	$(z \vee (x \vee y)) \wedge (z \vee \neg x)$	(Kommutativität, Regel 9)
3.)	$(z \vee ((x \vee y) \wedge \neg x))$	(Distributivität, Regel 14)
4.)	$(z \vee (\neg x \wedge (x \vee y)))$	(Kommutativität, Regel 10)
5.)	$(z \vee ((\neg x \wedge x) \vee (\neg x \wedge y)))$	(Distributivität, Regel 13)
6.)	$(z \vee ((x \wedge \neg x) \vee (\neg x \wedge y)))$	(Kommutativität, Regel 10)
7.)	$(z \vee (0 \vee (\neg x \wedge y)))$	(Unerfüllbarkeit, Regel 8)
8.)	$(z \vee ((\neg x \wedge y) \vee 0))$	(Kommutativität, Regel 9)
9.)	$(z \vee (\neg x \wedge y))$	(Dominanter Wert, Regel 1)
10.)	$((\neg x \wedge y) \vee z)$	(Kommutativität, Regel 9)

Beachten Sie, dass jeder Schritt in einem formalen Beweis mit einer Regel gerechtfertigt werden muss. Selbst offensichtliche Vereinfachungen dürfen nicht abgekürzt werden. So ist die Umformung von $(z \vee ((\neg x \wedge x) \vee (\neg x \wedge y))$ auf $(z \vee ((x \wedge \neg x) \vee (\neg x \wedge y))$ mittels der Kommutativitätsregel (10) in Schritt 6 notwendig, bevor die Unerfüllbarkeitsregel (8) in Schritt 7 auf $x \wedge \neg x$ angewandt werden darf.

Sie können diesen Ansatz auch als Spiel betrachten: Ihr Gegner gibt Ihnen zwei Formeln F und G. Formel F ist die Ausgangsstellung, und Formel G beschreibt die Stellung, die Sie erreichen müssen, um zu gewinnen. Ihre möglichen Züge sind in Tabelle 1.3 aufgelistet. In der Tat können Sie dieses Spiel immer gewinnen, sofern Ihr Gegner Ihnen zwei logisch äquivalente Formeln vorgibt (oder anders gesagt: Ihr Gegner kann Sie nur besiegen, indem er Ihnen zwei Formeln mit unterschiedlicher Funktionstabelle vorgibt). Diese Eigenschaft nennt man *Vollständigkeit* des Kalküls für die Aussagenlogik. Natürlich ist es möglich, dem *Kalkül* (also unserer Regelliste) weitere Regeln hinzuzufügen, um kürzere Beweise zu erzielen. Wenn man dem Kalkül neue Regeln hinzufügt, ist es jedoch notwendig, deren Korrektheit zu beweisen. Wir führen nun die *Fallunterscheidung* ein, die auf dem *Satz vom ausgeschlossenen Dritten* (Tabelle 1.3, Regel 7) basiert:

Definition 1.4 (Fallunterscheidung) Gegeben eine Formel F und eine Variable x, so gilt $\qquad$ **1.4**

$$F = x \wedge F[1/x] \vee \neg x \wedge F[0/x],$$

wobei $F[c/x]$ bedeutet, dass alle Vorkommnisse von x in F (syntaktisch) durch c ersetzt (substituiert) werden. Hierbei muss x nicht notwendigerweise in F vorkommen. Die Korrektheit folgt sofort aus der Tatsache, dass x nur entweder wahr oder falsch sein kann.[5]
Diese Regel wird als *Shannon'sches Expansionstheorem* bezeichnet (nach Claude Elwood Shannon, 1916–2001, dem Begründer der Informationstheorie).

Beispiel 5 Wir verwenden das Shannon'sche Expansionstheorem um zu beweisen, dass $(x \vee y) \wedge (\neg x \vee \neg y)$ logisch äquivalent zu $x \wedge \neg y \vee \neg x \wedge y$ ist (beide Formeln entsprechen dem Exklusiv-Oder, $x \neq y$). $\qquad$ **5**

$$(x \vee y) \wedge (\neg x \vee \neg y) \equiv x \wedge (1 \vee y) \wedge (\neg 1 \vee \neg y) \vee \neg x \wedge (0 \vee y) \wedge (\neg 0 \vee \neg y)$$
$$\equiv x \wedge 1 \wedge (0 \vee \neg y) \qquad \vee \neg x \wedge y \wedge (1 \vee \neg y)$$
$$\equiv x \wedge 1 \wedge \neg y \qquad \vee \neg x \wedge y \wedge 1$$
$$\equiv x \wedge \neg y \vee \neg x \wedge y$$

---

[5]Für einen vollständigen formalen Beweis der Korrektheit wäre es jedoch notwendig, die Substitution formal zu definieren.

Alternativ können wir, wie schon erwähnt, die Korrektheit einer neuen Regel mithilfe einer Funktionstabelle beweisen. Wir wenden diese Vorgehensweise an, um folgende *Abschwächungsregel* zu beweisen:

1.5 **Definition 1.5 (Abschwächung)** Falls $x \Rightarrow y$, so gilt $x \wedge y \leftrightarrow x$.

Die Korrektheit dieser Regel beweisen wir mittels Funktionstabelle:

x	y	$x \Rightarrow y$	$x \wedge y$	$x \wedge y \leftrightarrow x$	$(x \Rightarrow y) \Rightarrow (x \wedge y \leftrightarrow x)$
0	0	1	0	1	1
0	1	1	0	1	1
1	0	0	0	0	1
1	1	1	1	1	1

Wir haben hier das informale „falls" durch eine Implikation ersetzt. Die resultierende Formel ist eine Tautologie, und somit ist die Umformungsregel korrekt. Die *duale* Regel zur Abschwächung ist die *Verstärkungsregel*:

1.6 **Definition 1.6 (Verstärkung)** Falls $y \Rightarrow x$, so gilt $x \vee y \leftrightarrow x$.

1.7 **Definition 1.7 (Konsensusregel)** Wir fügen unserem Kalkül eine neue Regel, genannt *Konsensusregel,* hinzu:

$$x \wedge y \vee \neg x \wedge z \vee y \wedge z \equiv x \wedge y \vee \neg x \wedge z$$

Die Konsensus-Regel besagt, dass der Term $y \wedge z$ in der Formel

$$x \wedge y \vee \neg x \wedge z \vee y \wedge z$$

redundant ist, das heißt es gibt eine kürzere Formel, die das gleiche besagt. Dem Grunde liegt wiederum der Satz vom ausgeschlossenen Dritten: Entweder x oder $\neg x$ muss wahr sein, daher muss auch $x \wedge y \vee \neg x \wedge z$ wahr sein, wenn $y \wedge z$ gilt. Im Beweis wenden wir das Shannon'sche Expansionstheorem an:

$$(x \wedge y \ \vee \ \neg x \wedge z \ \vee \ y \wedge z)[0/x]$$

$$\equiv 0 \wedge y \ \vee \ \neg 0 \wedge z \ \vee \ y \wedge z \qquad \text{(Substitution)}$$

$$\equiv 0 \ \vee \ 1 \wedge z \ \vee \ y \wedge z \qquad \text{(Dominanter Wert } \wedge\text{)}$$

$$\equiv 0 \ \vee \ z \ \vee \ y \wedge z \qquad \text{(Nicht-dominanter Wert } \wedge\text{)}$$

$$\equiv z \ \vee \ y \wedge z \qquad \text{(Nicht-dominanter Wert } \vee\text{)}$$

$$\equiv 1 \wedge z \ \vee \ y \wedge z \qquad\qquad\qquad \text{(Nicht-dominanter Wert } \wedge)$$

$$\equiv (1 \vee y) \wedge z \qquad\qquad\qquad\qquad \text{(Distributivität } \wedge)$$

$$\equiv 1 \wedge z \qquad\qquad\qquad\qquad\qquad \text{(Dominanter Wert } \vee)$$

$$\equiv z \qquad\qquad\qquad\qquad\qquad\quad \text{(Nicht-dominanter Wert } \vee)$$

Wenn man die analogen Schritte für die Konstante 1 ausführt, so erhält man

$$(x \wedge y \ \vee \ \neg x \wedge z \ \vee \ y \wedge z)[1/x] \equiv y \ .$$

Wir setzen diese Ergebnisse nun in das Shannon'sche Expansionstheorem ein:

$$x \wedge y \ \vee \ \neg x \wedge z \ \vee \ y \wedge z$$
$$\equiv x \wedge (x \wedge y \ \vee \ \neg x \wedge z \ \vee \ y \wedge z)[1/x]$$
$$\vee \ \neg x \wedge (x \wedge y \ \vee \ \neg x \wedge z \ \vee \ y \wedge z)[0/x]$$
$$\equiv x \wedge y \ \vee \ \neg x \wedge z$$

Beispiel 6 Alternativ kann man die Konsensusregel natürlich auch mit einer **6**
Funktionstabelle beweisen:

x	y	z	$x \wedge y \ \vee \ \neg x \wedge z$	$x \wedge y \ \vee \ \neg x \wedge z \ \vee \ y \wedge z$
0	0	0	0	0
0	0	1	1	1
0	1	0	0	0
0	1	1	1	1
1	0	0	0	0
1	0	1	0	0
1	1	0	1	1
1	1	1	1	1

Der Nachteil dieses Beweisverfahrens ist allerdings, dass das Aufzählen aller
Belegungen mühsam ist (die Anzahl der Belegungen ist exponentiell in der
Anzahl der Variablen).

1.2 Implementierung Boole'scher Funktionen

1.2.1 Gatter und Bäume

Eine Boole'sche Formel kann sehr einfach in eine Schaltung umgeformt werden, die den Wert der Funktion berechnet. Die gängigen Schaltsymbole für
die Gatter, die zur Darstellung der entsprechenden Boole'schen Operatoren
verwendet werden, sind in Tabelle 1.4 angeführt.

Tabelle 1.4. Boole'sche Operatoren und ihre Schaltsymbole

Bezeichnung	Boole'sche Logik	Traditionelles Schaltbild	IEEE Schaltbild
Disjunktion (or)	$x \vee y$		
Negierte Disjunktion (nor)	$\neg(x \vee y)$		
Konjunktion (and)	$x \wedge y$		
Negierte Konjunktion (nand)	$\neg(x \wedge y)$		
Exklusiv-Oder (xor)	$x \not\leftrightarrow y$ (oder $x \neq y$)		
Äquivalenz (xnor)	$x \leftrightarrow y$ (oder $x = y$)		
Implikation	$x \Rightarrow y$		
Negation (not)	$\neg x$		

Die Schaltung wird dabei als Baum aus Gattern aufgebaut (Abbildung 1.1, links). Eine solche Schaltung wird als *kombinatorische* Schaltung bezeichnet. Rechts in Abbildung 1.1 sehen Sie die Schaltung, die der Formel $x \vee (\neg y \wedge z)$ aus Beispiel 1 entspricht. Bei den „Blättern" des Baumes handelt es sich um die Variablen, die inneren Knoten und die Wurzel sind Gatter. Die Formel $x \vee (\neg y \wedge z)$ setzt sich aus den Teilformeln x und $(\neg y \wedge z)$ zusammen, welche durch die Disjunktion $\vee$ verbunden sind. Entsprechend ist das Schaltbild für $\vee$ an der Wurzel des Baumes zu finden.[6] Aus $(\neg y \wedge z)$ entsteht wiederum ein Teilbaum mit $\wedge$ an der Wurzel. Der Knoten für die Negation $(\neg)$ schließlich hat nur ein Kind.

---

[6] Unser Baum „wächst" also von oben nach unten, was in der Informatik der Normalfall ist.

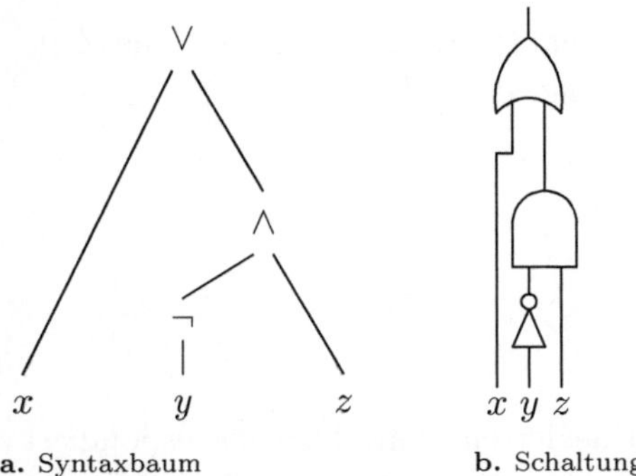

a. Syntaxbaum   **b.** Schaltung

Abbildung 1.1. Syntaxbaum und Schaltung für die Formel aus Beispiel 1

1.2.2 Zweistufige Logik

Nun stellt sich die Frage, wie wir kombinatorische Schaltungen systematisch konstruieren können. Bis jetzt haben wir nur gelernt, eine Boole'sche Formel zu interpretieren und sie in eine kombinatorische Schaltung aus Gattern umzuwandeln.

Wie jedoch müssen Sie vorgehen, wenn ein Kunde (oder Ihr Prüfer) von Ihnen verlangt, eine Funktion zu implementieren, für die Sie die entsprechende Formel noch nicht kennen?

Wenn die gewünschte Funktion ausreichend spezifiziert ist, so können Sie die Funktionstabelle dafür aufstellen. „Ausreichend spezifiziert" bedeutet in diesem Fall, dass für jede Eingangsbelegung der Schaltung ein Ergebnis festgelegt sein muss.

Beispiel 7   7

Wir betrachten die durch folgende Funktionstabelle spezifizierte Funktion:

x	y	z	?
0	0	0	0
0	0	1	1
0	1	0	0
0	1	1	0
1	0	0	1
1	0	1	1
1	1	0	1
1	1	1	1

Die Funktionstabelle legt genau fest, für welche Eingangsbelegungen die Schaltung den Ausgangswert 1 (bzw. 0) haben muss.

Die Tabelle enthält für jede mögliche Variablen-Belegung genau eine Zeile und die gesuchte Funktion lässt sich wie folgt darstellen:

$$(\neg x \wedge \neg y \wedge z)$$
$$\vee (x \wedge \neg y \wedge \neg z)$$
$$\vee (x \wedge \neg y \wedge z)$$
$$\vee (x \wedge y \wedge \neg z)$$
$$\vee (x \wedge y \wedge z)$$

Jede der Konjunktionen von (zum Teil negierten) Variablen korrespondiert mit einer Zeile der Funktionstabelle, die den Ausgangswert 1 hat. In jeder Konjunktion sind all jene Variablen negiert, die in der entsprechenden Zeile mit 0 belegt sind, und alle restlichen Variablen sind nicht negiert.

Die Formeln, die man durch Anwenden der in Beispiel 7 beschriebenen Methode erhält, sind in *disjunktiver Normalform*.

1.8   **Definition 1.8 (Disjunktive und konjunktive Normalform)**   Zur Definition der *disjunktiven* und *konjunktiven Normalform* Boole'scher Formeln benötigen wir folgende Terminologie:

1. Ein *Literal* ist eine Variable oder die Negation einer Variablen. In letzterem Fall sprechen wir von einem *negativen Literal*, ansonsten von einem *positiven Literal*.

2. Ein *Produktterm* ist eine Konjunktion von Literalen (z. B. $x \wedge \neg y \wedge z$ oder $\neg x \wedge z$). Einen Produktterm, der alle Variablen der betrachteten Funktion enthält, bezeichnen wir als *Minterm*.

3. Ein *Summenterm* ist eine Disjunktion von Literalen (z. B. $x \vee \neg y \vee z$ oder $\neg x \vee y$).

Eine Formel in *disjunktiver Normalform* (DNF) ist eine *Disjunktion von Produkttermen*. Eine Formel in *konjunktiver Normalform* (KNF) ist eine *Konjunktion von Summentermen*.

Für jede beliebige Formel F gibt es logisch äquivalente Formeln in DNF und in KNF, da wir aus der Funktionstabelle einer Formel sowohl eine DNF (siehe Beispiel 7) als auch eine KNF ablesen können:[7]

---

[7]Einen formalen Beweis hierfür finden Sie z. B. in [Sch00].

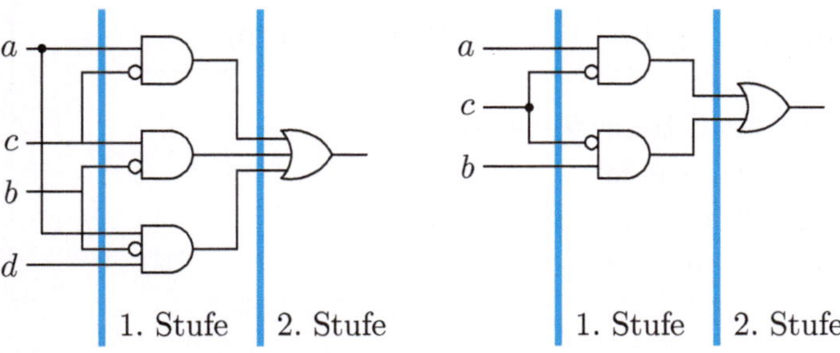

Abbildung 1.2. Zweistufige Schaltungen

Beispiel 8 Um KNF zu erzeugen, gehen wir ähnlich wie bei der Konstruktion   8
einer DNF-Formel vor, nur dass die Rollen von 0 und 1 sowie von Konjunktion
und Disjunktion vertauscht sind:
Jede Zeile der Funktionstabelle, deren Wahrheitswert 0 ist, trägt einen Summenterm zur Formel bei. In diesem Summenterm ist ein Literal *positiv*, wenn
der Wert der entsprechenden Variable 0 ist, und ansonsten *negativ*. Die KNF-
Formel ist dann die *Konjunktion* der resultierenden Summenterme.
Wir betrachten nochmals die Funktionstabelle aus Beispiel 7. Aus dieser
Funktionstabelle können wir folgende KNF-Formel ablesen:

$$(x \vee y \vee z)$$
$$\wedge\, (x \vee \neg y \vee z)$$
$$\wedge\, (x \vee \neg y \vee \neg z)$$

Aus dieser Beobachtung folgt, dass wir jede beliebige Boole'sche Formel als
zweistufige Schaltung aufbauen können (siehe Abbildung 1.2).

Beispiel 9 Wir betrachten die Formel $a \wedge \neg c \vee c \wedge \neg b \vee a \wedge \neg b \wedge d$, deren Imple-   9
mentierung als kombinatorische Schaltung im linken Teil der Abbildung 1.2
zu sehen ist.
Wie Sie sehen, besteht diese Schaltung aus zwei Stufen. Die erste dieser Stufen
entspricht den Produkttermen der DNF-Formel, die zweite entspricht der
Disjunktion.[8]
Die Formel kann wie folgt vereinfacht werden. Ziel ist es, eine Schaltung zu
erhalten, die dieselbe Funktion mit weniger Bauteilen implementiert (siehe
rechter Teil der Abbildung 1.2):

$$(a \wedge \neg c) \vee (c \wedge \neg b) \vee (a \wedge \neg b \wedge d)$$
$$\equiv (a \wedge \neg c) \vee (c \wedge \neg b) \vee (a \wedge \neg b) \vee (a \wedge \neg b \wedge d) \quad (\text{Konsensus über } c)$$

---

[8]Der schwarze Punkt in der Verdrahtung bedeutet, dass ein Signal aufgeteilt wird.

Minimierung mit Karnaugh-Diagramm

① Hinreichend großes Gitternetz erstellen
② Positive Literale markieren
③ Zu maximalen Blöcken zusammenfassen
④ Minimale Überdeckung ablesen

Abbildung 1.3. Verfahren zur Minimierung Boole'scher Funktionen mithilfe eines Karnaugh-Diagramms

$$\equiv (a \wedge \neg c) \vee (c \wedge \neg b) \vee (a \wedge \neg b) \qquad \text{(Verstärkung)}$$

$$\equiv (a \wedge \neg c) \vee (c \wedge \neg b) \qquad \text{(Konsensus über } c\text{)}$$

Aus Kostengründen ist es von Vorteil, eine möglichst kleine Formel zu verwenden. Aus diesem Grund beschäftigen wir uns nun mit Methoden zur Minimierung von Schaltungen.

1.3 Minimierung von Schaltungen

Eine Möglichkeit, Formeln zu minimieren, besteht darin, die Rechenregeln der Boole'schen Algebra so lange anzuwenden, bist eine möglichst kleine Darstellung gefunden wurde. Es ist allerdings nicht immer einfach zu erkennen, welche Reihe von Vereinfachungsschritten tatsächlich zu einer minimalen Formel führt. Manche Regeln führen sogar zu einer Vergrößerung der Anzahl der Operatoren in der Formel, wie z. B. die *De Morgan'schen Regeln* 15 und 16 in Tabelle 1.3 oder das Shannon'sche Expansionstheorem.

1.3.1 Karnaugh-Diagramme

Eine einfache systematische Methode zur Vereinfachung einer Formel sind *Karnaugh-Diagramme* (engl. *Karnaugh-Map*). Wie der Name schon andeutet, handelt es sich um ein grafisches Verfahren. Ein Karnaugh-Diagramm ist eine 2-dimensionale Anordnung einer Funktionstabelle. Es besteht aus einzelnen Feldern, von denen jedes einer Belegung in der Funktionstabelle entspricht (siehe Abbildung 1.4). Die Belegungen werden zu diesem Zweck nummeriert; die Reihenfolge ergibt sich aus der entsprechenden Binärzahl (für drei Variablen entspricht z. B. $\neg x \wedge \neg y \wedge \neg z$ der Belegung 0, $\neg x \wedge \neg y \wedge z$ entspricht 1, $x \wedge \neg y \wedge \neg z$ entspricht 4 usw.) bzw. aus der Nummer der Zeile im Funktionsdiagramm, wenn man sich an die in diesem Buch verwendete Reihenfolge hält.

Die Konjunktion der Variablen und negierten Variablen, die einer Belegung entspricht (also z. B. $\neg x \wedge \neg y \wedge \neg z$ für $x = 0, y = 0, z = 0$), bezeichnen wir als *Minterm* (siehe auch Definition 1.8). In einem Minterm müssen *alle* Variablen der Boole'schen Funktion vorkommen, man spricht dann auch von einer *Vollkonjunktion*. Das Verfahren zur Minimierung einer Boole'schen Funktion mithilfe eines Karnaugh-Diagramms ist in Abb. 1.3 zusammengefasst.

Beispiel 10 Die Funktion aus Beispiel 7 (die übrigens der Funktion aus Beispiel 1 entspricht) kann wie folgt als Summe von Mintermen dargestellt werden: **10**

$$F(x, y, z) = \sum (1, 4, 5, 6, 7)$$

Die Felder in den Diagrammen in Abbildung 1.4 sind mit der Nummer des entsprechenden Minterms versehen. Die Minterme sind so angeordnet, dass sich die Minterme benachbarter Zellen nur in einer Variable unterscheiden.[9] Der Minterm einer Zelle enthält das positive Literal für eine Variable, wenn die entsprechende Zeile oder Spalte mit dem Variablennamen markiert ist. Ansonsten enthält der Minterm das entsprechende negative Literal.
Die Abbildung 1.4 stellt Karnaugh-Diagramme für bis zu 16 Minterme dar (das entspricht 4 Variablen). Die Minterme benachbarter Zellen unterscheiden sich nur in einer Variable. Dies gilt auch für die erste und letzte Zelle einer Spalte (bzw. Zeile): Da sich diese Felder nur in einer Variable unterscheiden, werden sie als benachbart betrachtet (z. B. die Felder 2 und 6 oder 0 und 8 im Karnaugh-Diagramm für 4 Variablen). Die Methode ist für bis zu 5 Variablen (32 Minterme) praktikabel.

Beispiel 11 Jedem Feld in einem Karnaugh-Diagramm wird ein Minterm zugeordnet: **11**
1. Der mit 4 nummerierte Minterm für das Karnaugh-Diagramm mit 3 Variablen in Abbildung 1.4 ist $b \wedge \neg c \wedge \neg d$ (das entspricht der Belegung $b = 1, c = 0, d = 0$).
2. Der mit 4 nummerierte Minterm für das Karnaugh-Diagramm mit 4 Variablen in Abbildung 1.4 ist $\neg a \wedge b \wedge \neg c \wedge \neg d$ ($a = 0, b = 1, c = 0, d = 0$).

---

[9]Achtung: Diese Anordnung ist nicht eindeutig. In der Literatur werden zum Teil auch andere Anordnungen verwendet, siehe z. B. [Man93]. Das Verfahren funktioniert jedoch auch mit alternativen Anordnungen so wie hier beschrieben.

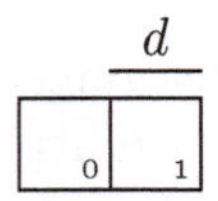

a. 1 Variable

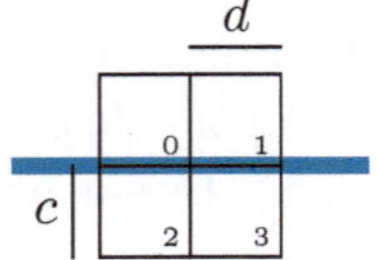

b. 2 Variablen

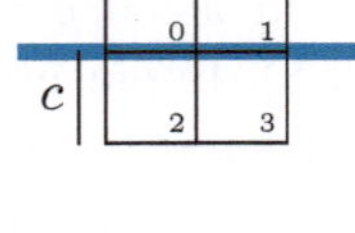

c. 3 Variablen

d. 4 Variablen

Abbildung 1.4. Karnaugh Diagramme für ein bis vier Variablen

Nun können wir die Information aus der Funktionstabelle in das entsprechende Karnaugh-Diagramm übertragen.

---

12   **Beispiel 12** Abbildung 1.5 zeigt die Funktionstabelle aus Beispiel 7. Das entsprechend ausgefüllte Karnaugh-Diagramm für 3 Variablen finden Sie daneben.

Um die Funktion zu vereinfachen, werden nun benachbarte Felder zu *Blöcken* zusammengefasst. Die Anzahl der Felder in einem Block muss immer einer Zweierpotenz entsprechen (also z. B. 1, 2, 4, 8 usw.). Blöcke dürfen sich überlappen.
Um tatsächlich die *minimale* DNF-Formel zu erhalten, muss man die *maximal* zusammengefassten Blöcke finden. Abbildung 1.6 zeigt einige Beispiele für mögliche Blöcke.

> Beachten Sie, dass auch die Anfangs- und Endfelder einer Zeile oder Spalte zusammengefasst werden dürfen (siehe Abbildung 1.6, in der Mitte der unteren Zeile).

---

13   **Beispiel 13** Im Karnaugh-Diagramm aus Abbildung 1.5 können wir die Zellen 4, 5, 6 und 7 zu einem Viererblock zusammenfassen. Des Weiteren können wir die Zellen 1 und 5 zu einem Zweierblock vereinigen.

x	y	z	?
0	0	0	0
0	0	1	1
0	1	0	0
0	1	1	0
1	0	0	1
1	0	1	1
1	1	0	1
1	1	1	1

Abbildung 1.5. Die Funktionstabelle aus Beispiel 7 und das dazugehörige Karnaugh-Diagram

Jeder Block entspricht nun einem Produktterm. Der Block, der aus den Zellen 4, 5, 6 und 7 besteht, kann durch den Produktterm x dargestellt werden Die Zellen haben gemeinsam, dass x in den entsprechenden Mintermen als positives Literal auftritt. Dies lässt sich aus dem Karnaugh-Diagramm dank der Bezeichnung der dritten und vierten Spalte (x) leicht ablesen.

Der Block, bestehend aus den Feldern 1 und 5, setzt sich aus Feldern zusammen, in denen z nur als positives Literal auftritt, y jedoch nur als negatives Literal. Somit ist der entsprechende Produktterm $\neg y \wedge z$.

Um eine minimierte Formel zu erhalten, konstruieren wir nun die Disjunktion der Produktterme, die wir erhalten haben:

$$(x) \vee (\neg y \wedge z)$$

Wenig überraschend entspricht das Ergebnis genau der Formel aus Beispiel 1.

Beispiel 14   14

In Abbildung 1.7 ist eine Funktionstabelle dargestellt, die folgendem Karnaugh-Diagramm entspricht:

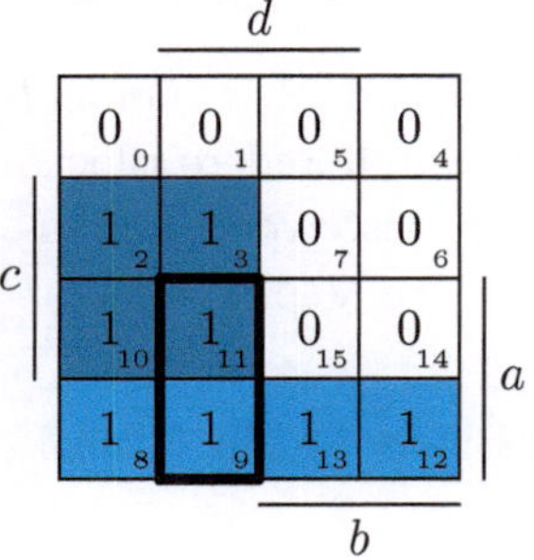

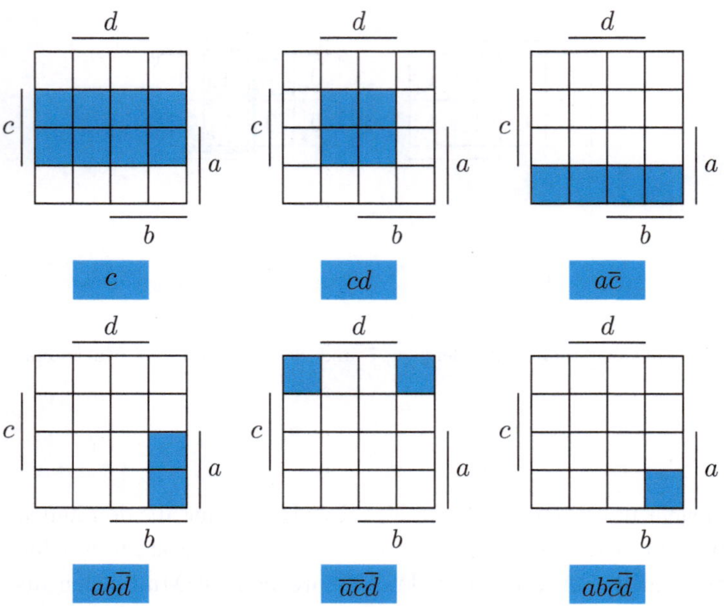

Abbildung 1.6. Blöcke in Karnaugh-Diagrammen

Die korrespondierenden Blöcke und Zeilen sind farbig bzw. mit einem schwarzen Rand markiert.

Die Felder des Blocks, bestehend aus den Mintermen 2, 3, 10 und 11, stimmen in den Variablen c und b überein; für die restlichen Variablen decken sie alle möglichen Kombinationen ab ($a = 0, d = 0$ in Zeile 2, $a = 0, d = 1$ in Zeile 3, $a = 0, d = 1$ in Zeile 10 und schließlich $a = 1, d = 1$ in Zeile 11). Daher können wir diese Minterme zum Produktterm $c \wedge \neg b$ zusammenfassen. Analog gehen wir für den Block (8, 9, 12, 13) vor.

Wir sehen, dass der Block, bestehend aus den Zellen 9 und 11, *redundant* ist, das heißt die entsprechenden Zellen werden bereits durch andere Blöcke abgedeckt. Für die Minimierung wählen wir die *minimale* Liste von *nichtredundanten* maximalen Blöcken. Das ist in diesem Fall $a \wedge \neg c \vee c \wedge \neg b$.

---

15   **Beispiel 15** Folgendes Diagramm zeigt die maximalen Blöcke für die Formel

$$F(a, b, c, d) = \sum (0, 3, 4, 7, 8, 11, 12, 15)$$

Minterm-Index	a	b	c	d	$a\bar{c} + \bar{c}\bar{b} + a\bar{b}d$
0	0	0	0	0	0
1	0	0	0	1	0
2	0	0	1	0	1
3	0	0	1	1	1
4	0	1	0	0	0
5	0	1	0	1	0
6	0	1	1	0	0
7	0	1	1	1	0
8	1	0	0	0	1
9	1	0	0	1	1
10	1	0	1	0	1
11	1	0	1	1	1
12	1	1	0	0	1
13	1	1	0	1	1
14	1	1	1	0	0
15	1	1	1	1	0

Abbildung 1.7. Die Funktionstabelle für Beispiel 14

Beachten Sie, dass die vier „Ecken" des Diagramms zu einem Block zusammengefasst werden dürfen, da die jeweiligen Zellen der Zeilen und Spalten als benachbart gelten. Die entsprechende DNF-Formel ist $(\neg c \wedge \neg d) \vee (c \wedge d)$.

Anmerkung: Ähnlich wie schon bei der Generierung von DNF- und KNF-Formeln aus der Funktionstabelle kann man auch aus Karnaugh-Diagrammen KNF-Formeln generieren, indem man die Rollen der Konstanten 0 und 1 und der Operatoren *und* und *oder* vertauscht. Um also eine KNF-Formel zu erhalten, fasst man die Felder, die 0 enthalten, zu maximalen Blöcken zusammen und erstellt einen Summenterm aus diesen Literalen. Die resultierenden Summenterme werden dann in einer Konjunktion zusammengefasst, um eine Formel in KNF zu erhalten.

1.3.2 Primimplikanten und Quine-McCluskey

Wie schon angemerkt, ist das Karnaugh-Verfahren nur beschränkt anwendbar: Für mehr als fünf Variablen wird die Darstellung unübersichtlich. Um ein allgemeineres Verfahren zu finden, führen wir uns nochmals vor Augen, welche Schritte bei der Karnaugh-Simplifizierung durchgeführt werden:

1. Wir fassen Minterme in maximalen Blöcken zusammen. Jeder Block entspricht dem größten *Produktterm,* der von der Disjunktion der Minterme im Block *impliziert* wird. Die zusammengefassten Blöcke werden *Implikanten* genannt.

2. Wir wählen die minimale Liste nichtredundanter Blöcke. Ein Block ist redundant, wenn die entsprechenden Minterme bereits in anderen Blöcken in der Liste enthalten sind.

3. Wir konstruieren die Disjunktion der Produktterme zu den Blöcken dieser minimalen Liste.

Das Zusammenfassen in Blöcke dient also einzig und allein dem Zweck, Implikanten zu finden.

1.9 **Definition 1.9 (Implikant, Primimplikant, Kernimplikant)** Die Definition von Implikant, Primimplikant und Kernimplikant lautet wie folgt:
- Ein *Implikant* einer DNF-Formel ist ein implizierter Produktterm.
- Ein *Primimplikant* ist ein maximaler Implikant, das heißt ein Primimplikant entspricht einem Block, der nicht mehr erweitert werden kann.
- Ein *Kernimplikant* überdeckt einen sonst nicht überdeckten Minterm.
- Ein *redundanter* Primimplikant wird von Kernimplikanten überdeckt.

In Beispiel 13 haben wir schon festgestellt, dass wir den Primimplikanten für eine Menge von Mintermen durch Betrachten der übereinstimmenden Literale finden können. Wir formalisieren diese Beobachtung nun und erhalten daraus die *einfache Konsensusregel*:

1.10 **Definition 1.10 (Einfache Konsensusregel)** Die einfache Konsensusregel besagt, dass F redundant ist, wenn es in zwei ansonsten gleichen Mintermen einmal negiert und einmal nicht negiert vorkommt:

$$F \wedge G \ \vee \ \neg F \wedge G \ \equiv \ G$$

---

16 **Beispiel 16** Wir betrachten den Block, bestehend aus den Mintermen 2, 3, 10 und 11 (siehe Abbildung 1.7 und Beispiel 1.7).
Die entsprechenden Minterme sind:

Minimierung mit Quine-McCluskey

①   Alle Wahrheitsbelegungen mit Wahrheitswert 1 aus der Funktionstabelle auswählen

②   Mit der einfachen Konsensusregel (Definition 1.10) *alle* Primimplikanten generieren

③   Kernimplikanten suchen, redundante Primimplikanten entfernen
und Überdeckung aller Primimplikanten bestimmen

④   Die Disjunktion der Primimplikanten der Überdeckung ergibt die
gewünschte minimierte Formel

Abbildung 1.8. Verfahren zur Minimierung Boole'scher Funktionen mithilfe des Quine-McCluskey Verfahrens

$$
\begin{array}{ll}
2 & \neg a \wedge \neg b \wedge c \wedge \neg d \\
3 & \neg a \wedge \neg b \wedge c \wedge d \\
10 & a \wedge \neg b \wedge c \wedge \neg d \\
11 & a \wedge \neg b \wedge c \wedge d
\end{array}
$$

Die Minterme 2 und 3 stimmen bis auf die Literale d und $\neg d$ überein. Nach der einfachen Konsensusregel können wir die beiden Minterme in der entsprechenden DNF-Formel also durch $\neg a \wedge \neg b \wedge c$ ersetzen. Äquivalent erhalten wir für die Minterme 10 und 11 die Formel $a \wedge \neg b \wedge c$. Diese beiden Formeln wiederum unterscheiden sich nur im ersten Literal. Wir können abermals die einfache Konsensusregel anwenden und erhalten schließlich den Primimplikanten $\neg b \wedge c$. Dieser lässt sich nicht mehr weiter vereinfachen.

Diese Vorgehensweise lässt sich zu einem Algorithmus zur Minimierung von zweistufigen Formeln, basierend auf der Berechnung von Primimplikanten, verallgemeinern (siehe Abbildung 1.8).

Beispiel 17 Gegeben sei die Funktionstabelle aus Tabelle 1.5. Die Spalte „Index" gibt die Nummer des Minterms an, die Spalte „Wert" den entsprechenden Ausgangswert der Funktion. Wir könnten nun versuchen, die einfache
Konsensusregel auf alle möglichen Kombinationen von Mintermen mit dem
Ausgangswert 1 anzuwenden. Es gibt aber eine systematischere Vorgehensweise, die einmal verhindert, dass gültige Kombinationen, auf die die Kon-
sensusregeln angewendet werden kann, übersehen werden und zweitens die
Suche nach solchen Kombinationen vereinfacht.

17

Tabelle 1.5. Funktionstabelle für Quine-McCluskey

Index	a	b	c	d	Wert	Index	a	b	c	d	Wert
0	0	0	0	0	1	8	1	0	0	0	1
1	0	0	0	1	0	9	1	0	0	1	0
2	0	0	1	0	1	10	1	0	1	0	1
3	0	0	1	1	0	11	1	0	1	1	0
4	0	1	0	0	0	12	1	1	0	0	1
5	0	1	0	1	1	13	1	1	0	1	1
6	0	1	1	0	0	14	1	1	1	0	0
7	0	1	1	1	0	15	1	1	1	1	1

Dazu dient uns folgende Beobachtung: Die einfache Konsensusregel ist nur dann auf zwei Minterme anwendbar, wenn sich die Anzahl der positiven Literale der Minterme um genau *eins* unterscheidet. Im ersten Schritt gruppieren wir die Minterme mit Wert 1 daher nach der Anzahl der enthaltenen Einsen und sortieren die Gruppen in aufsteigender Reihenfolge. Die einfache Konsensusregel kann dann nur auf zwei Minterme aus benachbarten Gruppen angewandt werden (siehe Abbildung 1.9).

Im zweiten Schritt berechnen wir mithilfe der einfachen Konsensusregel die Implikanten der Minterme (siehe Abbildung 1.10). Hierbei versuchen wir, jeweils alle Minterme einer Gruppe mit den Mintermen aus den benachbarten Gruppen zu kombinieren.

Das Ergebnis einer Minimierung zweier Minterme ist ein Implikant, der an der Stelle, an der sich die beiden Minterme unterscheiden, ein „Don't care" $(-)$ hat (siehe Abbildung 1.10). Die resultierenden Implikanten werden wiederum nach der Anzahl der enthaltenen Einsen sortiert, um den nachfolgenden Schritt zu erleichtern.

Die erste Zeile in Abbildung 1.10 zeigt z. B. den Implikanten, den wir durch Kombination der Minterme 0 und 2 erhalten. Diese Minterme unterscheiden sich bzgl. des c-Literals, daher wird dieses durch „$-$" ersetzt.

Ein Implikant ist ein Primimplikant, wenn es in den umliegenden Gruppen keine Elemente mehr gibt, mit denen er kombiniert werden kann. In unserem Beispiel ist dies der Fall für $(8, 12)$, $(5, 13)$, $(12, 13)$ und $(13, 15)$, während $(0, 8)$ noch mit $(2, 10)$ und $(0, 2)$ noch mit $(8, 10)$ kombiniert werden kann. Zwei Implikanten, die noch miteinander kombiniert werden können, sind leichter auffindbar, wenn man auf die Positionen der „Don't cares" achtet, da diese übereinstimmen müssen (die einfache Konsensusregel schreibt vor, dass sich die beiden Terme nur in einer Variable unterscheiden dürfen).

Minterm Indizes	a	b	c	d	Anzahl Einsen	Primimplikant
0	0	0	0	0	0	nein
2	0	0	1	0	1	nein
8	1	0	0	0	1	nein
5	0	1	0	1	2	nein
10	1	0	1	0	2	nein
12	1	1	0	0	2	nein
13	1	1	0	1	3	nein
15	1	1	1	1	4	nein

Abbildung 1.9. Generierung aller Primimplikanten, Schritt 1

Die Vereinfachung von (0,8) mit (2,10) und (0,2) mit (8,10) ergibt noch weitere Primimplikanten, die in Abbildung 1.11 aufgelistet sind. Einer der beiden Implikanten ist redundant, da die Implikanten $(0, 2, 8, 10)$ und $(0, 8, 2, 10)$ äquivalent sind.

Alle nicht weiter vereinfachbaren Implikanten sind Primimplikanten:

8, 12	5, 13	12, 13	13, 15	0, 2, 8, 10
$a \wedge \neg c \wedge \neg d$	$b \wedge \neg c \wedge d$	$a \wedge b \wedge \neg c$	$a \wedge b \wedge d$	$\neg b \wedge \neg d$

Nun müssen wir noch die *Kernimplikanten* identifizieren. Zu diesem Zweck erstellen wir eine Tabelle, in der wir jedem Minterm mit Wert 1 aus der ursprünglichen Tabelle eine Spalte zuteilen und jedem Primimplikanten eine Zeile (siehe Abbildung 1.12). Dann tragen wir in jeder Zeile die Minterme ein, die zu dem jeweiligen Primimplikanten beigetragen haben ($\times$).

Jeder Primimplikant, in dessen Zeile ein Element vorkommt, das in der entsprechenden Spalte nicht nochmals vorhanden ist, *muss* ein Kernimplikant sein. Wir markieren *alle* Minterme in Kernimplikanten mit $\otimes$.

Im nächsten Schritt überprüfen wir, ob die verbleibenden Primimplikanten Minterme enthalten, die bereits durch Kernimplikanten abgedeckt sind. In unserem Fall sind die Implikanten (8, 12) und (12, 13) *keine* Kernimplikanten.

Minterm Indizes	a	b	c	d	Anzahl Einsen	Primimplikant
0, 2	0	0	–	0	0	nein
0, 8	–	0	0	0	0	nein
2, 10	–	0	1	0	1	nein
8, 10	1	0	–	0	1	nein
8, 12	1	–	0	0	1	ja
5, 13	–	1	0	1	2	ja
12, 13	1	1	0	–	2	ja
13, 15	1	1	–	1	3	ja

Abbildung 1.10. Generierung aller Primimplikanten, Schritt 2

Minterm Indizes	a	b	c	d	Anzahl Einsen	Primimplikant
0, 2, 8, 10	–	0	–	0	0	ja
0, 8, 2, 10	–	0	–	0	0	redundant

Abbildung 1.11. Generierung aller Primimplikanten, Schritt 3

Der Minterm 8 aus (8,12) ist bereits durch den Kernimplikanten (0, 2, 8, 10) abgedeckt; der Primimplikant 13 aus (12, 13) ist in den Kernimplikanten (5, 13) und (13, 15) enthalten. Daher markieren wir diese beiden Minterme mit ☒.

Aus der vollständig ausgefüllten Tabelle in Abbildung 1.12 ist nun ersichtlich, dass der Minterm 12 im Primimplikanten (8, 12) und im Primimplikanten (12, 13) nicht in einem der Kernimplikanten enthalten ist.

Daher enthält das Minimalpolynom alle Kernimplikanten und, zur vollständigen Abdeckung aller Primimplikanten, entweder (8, 12) oder (12, 13). Wir erhalten als Lösungen

$$(a \wedge \neg c \wedge \neg d) \vee (b \wedge \neg c \wedge d) \vee (a \wedge b \wedge d) \vee (\neg b \wedge \neg d)$$

	0	2	5	8	10	12	13	15
8, 12				⊠		✕		
5, 13			⊗				⊗	
12, 13						✕	⊠	
13, 15							⊗	⊗
0, 2, 8, 10	⊗	⊗		⊗	⊗			

✕ = Minterme in Primimplikanten
⊗ = Minterme in Kernimplikanten
⊠ = Minterme, überdeckt von Kernimplikanten

Abbildung 1.12. Minimale Überdeckung mit Primimplikantentafel

und

$$(b \wedge \neg c \wedge d) \vee (a \wedge b \wedge \neg c) \vee (a \wedge b \wedge d) \vee (\neg b \wedge \neg d) \,.$$

Der in Beispiel 17 vorgestellte Ansatz ist unter dem Namen *Quine-McCluskey-Algorithmus* bekannt. Im schlechtesten Fall benötigt dieser Algorithmus *exponentiell* viele Schritte (bezogen auf die Anzahl der Minterme), da sich aus den Mintermen exponentiell viele Primimplikanten ergeben können. Das Überdeckungsproblem ist NP-vollständig; die bekannten Algorithmen brauchen für dieses Teilproblem daher im schlimmsten Fall ebenfalls exponentiell viele Schritte.

1.3.3 Vereinfachung mit Don't-cares

In der Praxis ist es oft der Fall, dass eine Funktionstabelle nicht vollständig vorgegeben ist, da z. B. bestimmte Eingabekombinationen nie auftreten oder weil der Wert bestimmter Minterme nicht von Relevanz ist. In einem solchen Fall spricht man von „Don't care Conditions". Wir verwenden, wie schon in Beispiel 17, „–" um Don't-cares darzustellen.

Beispiel 18 Die Funktionstabelle in Abbildung 1.13 stellt eine Funktion dar, die für den Minterm 1 eine Don't care Condition enthält.

18

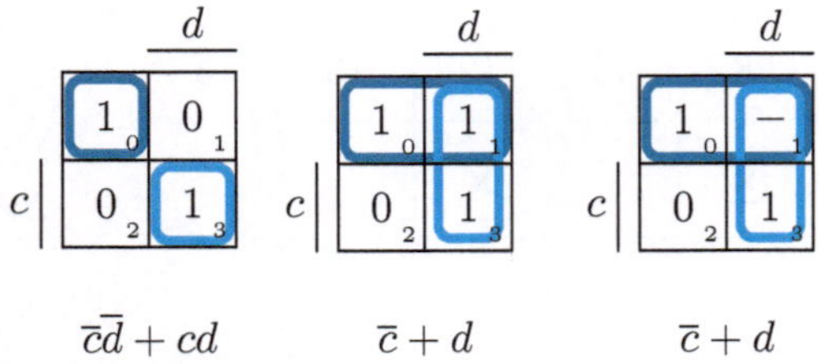

$$\overline{c}\,\overline{d} + cd \qquad\qquad \overline{c} + d \qquad\qquad \overline{c} + d$$

a. Karnaugh-Diagramme

Minterm-Index	c	d	f
0	0	0	1
1	0	1	–
2	1	0	0
3	1	1	1

b. Funktionstabelle

Abbildung 1.13. Karnaugh-Vereinfachung von Funktionstabellen mit „Don't care"-Einträgen

Die Karnaugh-Diagramme im oberen Teil der Abbildung zeigen, wie Don't care Conditions bei der Optimierung ausgenutzt werden können: Der Eintrag „–" darf im Karnaugh-Diagramm nach Belieben entweder als 0 oder 1 interpretiert werden, das heißt „–" darf (muss jedoch nicht) von einem Block überdeckt werden. Wenn ein Don't care-Eintrag es ermöglicht, einen Block zu vergrößern, so führt dies zu einer einfacheren Formel.

Entsprechend kann auch der Quine-McCluskey-Algorithmus so erweitert werden, dass Don't care Conditions zur weiteren Vereinfachung der Formel genutzt werden können.

19   **Beispiel 19** Wir betrachten dieselbe Funktionstabelle wie schon in Beispiel 18. Bei der Generierung der Primimplikanten behandeln wir Minterme mit Don't care Conditions wie eine 1, da diese dazu führen können, dass wir kleinere Primimplikanten erhalten:

Minterm Indizes	c	d	Anzahl Einsen	vereinfachbar
0	0	0	0	ja
1	0	1	1	ja
3	1	1	2	ja

Im nächsten Schritt werden wie gewohnt die Primimplikanten bestimmt:

Minterm Indizes	c	d	Anzahl Einsen	vereinfachbar
0,1	0	–	0	nein (Primimplikant)
1,3	–	1	1	nein (Primimplikant)

In der Primimplikantentafel jedoch *ignorieren* wir die Spalten für die Minterme, die Don't care Conditions enthalten (das heißt in unserem Fall die Spalte für den Minterm 1). Dies führt dazu, dass eine Überdeckung aller Minterme mit Wert 1 mit weniger Primimplikanten erreicht werden kann:

	0	3
0,1	⊗	
1,3		⊗

Wie schon in Beispiel 18 erhalten wir als Lösung $\neg c \vee d$.

❯ 1.3.4 Mehrstufige Logik

In Kapitel 1.2.2 haben wir beobachtet, dass DNF- (oder CNF-) Formeln immer zu zweistufigen Schaltungen führen (siehe Abbildung 1.2). Die Anzahl der Gatter in derartigen Schaltungen ist jedoch nicht notwendigerweise minimal, wie am Beispiel in Abbildung 1.14 ersichtlich ist.

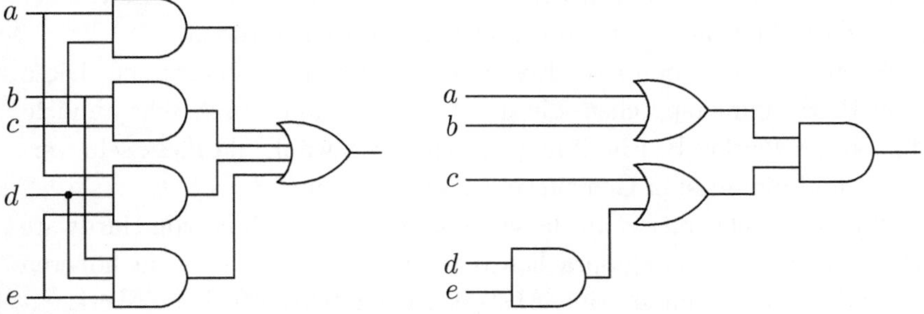

Abbildung 1.14. Zwei logisch äquivalente Schaltkreise

Beide Schaltungen in dieser Abbildung implementieren die Funktion $(a \vee b) \wedge (c \vee d \wedge e)$. Wandelt man diese Formel durch Anwenden der Regeln in Tabelle 1.3 in eine DNF-Formel um (Faktorisierung mittels Regel 14), so erhält man $a \wedge c \vee a \wedge d \wedge e \vee b \wedge c \vee b \wedge d \wedge e$ (entspricht der Schaltung im linken Teil der Abbildung 1.14).

In der zweistufigen Schaltung muss das Eingangssignal nur *zwei* Gatter durchlaufen, bis es zum Ausgang der Schaltung gelangt, während die Signale d und e in der mehrstufigen Schaltung zwei Und-Gatter und ein Oder-Gatter durchlaufen müssen. Die zweistufige Schaltung hat daher eine kürzere *Schaltzeit*, das heißt am Ausgang liegt früher ein korrektes Ergebnis an, als dies in der mehrstufigen Schaltung der Fall ist. Dafür enthält die mehrstufige Schaltung weniger Gatter und ist daher billiger zu produzieren.

Es kommt also zu einem Trade-off zwischen Laufzeit (Performance) und Platz (Produktionskosten). Für dieses Optimierungsproblem müssen wir auf Heuristiken zurückgreifen, da keine exakten Verfahren bekannt sind.

1.4 Kombinatorische Schaltungen in Verilog

Wir haben Schaltungen bis jetzt sehr abstrakt betrachtet. Momentan ist uns noch nicht klar, wie dieses mühsam erworbene Wissen angewandt werden kann, um tatsächlich Schaltungen zu konstruieren, die auf einem Chip implementierbar sind.

Die hohe Komplexität der heutigen Chips und Prozessoren lässt es nicht mehr zu, dass ein Ingenieur diese aus einzelnen Gattern baut. Stattdessen wird auf Hardware-Beschreibungssprachen wie VHDL oder Verilog zurückgegriffen, in denen die Schaltung spezifiziert und dann mit speziellen Programmen *synthetisiert* wird. Dieser Vorgang entspricht in etwa der Übersetzung eines Programms in einer Programmiersprache wie C oder Java in Maschinencode. Synthesetools generieren die gewünschte Schaltung vollständig aus der VHDL- oder Verilog-Beschreibung; im Idealfall muss man lediglich noch Informationen zum Produktionsprozess bereitstellen, die typischerweise von der „Fab" (der Produktionsanlage) zur Verfügung gestellt werden.

Wir müssen also nur eine dieser Beschreibungssprachen beherrschen. Diese sind den Programmiersprachen, die uns bereits bekannt sind, sehr ähnlich. Wir haben die Verilog-Beschreibungssprache ausgewählt, da diese sehr verbreitet ist und die meisten Gemeinsamkeiten mit C und Java hat.

Man sollte aber nicht unerwähnt lassen, dass die Entwicklung von Hardware mit Hardware-Beschreibungssprachen bzw. das Programmieren in höheren Programmierspachen immer eine Abstrakion darstellt. Effiziente Werkzeuge zur Synthese bzw. Kompilation erleichtern die Entwicklungsarbeit sehr. Dennoch muss in wenigen Ausnahmefällen der Hardware- bzw. Software-Ingenieur diese Abstraktion durchbrechen, um optimale Ergebnisse zum Beispiel hinsichtlich Geschwindigkeit erzielen zu können.

Wir wollen in diesem Abschnitt zeigen, wie man kombinatorische Schaltungen mit Verilog spezifiziert. Die Verilog-Operatoren haben wir bereits kennengelernt (siehe Tabelle 1.1). Programm 1.1 zeigt die Implementierung der Schaltung aus Abbildung 1.1, die der Formel aus Beispiel 1 entspricht.

Die *Leitungen* x, y, z werden im Boole'schen Ausdruck auf der rechten Seite der Zuweisung verwendet. Der Wert dieses Ausdrucks wird der Leitung r zugewiesen. Diese Schaltung wird als *Modul* spezifiziert, welches dann für die Konstruktion weiterer, komplizierterer Schaltungen verwendet werden kann.

Programm 1.1 (Implementierung der Schaltung in Abb. 1.1)   1.1

```verilog
module fun (input x, y, z, output r);
   assign r = x || (!y && z);
endmodule
```

Ein Modul kann auch mehr als einen Ausgang haben (siehe Programm 1.2). Die Ausdrücke auf der rechten Seite der Zuweisung dürfen sich *Eingänge* teilen. Beachten Sie, dass diese Zuweisungen *gleichzeitig* ausgeführt werden, und *nicht* hintereinander, wie Sie es von C oder Java gewohnt sind. Sie dürfen daher keine Annahmen über die Ausführungsreihenfolge dieser Zuweisungen machen.

Programm 1.2 (Implementierung einer Schaltung mit zwei Ausgängen)   1.2

```verilog
module add (input a, b, ci, output s, co);
   assign s = a ^ b ^ ci;
   assign co = (a && b) || (b && ci) || (a && ci);
endmodule
```

Die Schaltung in Programm 1.2 wird *Volladdierer* genannt. Sie werden diese Schaltung in Kapitel 4 kennenlernen.

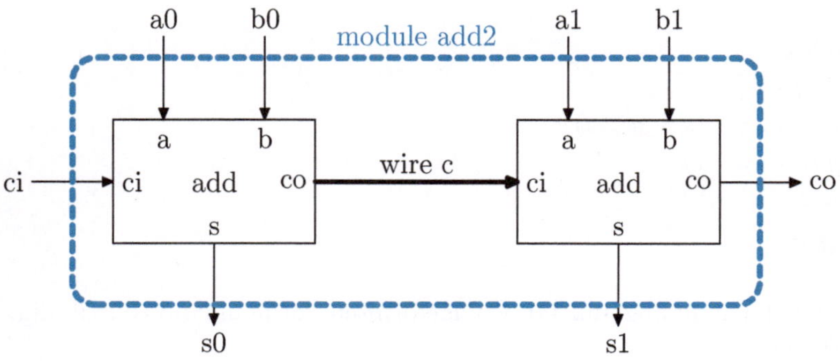

Abbildung 1.15. Blockschaltbild für das Programm 1.3

Um zwei Module zu verbinden, benötigt man entsprechende Verbindungsleitungen. Diese werden in Verilog mithilfe von **wire**s spezifiziert. In Programm 1.3 sehen Sie, wie man zwei 1-Bit-Addierer (aus Programm 1.2) zu einem 2-Bit-Addierer zusammensetzt. Der Ausgang *co* des ersten Addierers wird mittels **wire** *c* mit dem Eingang *ci* des zweiten Addierers verbunden. Ein entsprechendes *Blockschaltbild* finden Sie in Abbildung 1.15.

1.3

Programm 1.3 (Eine Schaltung aus zwei Modulen)

```
module add2 (input a0, b0, a1, b1, ci,
             output s0, s1, co);
  wire c;
  add A1(a0, b0, ci, s0, c);
5 add A2(a1, b1, c, s1, co);
endmodule
```

Die Verbindung zwischen den zwei Modulen ist *ungepuffert,* das heißt der Ausgang *co* wird über *c* „ohne Zeitverzögerung" mit dem Eingang *ci* verbunden. Diese Betrachtung ist selbstverständlich idealisiert. In der Praxis erhalten wir ein (sicher) korrektes Ergebnis an Leitung *s1* erst, *nachdem* die Berechnung des ersten Addierers vollständig erfolgt ist. Dies liegt daran, dass die einzelnen Gatter *Schaltzeiten* im Bereich mehrerer Nanosekunden haben. Mehr darüber erfahren Sie im folgenden Kapitel 2.

1.5

1.5 Aufgaben

1.1

Aufgabe 1.1 Geben Sie für folgende Formeln an, ob sie *wohlgeformt* sind oder nicht:

1. $x \wedge \neg\neg y \vee z$
2. $(x \wedge \neg)\neg(y \vee z)$
3. $\neg x \wedge \neg y \wedge \neg z = \neg(x \vee y \vee z)$
4. $\neg x \wedge \neg y \wedge \neg z = \neg(x \vee y, z)$
5. $x \wedge \neg y = x + (-y)$
6. $x \cap y = y \heartsuit x$

Geben Sie für alle oben angeführten wohlgeformten Formeln eine vollständig geklammerte Version an.

Aufgabe 1.2 Wie viele mögliche Belegungen gibt es für eine Formel mit n Variablen?

   1.2

Aufgabe 1.3 Welche der folgenden Formeln sind (un-)erfüllbar? Ist eine der Formeln eine Tautologie?

1. P $\lor$ P $\land$ Q
2. $\neg$(P $\land$ (P $\Rightarrow$ Q) $\Rightarrow$ Q)
3. $\neg$(P $\land$ (P $\Rightarrow$ Q)) $\Rightarrow$ Q

   1.3

Aufgabe 1.4 Verifizieren Sie, dass die Formeln $\neg x \lor y$, $x \Rightarrow y$ und $(\neg x \land \neg y) \lor (\neg x \land y) \lor (x \land y)$ ein und dieselbe Funktionstabelle haben.

   1.4

Aufgabe 1.5 Wie viele *logisch* verschiedene Operatoren mit zwei Parametern gibt es? Zwei Operatoren sind logisch verschieden, wenn ihre Funktionstabellen verschieden sind.

   1.5

Aufgabe 1.6 Wie viele verschiedene Boole'sche Funktionen mit n Parametern gibt es?

   1.6

Aufgabe 1.7 Zeigen Sie, dass $\{\neg, \land\}$ eine Basis ist.

   1.7

Aufgabe 1.8 Zeigen Sie, dass die Operation Exklusiv-Oder eine Basis ist.

   1.8

Aufgabe 1.9 Beweisen Sie die logische Äquivalenz der Formeln aus Beispiel 5 *ohne* das Shannon'sche Expansionstheorem mit den Regeln aus Tabelle 1.3.

   1.9

Aufgabe 1.10 Beweisen Sie die Korrektheit der Verstärkungsregel (siehe Definition 1.6)! Verwenden Sie dafür die Ihnen bekannten Umformungsregeln (Tabelle 1.3 und Definitionen 1.4 und 1.5).

   1.10

Aufgabe 1.11 Vereinfachen Sie folgenden Boole'schen Ausdruck und geben Sie bei jedem Schritt die verwendeten Regeln an:

   1.11

$$f = (a \lor (a \land b)) \lor ((b \oplus c) \lor (b \land c))$$

Hinweis: Machen Sie Gebrauch von der Tatsache, dass sich $x \oplus y$ definieren lässt als $(x \land \neg y) \lor (\neg x \land y)$!

1.12   **Aufgabe 1.12** Konstruieren Sie die kombinatorische Schaltung für die Formeln
1. $(x \wedge y \wedge z) \vee (x \wedge y \wedge \neg z) \vee (\neg x \wedge z)$
2. $(x \wedge y) \vee (\neg x \wedge z)$

Vergleichen Sie die beiden Formeln miteinander. Was fällt Ihnen auf? Welche Ihrer beiden Schaltungen würde in der Praxis eher eingesetzt werden?

1.13   **Aufgabe 1.13** Zeigen Sie mithilfe der Bool'schen Algebra, dass folgende Schaltung die XOR-Funktion implementiert, indem Sie die einzelnen Ausgangssignale vereinfachen.

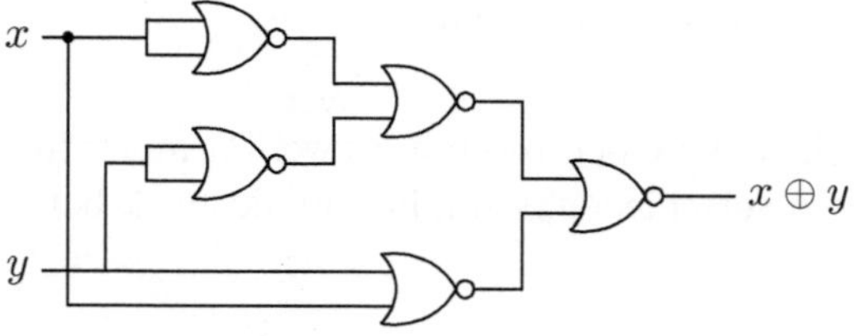

1.14   **Aufgabe 1.14** In der Praxis werden kombinatorische Schaltungen natürlich nicht aus einzelnen Gattern zusammengebaut. Allerdings zahlt es sich auch nicht immer aus, einen eigenen Chip mit der entsprechenden Funktion fertigen zu lassen.

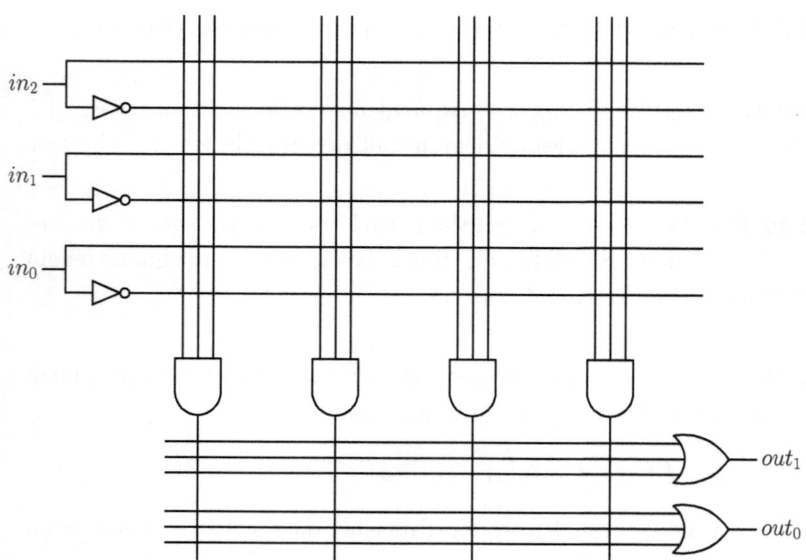

Abbildung 1.16. Programmable Logic Array (PLA)

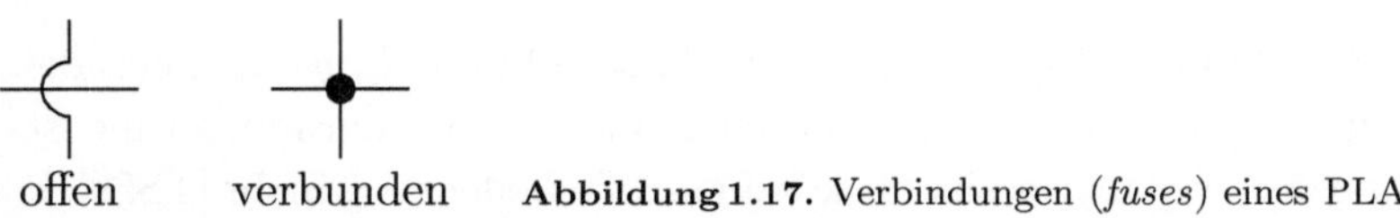

offen   verbunden   **Abbildung 1.17.** Verbindungen (*fuses*) eines PLA

Eine preiswerte Alternative sind „programmierbare logische Bauteile" (Programmable Logic Devices, PLDs). Wir stellen hier zwei Varianten dieser Bauteile vor: Die „Programmable Logic Arrays" (PLA) und die „Programmable Array Logic" (PAL).[10]
In beiden Varianten ist eine bestimmte Anzahl von *Und-* und *Oder-* Bausteinen bereits fest verbaut. Die Verbindungen zwischen diesen Bausteinen sind bis zu einem gewissen Grad konfigurierbar. In der Darstellung des internen Aufbaus dieser Bauteile in Abbildung 1.16 entsprechen diese Verbindungen den Schnittpunkten der Leiterbahnen. Diese Verbindungen waren ursprünglich Sicherungen (engl. *fuses*), die mittels eines hohen Stromes durchgebrannt werden konnten. Moderne PLAs verwenden stattdessen Dioden, die ebenfalls durch Zuführen eines hohen Stromes zerstört werden können. In beiden Fällen hängt die logische Funktion des Bausteines von dem durch die offenen oder geschlossenen Verbindungen (siehe Abbildung 1.17) vorgegebenen Bitmuster ab. In PLA-Bausteinen sind sowohl die Verbindungen des Und-Feldes als auch die Verbindungen des Oder-Feldes programmierbar.

Tabelle 1.6. Funktionstabelle für out_0 und out_1

in_0	in_1	in_2	out_0	out_1
0	0	0	1	0
0	0	1	0	0
0	1	0	1	0
0	1	1	0	1
1	0	0	0	0
1	0	1	1	1
1	1	0	0	0
1	1	1	1	0

Bei der einfacheren Variante, den PALs, sind die *Oder*-Verknüpfungen vom Hersteller fest vorgegeben. Diese Bauelemente sind sehr einfach zu programmieren und daher sehr populär und in verschiedensten Varianten erhältlich.

---

[10]Weitere Vertreter dieser Gattung finden Sie z. B. in [TS99].

Die PLAs (Abbildung 1.16) sind flexibler, da sowohl die *Und*- als auch die *Oder*-Verknüpfungen programmiert werden können. Ihre Programmierung ist jedoch komplizierter, daher besitzen sie keine große Bedeutung mehr [TS99].[11] Für die Programmierung eines PLAs benötigt man eine Formel in disjunktiver Normalform. Je kleiner die Formel ist, die die gewünschte Funktion implementiert, desto mehr Funktionen bekommt man auf einem Baustein unter (bzw. desto kleinere und billigere Bausteine kann man verwenden). Implementieren Sie die beiden Funktionen out_0 und out_1, welche in Form einer Funktionstabelle gegeben sind (Tabelle 1.6), in einem PLA-Schema, wie etwa dem in Abbildung 1.16.

1.15   **Aufgabe 1.15** Bestimmen Sie minimale logische Ausdrücke für die Funktionen D und E (Tabelle 1.7) mithilfe der nebenstehenden Karnaugh-Diagramme.

Tabelle 1.7. Funktionstabelle für D und E

a	b	c	d	D	E
0	0	0	0	1	1
0	0	0	1	0	0
0	0	1	0	1	1
0	0	1	1	1	0
0	1	0	0	1	1
0	1	0	1	1	0
0	1	1	0	1	1
0	1	1	1	0	0
1	0	0	–	0	0
1	0	1	–	0	0
1	1	–	–	0	1

---

[11]In Kapitel 2 werden Sie die viel flexibleren FPGAs (Field Programmable Gate Arrays) kennenlernen. Mit diesen lassen sich nicht nur logische Funktionen, sondern auch beliebige Datenpfade zwischen den verschiedenen Funktionsblöcken erstellen.

Aufgabe 1.16 Beweisen Sie die Korrektheit der einfachen Konsensusregel unter Zuhilfenahme des Shannon'schen Expansionstheorems!

1.16

Aufgabe 1.17 Schreiben Sie ein Verilog-Modul, das der *linken* Schaltung aus Abbildung 1.14 entspricht.

1.17

Aufgabe 1.18 Zeichnen Sie ein Schaltbild (mit Gattern), das Programm 1.2 entspricht!

1.18

Aufgabe 1.19 Zerlegen Sie die *rechte* Schaltung aus Abbildung 1.14 in zwei Module, sodass jedes dieser Module zwei Gatter enthält. Verbinden Sie diese Module mithilfe von **wire** zu einer Schaltung, die dasselbe Ergebnis wie die Schaltung in Abbildung 1.14 berechnet!

1.19

Aufgabe 1.20
Das Verilogmodul comparator in Programm 1.4 überprüft zwei Bitmuster auf Gleichheit. Verwenden Sie die Schaltsymbole aus Tabelle 1.4 um eine Schaltung zu zeichnen, die diesem Modul entspricht.

1.20

Aufgabe 1.21 Ein Multiplexer ist eine Einheit, welche drei Eingänge hat: sel, i_1 und i_0. Dabei wird beim einzigen Ausgang o der Wert von i_1 zurückgegeben, falls $sel = 1$, und der Wert von i_0 sonst. Untenstehend eine vereinfachte Funktionstabelle, wobei $-$ für „Don't care" steht:

1.21

sel	i_1	i_0	o
0	$-$	0	0
0	$-$	1	1
1	0	$-$	0
1	1	$-$	1

Entwerfen Sie ein kombinatorisches Verilog-Modul, das einen Multiplexer implementiert!

Aufgabe 1.22 In Aufgabe 1.7 haben Sie gezeigt, dass die XOR- Operation eine Basis ist. Ebenso verhält es sich mit der NAND-Operation, welche in der Praxis oft und gerne verwendet wird. Entwerfen Sie also ein neues Verilog-Modul für den Multiplexer aus Aufgabe 1.21, welches ausschliesslich NAND-Gatter verwendet!

1.22

1.4 Programm 1.4 (Eine Komparatorschaltung)

```
module impl(input i0 , i1 , output o );
  assign o = ! i0  ||  i1 ;
endmodule

module cmp(input a0 , a1 , output r );
  wire o0 ;
  wire o1 ;
  impl imp(a0 , a1 , o0 );
  impl imp(a1 , a0 , o1 );
  r = o0 && o1 ;
endmodule

module comparator(input x0 , x1 , x2 , x3 , y0 , y1 , y2 , y3 ,
                  output eq );
  wire eq0 , eq1 , eq2 , eq3 ;
  cmp (x0 , y0 , eq0 );
  cmp (x1 , y1 , eq1 );
  cmp (x2 , y2 , eq2 );
  cmp (x3 , y3 , eq3 );
  assign eq = eq0 && eq1 && eq2 && eq3 ;
endmodule
```

1.6 Literatur

Als weiterführende Literatur zum Thema Boole'sche Logik empfehlen wir
Schönings kompaktes Einführungwerk in die formale Logik [Sch00]. Minimierung von Boole'schen Formeln mit Karnaugh-Diagrammen bzw. Quine-
McCluskey wird auch in [Kat94, Fri01, Zwo03] erörtert. Ausführliche Beschreibungen zu Verilog gibt es beispielsweise von Thomas und Moorby [TM91].
Golze [Gol95] beschreibt die Implementierung eines RISC-Prozessors mit Pipeline und führt außerdem die Verilog-Hardwarebeschreibungssprache ein.

Kapitel 2
Technologie

2 Technologie

2 Technologie

In diesem Kapitel werden die Technologien behandelt, die benutzt werden, um digitale Schaltungen zu implementieren. Wir beginnen mit einem abstrakten Schalterkonzept und zeigen dann Transistoren und die CMOS-Gatter-Technologie als konkrete Instanz. Wir beschreiben die Funktionsweise von *FPGAs*, einer modernen Variante programmierbarer Bausteine, die sich ideal zum Experimentieren und für Kleinserien eignet.

2.1 Abstrakte Schalter

Digitale Schaltungen basieren auf den Gesetzen der Elektronik. Ein *Transistor* regelt den Stromfluss in elektronischen Schaltungen. Zur Vereinfachung verwenden wir den Fluss des Wassers in Rohrsystemen als Analogie. Wir wollen uns den Transistor also zunächst als abstrakten Schalter vorstellen, in etwa so wie einen Wassermischer. Abbildung 2.1a zeigt das Symbol, das wir für Wassermischer verwenden werden. Das Wasser fließt dabei von oben nach unten und x (der Mischer) kann entweder offen oder geschlossen sein.

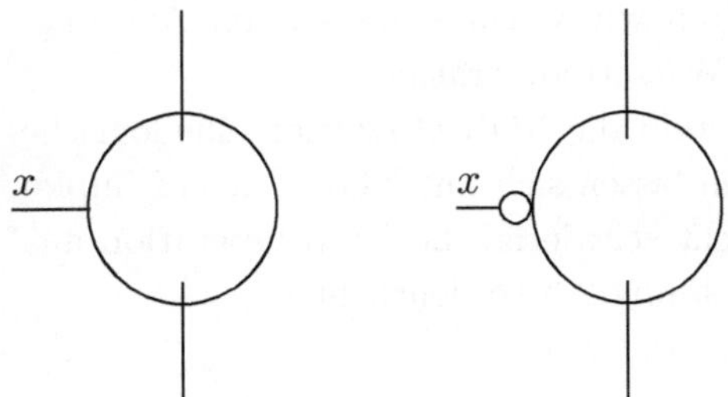

Abbildung 2.1. Abstrakte Schalter

a. Normal

b. Negiertes Ventil

Wir benötigen noch einen zweiten Schaltertyp (Abbildung 2.1b), der genau umgekehrt funktioniert: Wenn wir ihn öffnen, fließt kein Wasser mehr. Diese Negation wird symbolisch durch den kleinen Kreis am Mischer (an x) angedeutet.

Nun wollen wir aber unsere Schaltung nicht per Hand betreiben, sondern, in unserem abstrakten Bild, mit Wasserkraft. Die Stellung der Wasserhähne wird also wiederum durch Wasser angesteuert. Dazu stellen wir uns vor, dass die Wasserleitungen entweder kaltes oder warmes Wasser führen (lauwarmes Wasser gibt es nicht) und der normale Wassermischer öffnet, wenn warmes Wasser an seinem x-Eingang anliegt. Der negierte Schalter stoppt in diesem

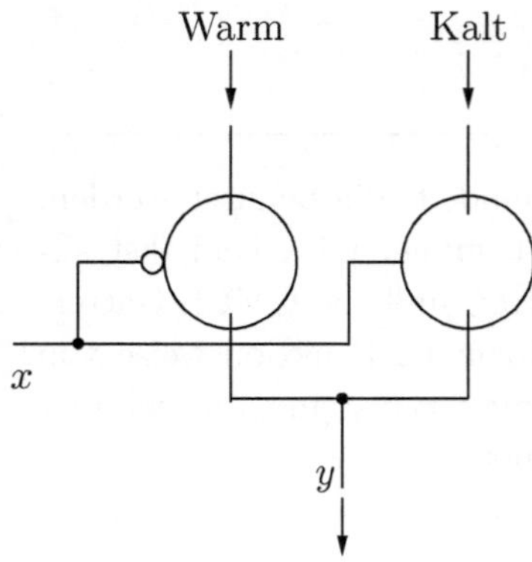

Abbildung 2.2. Negation mit abstrakten Schaltern

Fall dementsprechend den Wasserfluss. Mit zwei solchen Schaltern lässt sich bereits ein *Inverter* realisieren, also ein Gatter, das die Boole'sche Negation implementiert. Abbildung 2.2 zeigt zwei abstrakte Schalter, die zusammen den gewünschten Effekt erzielen: Liegt am Eingang (x) warmes Wasser an, so sperrt der linke Schalter, während der rechte öffnet. Da die Wasserleitung, die der rechte Schalter regelt, eine Kaltwasserleitung ist, erhalten wir am Ausgang (y) kaltes Wasser. Umgekehrtes geschieht, wenn wir kaltes Wasser am Eingang anlegen: Nun sperrt der rechte Schalter, während der linke öffnet. Da links Warmwasser einfließt, erhalten wir warmes Wasser am Ausgang. Unsere Anordnung „negiert" also die Wassertemperatur.

Wie wir bereits aus Kapitel 1 wissen, stellt die NOR-Operation eine logische Basis dar: Alle Boole'schen Funktionen lassen sich mit NOR-Gattern implementieren. Es ist auch tatsächlich nicht schwierig, die NOR-Operation aus Wassermischern aufzubauen, wie Abbildung 2.3 verdeutlicht.

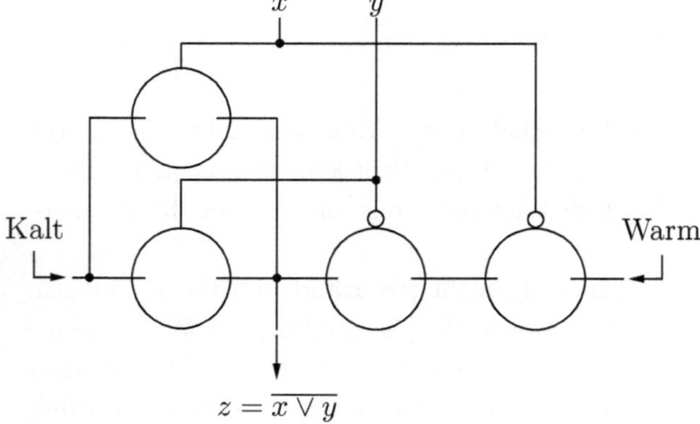

Abbildung 2.3. Ein NOR-Gatter aus abstrakten Schaltern

2.2 Schalter in Hardware

2.2.1 Dioden und Transistoren

Betrachten wir Äquivalente zum Wasserhahn in der elektronischen Welt. Ein solcher „Stromhahn" soll dazu in der Lage sein, die Höhe eines *Laststroms* in Abhängigkeit von einem (oft viel kleineren) *Steuerstrom* zu regeln. Die anliegende Wassertemperatur identifizieren wir mit der Stärke des elektrischen Stroms. Historisch wurde dieses Verhalten zuerst mit mechanischen Relais und dann mit Vakuum-Röhren realisiert. Dabei wird ein Strom von Elektronen durch elektromagnetische Felder beeinflusst und damit in der Stärke geregelt.

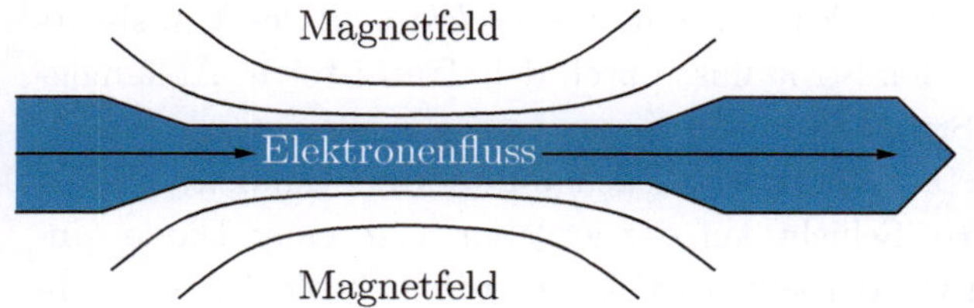

Abbildung 2.4. Magnetfelder beeinflussen den Stromfluss

Die Vakuum-Röhren wurden bereits in den 40er- und 50er-Jahren des vergangenen Jahrhunderts durch *Halbleiter* abgelöst, welche neben dem Bau kleinerer und zuverlässigerer Radios auch die Entwicklung moderner Rechenmaschinen erlaubten. Die Basis aller Halbleiterelemente stellt die *Diode* dar. Das Verhalten der Diode ist sehr einfach: Strom kann nur in eine Richtung fließen.

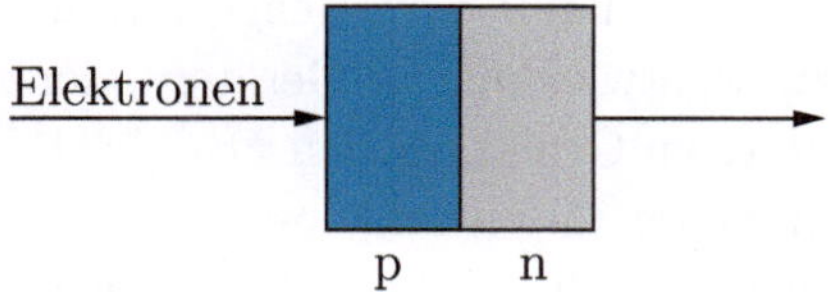

Abbildung 2.5. Schema einer Diode

Dioden bestehen aus einem Halbleiterkristall (oft Silizium), bei dem ein Teil (Teil p in Abbildung 2.5) mit positiven Ionen angereichert (dotiert) wurde, während der andere Teil negativ dotiert wurde. Dadurch entsteht in der Mitte der Diode, am so genannten p-n-Übergang, ein elektrisches Feld. Dieses Feld wird nun, wenn Elektronen durch die Diode fließen, entweder verstärkt oder abgeschwächt; dementsprechend sperrt die Diode oder lässt die Elektronen passieren.

Allerdings ist die Diode noch kein „Stromhahn", da sie sich nicht steuern lässt. Wir benötigen noch die Möglichkeit, den Stromfluss durch einen anderen Strom ansteuern zu können. Wenn wir nun zur Diode noch eine weitere Halbleiterschicht hinzufügen, entsteht ein (Bipolar-)Transistor, wie in Abbil-

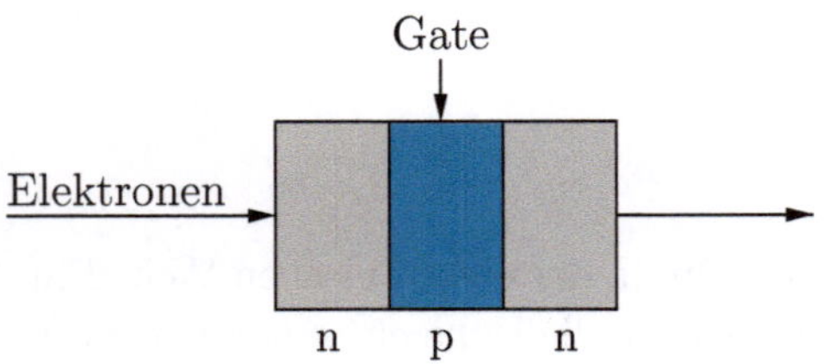

Abbildung 2.6. Schema eines Transistors

dung 2.6 angedeutet. Dabei entstehen zwei elektrische Felder an den n-p- und p-n-Übergängen. Durch Einbringung zusätzlicher Elektronen in die p-Schicht können wir die Stärke beider Felder gleichermaßen steuern; wenn wir Strom anlegen öffnet also der Transistor. Damit haben wir endlich einen Mischer gebaut – der so genannte *Gate*-Eingang (dt. *Steuerelektrode*) des Transistors gibt uns die Möglichkeit, den Stromfluss durch den Transistor in Abhängigkeit von einem anderen Strom zu regeln.

Natürlich könnten wir statt der zusätzlichen n-dotierten Halbleiterschicht ebenso gut eine p-dotierte Schicht auf der anderen Seite einer Diode hinzufügen. Damit erhalten wir denselben Effekt, allerdings fließt der Strom in die andere Richtung. Ebenso müssen wir nun eine Spannung am Gate anlegen, um den Durchfluss zu *verhindern*. Aus diesem Grunde unterscheidet man npn- und pnp-Transistoren; die einen verhalten sich wie die Wassermischer, während die anderen sich wie Wassermischer mit negiertem Ventil verhalten.

2.2.2 Feldeffekt-Transistoren

Bipolar-Transistoren haben einen erheblichen Nachteil: Der Steuerstrom am Gate fließt ständig und die Schaltung verbraucht damit eine Menge Strom. Das wirkt sich natürlich negativ auf die Hitzeentwicklung in Geräten oder z. B. auch auf die Batterielaufzeit aus. Aus diesem Grund wurden *Feldeffekt-Transistoren* entwickelt, welche sich wieder des alten Grundprinzips der Steuerung von Stromflüssen mithilfe von elektromagnetischen Feldern bedienen. Wiederum finden wir drei dotierte Halbleiterschichten (Abbildung 2.7) vor. Diesmal liegt allerdings kein Strom an der mittleren Halbleiterschicht an. Das Gate steht nun nicht mehr in direkter Verbindung mit der Halbleiterschicht,

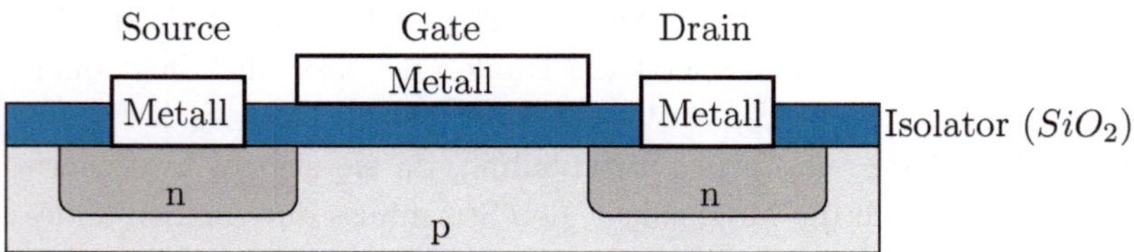

Abbildung 2.7. NMOS-Transistor

sondern wird durch einen Isolator (oft Siliziumdioxid, SiO_2, welches auch ein Hauptbestandteil vieler Glassorten ist) von dieser getrennt.

Der Feldeffekt-Transistor funktioniert auf die folgende Weise: Die mittlere Halbleiterschicht wird schwach dotiert, sodass ohne zusätzliche Spannung am Gate kein Stromfluss zwischen den beiden Lastanschlüssen des Transistors möglich ist. Die Lastanschlüsse werden Source und Drain (dt. *Quelle* und *Senke*) genannt. Der Transistor sperrt also, solange keine Spannung am Gate anliegt.

Wird nun allerdings eine (positive) Spannung angelegt, so baut sich ein elektrisches Feld um das Gate auf, welches sich auch in die Halbleiterschicht darunter ausdehnt. Die negativen Ladungsträger in der Halbleiterschicht werden durch dieses elektrische Feld vom Gate angezogen. Dadurch entsteht ein Bereich unter dem Gate, in welchem sich Elektronen sammeln. Dieser Bereich wird *n-Kanal* genannt und ermöglicht den Elektronen, von Source zu Drain zu fließen: Der Stromfluss ist nun also möglich (Abbildung 2.8).

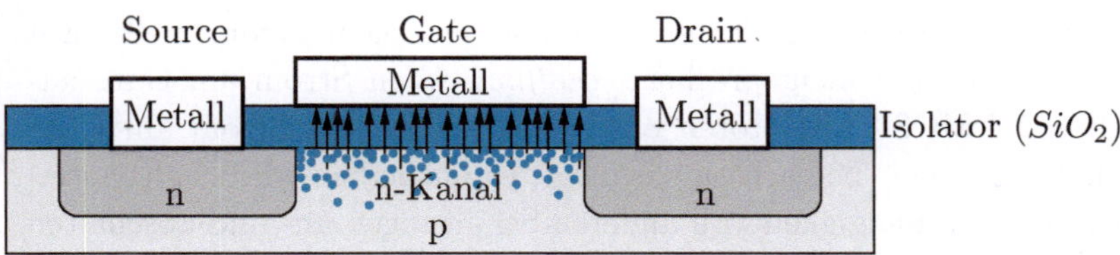

Abbildung 2.8. Spannung am Gate: Es fließt Strom

2.2.3 CMOS

Feldeffekt-Transistoren, die nach dem npn-Schema aufgebaut sind (wie die in den Abbildungen 2.7 und 2.8), werden *n-Type metal oxide semiconductors* (dt. *n-Typ Metalloxid-Halbleiter*) oder einfach *NMOS* genannt, da bei ihnen ein n-Kanal aufgebaut wird. Wie bei den Bipolar-Transistoren ist es natürlich hier genauso möglich, den ganzen Transistor umgekehrt, also auf pnp-Art zu bauen. Damit kehren sich wieder alle Stromrichtungen um und wir erhalten einen Transistor mit invertiertem Gate. Diese Transistoren werden dementsprechend *p-Type MOS* oder einfach *PMOS* genannt.

Genauso wie wir in Abschnitt 2.1 normale Wassermischer und solche mit negiertem Ventil verwendet haben, möchten wir nun auch in Schaltungen beide Typen von Transistoren verwenden, das heißt, wir wollen NMOS- und PMOS-Transistoren gleichermaßen verwenden. Schaltungen dieser Art werden, weil sie aus komplementären MOS-Bauteilen aufgebaut sind, unter dem Begriff *CMOS*, was für *complementary MOS* steht, zusammengefasst.

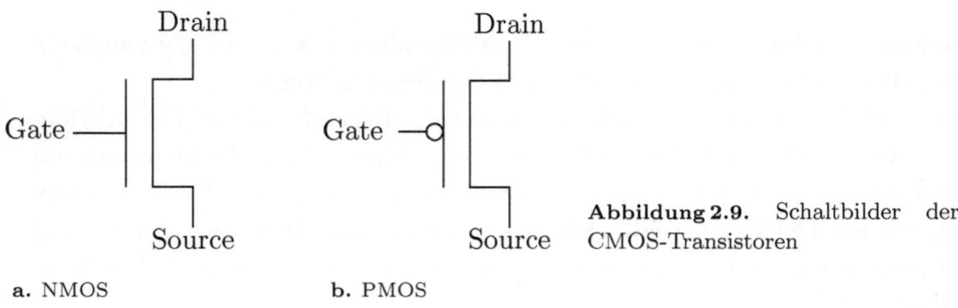

Abbildung 2.9. Schaltbilder der CMOS-Transistoren

a. NMOS   **b.** PMOS

In technischen Zeichnungen von CMOS-Schaltkreisen wollen wir die Transistoren nicht jedes Mal in vollem Detail zeichnen. Einfacher ist es, die (vereinfachten) Schaltsymbole, wie in Abbildung 2.9 abgebildet, zu verwenden.

2.2.4 Gatter

Transistoren können wir nicht nur als „Strommischer" benutzen, sondern auch als einfache Schalter, indem wir uns nur für Zustände interessieren, in denen entweder irgendein Strom fließt oder gar kein Strom fließt. Ein NMOS-Transistor ist dementsprechend *geöffnet,* wenn Strom am Gate anliegt, während PMOS-Transistoren offen sind, wenn kein Strom am Gate anliegt; „halbe Ströme" betrachten wir nicht. Damit haben wir Schaltbauteile, die Ströme in Abhängigkeit von anderen Schaltungen an- und abschalten können.

Zuerst wollen wir das an einem einfachen Inverter-Gatter untersuchen. Dieses Gatter kann aus nur zwei Transistoren gebaut werden, analog zu den negierenden Wassermischern in Abbildung 2.2. Der CMOS-Inverter ist aufgebaut aus einem NMOS- sowie einem PMOS-Transistor, welche abhängig von der Eingangsleitung geöffnet werden. Liegt hier eine Spannung am Eingang, so öffnet der NMOS-Transistor (Abbildung 2.10, links), sodass der Ausgang mit *GND* verbunden ist. Liegt umgekehrt keine Spannung (bzw. *GND*) am Eingang, so sperrt der NMOS-Transistor, während der PMOS-Transistor (Abbildung 2.10, rechts) öffnet und den Ausgang mit V_{DD} verbindet. Legen wir also

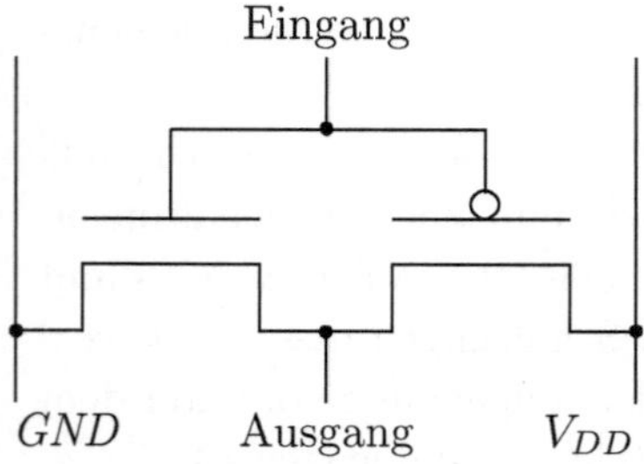

Abbildung 2.10. CMOS-Inverter

Spannung an den Eingang, so liegt keine Spannung am Ausgang; legen wir keine Spannung an, so erhalten wir Spannung am Ausgang: Wir haben ein Negationsgatter (einen Inverter) gebaut. Die Bezeichnungen *GND* und V_{DD} stehen dabei für *Ground* (dt. *Erdung* oder *Masseanschluss*) und die Versorgungsspannung. Weil die Versorgungsspannung von CMOS-Schaltungen in der Regel mehrere Drain-Eingänge von Transistoren versorgt, erhält sie den Index *DD*. Sie beträgt übrigens in Standard-CMOS-Schaltungen 5 Volt, wobei *GND* üblicherweise 0 Volt bedeutet. Liegt nun der Ausgang einer Schaltung auf V_{DD}, so interpretieren wir dies als logische 1; liegt andererseits *GND* am Ausgang an, so ist dies eine logische 0.

Wir haben aber mit den beiden CMOS-Transistoren auch eine logische Basis gegeben, denn wir können damit NOR- bzw. NAND-Gatter erstellen. Um ein NOR-Gatter zu bauen, benötigen wir allerdings nicht nur zwei Transistoren, sondern, wie zu erwarten ist, vier. Der Aufbau des CMOS-NOR-Gatters (Abbildung 2.11a) ist dabei wieder analog zum NOR-Gatter aus abstrakten Schaltern (vgl. Abbildung 2.3). Dass sich am Ausgang z des Gatters das NOR von x und y ergibt, kann leicht anhand der Funktionstabelle in Abbildung 2.11b nachvollzogen werden. Das CMOS-NOR-Gatter kann man übrigens sehr einfach auf mehr als zwei Eingänge generalisieren: Für jeden zusätzlichen Eingang kommt ein NMOS-Transistor (im NMOS-Stapel in Abbildung 2.11a links, über T_1) sowie ein PMOS-Transistor (in Abbildung 2.11a rechts von T_4) hinzu.

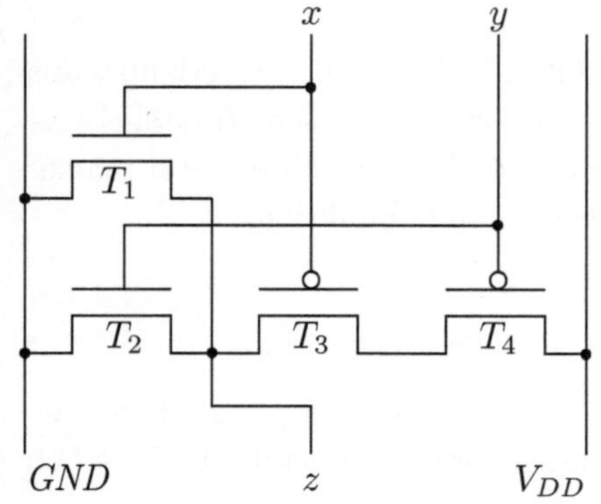

x	y	T_1	T_2	T_3	T_4	z
0	0	zu	zu	auf	auf	1
0	1	zu	auf	auf	zu	0
1	0	auf	zu	zu	auf	0
1	1	auf	auf	zu	zu	0

a. Transistor-Schaltung   **b.** Funktionstabelle und Schaltsymbol

Abbildung 2.11. Das NOR-Gatter in CMOS-Technologie

Mit demselben Aufwand, also auch mit vier Transistoren, können wir ein NAND-Gatter bauen. Dazu müssen das NOR-Gatter nur „umgedreht" und die Transistoren durch ihre Komplemente ersetzt werden. So erhalten wir die

Schaltung in Abbildung 2.12a. Genauso wie das NOR-Gatter stellt auch das NAND-Gatter eine logische Basis dar; beide können also verwendet werden um beliebige Schaltungen zu implementieren.[1]

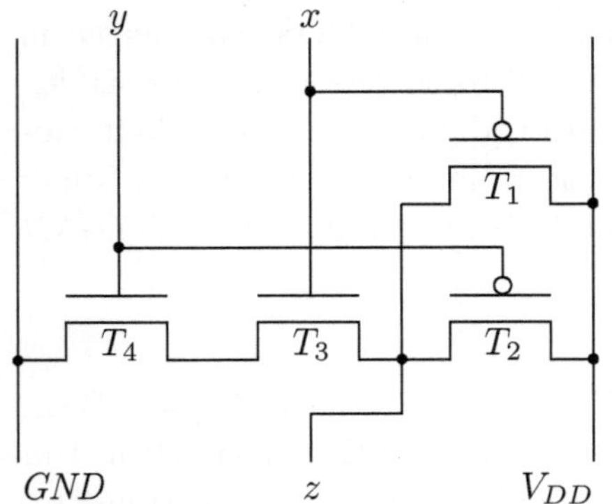

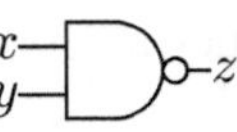

x	y	T_1	T_2	T_3	T_4	z
0	0	zu	auf	zu	auf	1
0	1	zu	zu	zu	auf	1
1	0	zu	auf	auf	auf	1
1	1	auf	zu	auf	zu	0

a. Transistor-Schaltung   **b.** Funktionstabelle und Schaltsymbol

Abbildung 2.12. Das NAND-Gatter in CMOS-Technologie

Die Erweiterbarkeit des NOR-Gatters auf mehrere Eingänge haben wir beim Übergang zum NAND-Gatter beibehalten. Mehrfache Eingänge bedeuten allerdings auch einen größeren Spannungsabfall (da ja die Serienschaltung verlängert wird) und deswegen sind die in der Praxis meist verwendeten NAND-Gatter oft auf vier Eingänge beschränkt. NOR-Gatter werden dagegen oft auf nur drei Eingänge beschränkt.

2.2.5 Multiplexer

Oft wird in digitalen Schaltungen ein Bauteil benötigt, das es erlaubt, aus einer Menge von Signalen ein bestimmtes auszuwählen. Solche Bauteile werden als *Multiplexer* bezeichnet. In der einfachsten Form wählt ein Multiplexer eines von zwei Signalen aus, berechnet also folgende Funktion:

$$mux(s, x, y) = \begin{cases} x : s \\ y : \text{sonst} \end{cases}$$

Eine Schaltung mit diesem Verhalten lässt sich natürlich aus logischen Gattern aufbauen, doch dabei werden mehr Transistoren eingesetzt, als eigentlich nötig ist.

Um eines der beiden Signale, die in den Multiplexer eingehen, zu unterbrechen, können wir einfach einen NMOS-Transistor verwenden. Wenn wir

---

[1]In der Praxis wird das NAND-Gatter bevorzugt, weil der Spannungsabfall über der Serienschaltung T_3-T_4 ein wenig kleiner ausfällt, wenn hier NMOS-Transistoren verwendet werden.

am anderen Eingang einen PMOS-Transistor einsetzen, sind wir auch schon
tatsächlich in der Lage, mit Hilfe eines Selektorsignals s von den beiden
Eingängen nur einen auszuwählen. Dabei entsteht allerdings, wie schon beim
NOR-Gatter, ein Spannungsabfall zwischen Ein- und Ausgang, welcher nicht
notwendigerweise in Kauf genommen werden muss. Statt der einzelnen Transistoren auf jeder der Eingangsleitungen können wir jeweils einen NMOS-
und einen PMOS-Transistor auf jeder Eingangsleitung verwenden und damit
ein so genanntes *Transmissionsgatter* (engl. *Transmission Gates*) aufbauen,
wie in Abbildung 2.13a dargestellt.

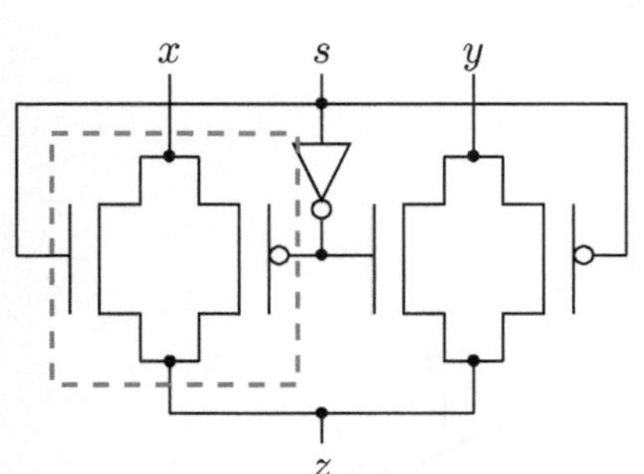

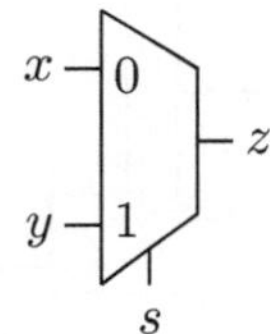

s	x	y	z
0	0	0	0
0	0	1	0
0	1	0	1
0	1	1	1
1	0	0	0
1	0	1	1
1	1	0	0
1	1	1	1

a. Multiplexer mit Transmissionsgattern   **b.** Wahrheitstabelle   **c.** Schaltsymbol

Abbildung 2.13. Multiplexer

Damit gewinnen wir zweierlei: Einerseits wird der Spannungsabfall gegenüber
der ursprünglichen Lösung vermindert, andererseits benötigen wir erheblich
weniger Transistoren als in einem Aufbau mit Hilfe von Gattern. Oft liegt
auch das Selektorsignal bereits in negierter Form $\overline{s}$ vor, wodurch der Inverter
im Multiplexer sogar eingespart werden kann.

Der Aufbau eines Multiplexers aus Transmissionsgattern hat aber noch einen
weiteren, nicht sofort erkennbaren Vorteil: Er kann auch umgekehrt als *Demultiplexer* verwendet werden. Durch den absolut symmetrischen Aufbau
kann die Schaltung für beide Stromflussrichtungen gleichermaßen verwendet
werden und die Logik der Schaltung kehrt sich, wie man es sich wünschen
würde, um. Der Demultiplexer wählt also nicht ein Signal aus, sondern leitet
ein Signal auf eine von mehreren Ausgangsleitungen.

2.2.6 Threestate-Buffer

Oftmals stehen wir vor dem Problem, die Ausgänge mehrerer Gatter miteinander verbinden zu wollen. Dies ist nicht nur beim Multiplexer, wie wir
im vorhergehenden Abschnitt gesehen haben, ein Problem, sondern auch in
allen Arten von Bus-Systemen, welche wir erst später, in Kapitel 6, genauer
betrachten wollen. Das Grundproblem ist dabei immer dasselbe: Wir ha-

ben eine gemeinsame Leitung, auf der zu verschiedenen Zeitpunkten Signale aus unterschiedlichen Quellen übertragen werden sollen. Würden wir einfach die Ausgänge von zwei Gattern mit der gemeinsamen Leitung verbinden, so würde sich ein Kurzschluss ergeben, wenn eines der Gatter eine 1 ausgibt (und damit auf V_{DD} verbindet), während das andere eine 0 ausgibt (und somit auf GND kurzschließt) – dies wollen wir natürlich unterbinden.

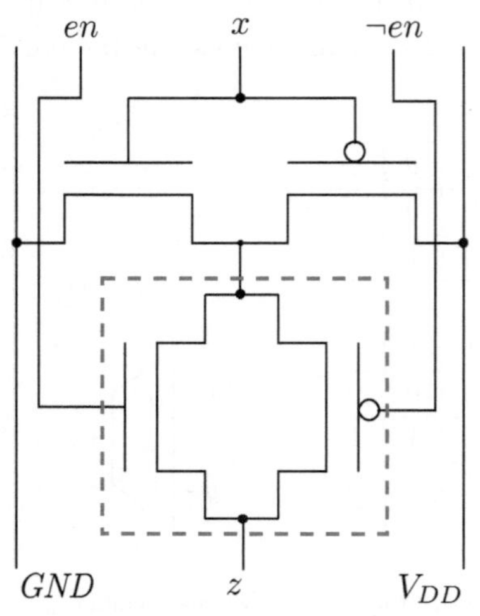

a. CMOS-Implementierung   **b.** Schaltsymbol

Abbildung 2.14. Threestate-Buffer

Wir können dem Problem allerdings relativ einfach Herr werden. Wie beim Multiplexer können wir ein Transmissionsgatter verwenden, um den Ausgang eines Gatters abzukoppeln. Wann dies passiert, steuern wir über einen separaten Eingang, den wir *en* (engl. *enable*) nennen. Weil wir Transmissionsgatter oft benötigen werden, können wir diese gleich in einen Inverter integrieren, wie in Abbildung 2.14a dargestellt.

Legen wir nun eine 1 (also V_{DD}) an den Eingang (x) des Threestate-Buffers, so erhalten wir am Ausgang eine 0 (bzw. GND), sofern auch an *en* eine 1 anliegt. Sollte an *en* eine 0 anliegen, dann sperrt sowohl der NMOS-Transistor des Transmissionsgatters als auch der PMOS-Transistor. Es liegt also *kein* Wert an z an. Diesen Zustand nennen wir *hochohmig,* da die Verbindung zwar theoretisch gekappt ist, in der Praxis aber alle Halbleiterbauelemente keine vollständige Abkopplung zulassen, sondern, wie in diesem Fall, nur einen sehr großen Widerstand haben.

Natürlich kann man den Threestate-Buffer auch nichtinvertierend implementieren. Für dieses Bauteil verwendet man das Schaltsymbol in Abbildung 2.14b *ohne* den Kreis am Ausgang. Allerdings birgt die Verwendung eines solchen Transmissionsgatters eine Gefahr, denn ein Eingangssignal von eventuell

❯ Die vierwertige Verilog-Logik

Verilog bietet zur Modellierung von Transmissionsgattern eine Logik an, in der nicht nur 0 und 1 verwendet werden können, sondern auch die Symbole Z und X. Das Z steht für den hochohmigen Zustand und das X für einen undefinierten Wert (z. B. für nicht initialisierte Signale). Das Z wird verwendet, wenn wir ein Signal abkoppeln wollen. Ein X dagegen hat nur in Simulationen eine Bedeutung, denn in der Realität kann ein solcher Wert natürlich nicht auftreten: Eine Leitung führt immer 0, 1 oder Z, auch wenn wir nicht wissen, welcher Wert gerade tatsächlich anliegt.

Was macht man nun aber, wenn am Eingang eines Gatters undefinierte oder hochohmige Signale anliegen? Was ist z. B. $Z \vee X$? Im Verilog-Standard ist die gesamte *vierwertige Logik* anhand von Wahrheitstabellen definiert. Die Definitionen entsprechen der Intuition: Sobald ein Eingang auf X oder Z gesetzt wird, ist auch der Ausgang X. Ausnahmen sind die jeweiligen *dominierenden Werte* der binären Boole'schen Operatoren: $1 \vee x$ ist immer 1, und $0 \wedge x$ ist immer 0.

&	0	1	X	Z
0	0	0	0	0
1	0	1	X	X
X	0	X	X	X
Z	0	X	X	X

^	0	1	X	Z
0	0	1	X	X
1	1	0	X	X
X	X	X	X	X
Z	X	X	X	X

|	0	1	X	Z
0	0	1	X	X
1	1	1	1	1
X	X	1	X	X
Z	X	1	X	X

^~	0	1	X	Z
0	1	0	X	X
1	0	1	X	X
X	X	X	X	X
Z	X	X	X	X

~	
0	1
1	0
X	X
Z	X

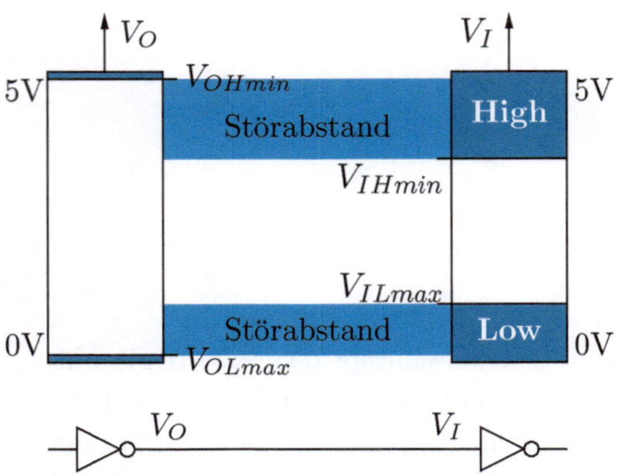

Abbildung 2.15. Störabstand

schlecher Qualität wird ja nur abgetrennt oder weitergegeben. Die invertierende Form dagegen erzeugt ein neues Signal, welches dann das Transmissionsgatter passiert; es wird also aufgefrischt bzw. verstärkt.

2.2.7 Störabstand

In CMOS-Schaltungen gehen wir immer davon aus, dass eine Spannung von 5 Volt eine logische 1 bedeutet, während 0 Volt (*GND*) mit einer logischen 0 gleichzusetzen ist. In den vorhergehenden Abschnitten sind wir allerdings bereits einige Male auf das Problem des Spannungsabfalls an CMOS-Transistoren gestoßen: Weil sich in Serienschaltungen die Widerstände der Transistoren aufaddieren, wird der Spannungsabfall mit der Länge der Serienschaltung immer größer.

Wenn wir also nur *exakte* 5 Volt als Spannung für eine logische 1 zulassen (und exakte 0 Volt für eine logische 0), dann schaffen wir ein Problem, denn wir würden praktisch keinen Ausgabewert eines Gatters mehr weiterverwenden können. Zur Lösung dieses Problems können wir *Intervalle* um die definierten Spannungen festlegen, die immer noch als der nächstliegende logische Wert interpretiert werden. Diese Intervalle variieren nach Bauteil – Tabelle 2.1 gibt etwa die Grenzwerte für ein vierfaches 2-Input-NAND-Gatter mit der Typenbezeichnung 74HC00 von Philips an. Lassen Sie sich hier nicht von den Spannungen verwirren, die größer als 5 Volt sind! Der Baustein ist lediglich etwas konservativ ausgelegt, damit nachfolgende Gatter die Ausgaben sicher richtig erkennen können.

Diese Vorgehensweise verbessert die *Robustheit* der Schaltungen. Wenn jedes Gatter größere Spannungsbereiche an den Eingängen zulässt, als es am Ausgang erzeugt, dann werden alle Signale an jedem Gatter aufgefrischt. Würden wir dies nicht verlangen, dann würden die Signale schon nach wenigen Gat-

Name	Beschreibung	Limit
V_{IHmax}	max. Spannung erkannt als logisch 1	6.0 V
V_{IHmin}	min. Spannung erkannt als logisch 1	4.2 V
V_{ILmax}	max. Spannung erkannt als logisch 0	1.8 V
V_{ILmin}	min. Spannung erkannt als logisch 0	0.0 V
V_{OHmax}	max. Spannung erzeugt als logisch 1	6.0 V
V_{OHmin}	min. Spannung erzeugt als logisch 1	5.3 V
V_{OLmax}	max. Spannung erzeugt als logisch 0	0.3 V
V_{OLmin}	min. Spannung erzeugt als logisch 0	0.0 V

Tabelle 2.1. Spannungs-Grenzwerte für das 74HC00 Quad-2-Input-NAND-Gatter von Philips bei einer Versorgungsspannung des Bausteins von 6 Volt

tern unbrauchbar werden. Als Maß für die Robustheit einer Schaltung können wir somit den *Störabstand* definieren:

Definition 2.1 (Störabstand)   Es sei V_{DH} gleich dem Minimum der Differenzspannungen $V_{OHmin}^A - V_{IHmin}^B$ für alle Gatter A und ihre Nachfolger B in der Schaltung. Ebenso sei V_{DL} gleich dem Minimum der Differenzspannungen $V_{ILmax}^A - V_{OLmin}^B$ für dieselben A, B. Dann nennen wir $min\{V_{DH}, V_{DL}\}$ den *Störabstand* der Schaltung.

2.1

Der Störabstand gibt also an, wie groß Störungen in der Schaltung sein dürfen, bevor ein Signal logisch falsch interpretiert werden könnte.

2.3 Fanout

2.3

Wie alle elektronischen Schaltkreise benötigen auch CMOS-Schaltkreise eine gewisse Menge Strom, um betrieben werden zu können. Nur um sicherzustellen, dass nicht zu viel Strom verbraucht wird, sollten wir noch einen Blick auf den Stromfluss durch eine CMOS-Schaltung werfen. In der Regel schaltet ein Gatter seine Transistoren abhängig von den Eingabewerten, das heißt, die Eingabewerte liegen an Gate-Eingängen von Transistoren. Wenn das Gatter nun eine 1 ausgibt, dann fließt der Strom von der Versorgungsspannung durch einige Transistoren bis zum Ausgang. Hier bestehen nun Verbindungen zu anderen Gattern und der Strom fließt somit weiter zu den Gate-Eingängen der Transistoren in den Nachfolgegattern. In diesem Stromkreis stellt das Gate den Verbraucher dar, denn auch wenn der Widerstand des Gates sehr groß ist, so ist er nicht unendlich groß.

Was nun aber, wenn am Ausgang des Gates nicht nur ein Nachfolgegatter hängt, sondern sehr viele? Zuerst wollen wir der Zahl von Nachfolgern einen Namen geben:

2.2   **Definition 2.2 (Fanout)**   Sei g_i die Zahl der Nachfolgegatter am Ausgang i eines Gatters, das n Ausgänge besitzt. Dann nennen wir $\max\{g_1,\ldots,g_n\}$ den *Fanout* des Gatters.

Bei einem Fanout größer als 1 hängt nun nicht nur ein Verbraucher an der Stromquelle, sondern mehrere, und damit wird auch mehr Strom verbraucht. Dieser muss allerdings immer noch durch die Transistoren im ersten Gatter fließen; damit entsteht eine größere Belastung als bei einem Fanout von 1 und wir müssen darauf achten, die Transistoren nicht zu überlasten. Sicherlich ist jedes Gatter nur bis zu einer gewissen Obergrenze belastbar, und wir geben dieser Zahl den entsprechenden Namen:

2.3   **Definition 2.3 (Max-Fanout)**   Der *Max-Fanout* eines Gatters ist der maximale Fanout, bei dem das Gatter noch zuverlässig arbeitet.

Der erhöhte Stromverbrauch ist vor allem in der TTL-Technik (Abk. für Transistor-Transistor-Logik) bemerkbar, wo nicht mit Feldeffekt-Transistoren, sondern mit Transitoren bipolarer Bauart gearbeitet wird. Ein typischer Wert für den Max-Fanout beträgt hier etwa 20 Gatter. Bei CMOS-Bausteinen ist der Stromfluss im Allgemeinen relativ gering, es kommt allerdings zu kapazitären Effekten durch den Auf- und Abbau von Magnetfeldern an den Gates der Transistoren. Die Auswirkungen dieser Effekte können erst abgeschätzt werden, wenn das Layout, also die physische Anordnung der Schaltung, bekannt ist, da sie von der tatsächlichen Größe der Halbleiter und der Leiterbahnen abhängen.

Will man nun aber ein Signal trotz alledem auf mehr Nachfolger verteilen, als der Max-Fanout zulässt, so kann man andere Gatter zur Verstärkung zwischenschalten. Will man z. B. ein Signal auf 40 Nachfolger verteilen, so kann man das Signal zuerst in nur zwei andere Gatter senden; jedes der beiden Gatter kann dann 20 weitere versorgen. In der Regel wird hierzu ein balancierter Baum aus Inverter-Gattern aufgebaut, da eine baumartige Struktur die kürzesten Pfade hat (dazu später mehr). Inverter schalten außerdem relativ schnell und sind auf kleinem Raum zu realisieren. Abbildung 2.16 zeigt einen solchen „Fanout-Tree" für einen Max-Fanout von 3. Beachten Sie dabei die scheinbar unnötige Invertierung an der Wurzel des Baumes: Der Rest des Baumes invertiert drei Mal, das heißt, das Signal würde insgesamt invertiert

die Nachfolger erreichen. Die zusätzliche Invertierung an der Wurzel stellt
also sicher, dass das Signal in der richtigen Polarität ankommt.

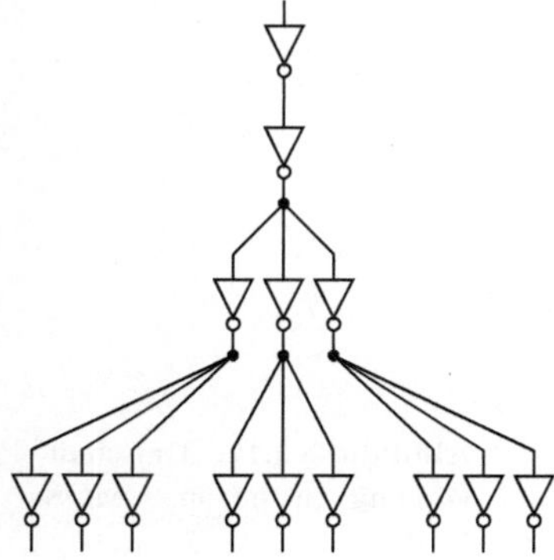

Abbildung 2.16. Fanout-Tree, aufgebaut aus Invertern für einen Max-Fanout von 3

2.4 Schaltzeiten

2.4.1 Transitionszeit und Propagierungsverzögerung

CMOS-Schaltungen können, und das kennen wir aus dem täglichen Umgang
mit dem Computer, nicht unendlich schnell betrieben werden. Dies folgt aus
der Tatsache, dass die Transistoren im Prozessor nicht unendlich schnell um-
schalten, was wiederum daran liegt, dass das Aufbauen eines Magnetfeldes
am Gate eines Transistors Zeit benötigt. Abbildung 2.17 zeigt einen solchen
Umschaltvorgang von logisch 1 (V_{DD}) auf 0 (GND). Im Idealfall würde sich
die Spannung ohne Verzögerung ändern, doch dies ist in der Realität nicht
der Fall: Die Spannung ist schon zu Beginn nur nahe an V_{DD}, ändert sich
zuerst langsam, dann schneller und nähert sich zum Schluss GND.
Legen wir nun ein Signal an eine Schaltung an, so folgen viele Umschaltvorgänge innerhalb der Schaltung, bis an den Ausgabeleitungen die richtigen
Werte anliegen. Da wir auch das zeitliche Verhalten von Schaltungen analysieren wollen, definieren wir zuerst die Transitionszeit (engl. *transition time*):

Definition 2.4 (Transitionszeit) Die Zeit, die eine Schaltung benötigt, um einen
Ausgang von einem Zustand in den anderen umzuschalten, wird als *Transitionszeit* bezeichnet.

Da die Transitionszeit bei einem Übergang von 1 auf 0 nicht notwendigerweise der Transitionszeit des umgekehrten Übergangs entsprechen muss, geben

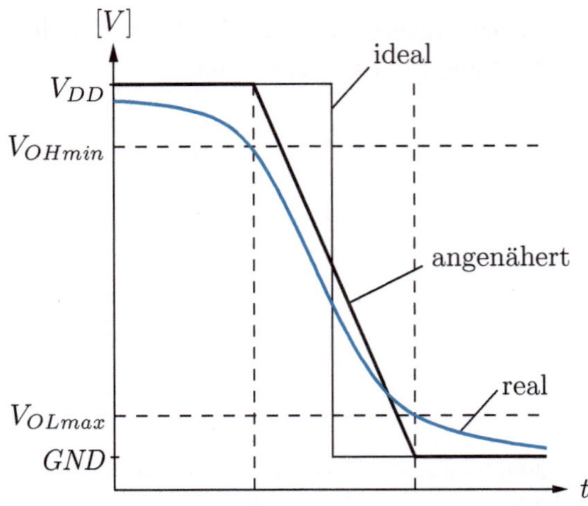

Abbildung 2.17. Umschaltvorgang in einem CMOS-Gatter

wir den beiden Zeiten verschiedene Namen: t_{tHL} und t_{tLH}, wobei H für $High$ (hier also 1) und L für Low (hier 0) steht. Spricht man nur von der Transitionszeit eines Bauelements t_t, so bezieht man sich auf das Maximum der beiden: $t_t = \max\{t_{tHL}, t_{tLH}\}$.

Ändern wir die Eingabewerte einer Schaltung, so müssen wir abwarten, bis alle Bauteile in der Schaltung ihre Werte angepasst haben. Dies hängt von den Transitionszeiten der einzelnen Bauteile ab. Erst nachdem ausreichend Zeit verstrichen ist, können wir sicher sein, dass alle Ausgabeleitungen auf die richtigen Werte gesetzt wurden. Da diese Zeit für eine einmal gebaute Schaltung feststeht, definieren wir einen eigenen Begriff dafür:

2.5   **Definition 2.5 (Propagierungszeit)** Ändert sich ein Eingabewert einer Schaltung, so nennen wir die maximale Zeit, welche verstreicht, bis die Ausgangswerte berechnet sind und anliegen *Propagierungszeit* (dt. auch *Laufzeit* und engl. *propagation time*).

In der Regel finden wir die Propagierungszeit einer Schaltung, die wir nicht selbst bauen, sondern einkaufen (wie z. B. Gatter), im dazugehörigen Datenblatt, welches vom Hersteller bereitgestellt wird.

Genauso wie die Transitionszeit ist die Propagierungszeit unter Umständen davon abhängig, ob sich der Ausgang von 1 auf 0 oder umgekehrt ändert. Wir können also wieder zwei verschiedene Propagierungszeiten angeben: t_{pHL} für Änderungen von 1 auf 0 und t_{pLH} für den umgekehrten Fall. Da diese beiden Zeiten aber separat nur selten Verwendung finden, geben Hersteller oft nur eine einzelne Zahl, die so genannte Propagierungsverzögerung an:

Definition 2.6 (Propagierungsverzögerung) Das Maximum von t_{pHL} und t_{pLH} **2.6**
wird *Propagierungsverzögerung* t_p (engl. *propagation delay*) genannt. Es gilt
also $t_p = \max\{t_{pHL}, t_{pLH}\}$.

Beispiel 20   Im oberen Teil von Abbildung 2.18 sind zwei Signalübergänge   **20**

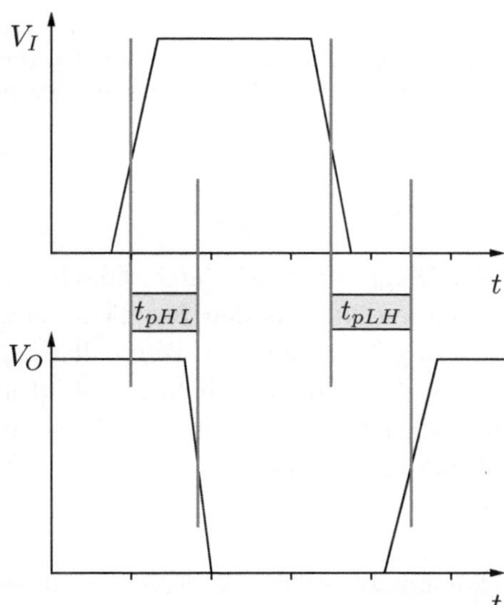

Abbildung 2.18. Schaltzeiten in einem Inverter

am Eingang eines Inverters dargestellt. Zuerst ändert sich der Eingang von 0
auf 1 und dann wieder zurück auf 0. Jeder der Signalübergänge am Eingang
zieht dabei eine Änderung am Ausgang nach sich, diese sind aber jeweils um
t_{pLH} bzw. t_{pHL} verzögert. Die Tatsache, dass die beiden Zeiten unterschiedlich sind, ist hier durch die unterschiedlichen Steigungen der Kurven an den
beiden Signalübergängen angedeutet.

Diagramme wie das in Abbildung 2.18 werden allgemein *Timing-Diagramme*
genannt, weil sie das Verhalten einer Schaltung in Abhängigkeit von der Zeit
wiedergeben. Timing-Diagramme von fertigen Bauteilen werden in der Regel
von den Herstellern bereitgestellt.

Beispiel 21   Abbildung 2.19 zeigt eine Serienschaltung von Invertern, die je-   **21**
weils eine Propagierungsverzögerung von 10 ns aufweisen. Das Eingangssignal
der Schaltung a ändert sich bei 0 ns von 0 auf 1, und nachdem 10 ns verstrichen sind, wechselt es wieder zurück auf 0. Das Timing-Diagramm zeigt, wie
die anderen Signale auf diese Eingangsänderung reagieren.

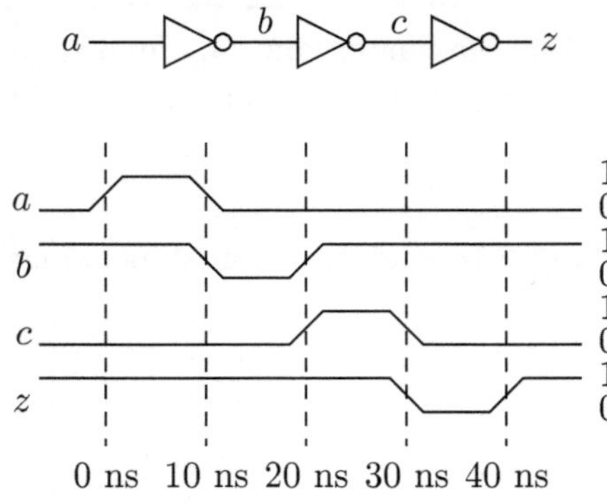

Abbildung 2.19. Kette von Invertern mit einer Propagierungsverzögerung von 10 ns

Die Signaländerungen werden in Timing-Diagrammen oft durch die schrägen Annäherungen des realen Übergangs dargestellt, was den Ingenieur daran erinnern soll, dass diese Übergänge ein wenig Zeit benötigen. Wenn allerdings die zeitlichen Grenzen nicht relevant sind, dann können wir hier auch ideale Übergänge verwenden. Die Diagramme sehen dann etwas übersichtlicher aus und es ist leichter, die Reaktion der Schaltung abzulesen.

2.4.2 Der längste Pfad

Ändern wir einen Eingangswert einer kombinatorischen Schaltung, so müssen wir abwarten, bis alle Gatter in der Schaltung ihre Ausgangswerte angepasst haben. Dabei ändern sich ständig die Eingangswerte der Gatter in der Schaltung; Eingangswerte von Gattern ändern sich und die Ausgangswerte der Gatter werden angepasst, bis am Ende die Ausgangswerte der Schaltung feststehen. Die Zeit, die dabei maximal verstreicht, bis alle Ausgangswerte angepasst wurden, entspricht dem zeitlich *längsten Pfad* in der Schaltung. Dieser Pfad kann leicht mit der Vorgehensweise in Abbildung 2.20 berechnet werden.

---

22 **Beispiel 22** Abb. 2.21 zeigt den längsten Pfad in einer einfachen kombinatorischen Schaltung. Die Zahlen an den Leitungen zeigen dabei die jeweils maximale Verzögerung. Da am einzigen Ausgang der Schaltung eine maximale Verzögerung von 16 ns berechnet wurde, ist dies auch die maximale Verzögerung der gesamten Schaltung.

2.4.3 Hazards

Wir haben gesehen, dass der Funktionswert einer kombinatorischen Schaltung nur mit einer gewissen Verzögerung berechnet wird; es dauert, bis die Ausgabeleitung entsprechend umschaltet. Es kann allerdings auch vorkommen,

Längster Pfad

①   Die Eingänge der Schaltung mit 0 beschriften.

②   Für alle Gatter, deren Eingänge beschriftet sind:
      den Ausgang des Gatters mit max$\{\mathit{Eingänge}\} + t_p$ beschriften.

③   Sind noch unbeschriftete Ausgangsleitungen vorhanden, dann gehe zu ②.

④   Die Länge des längsten Pfades ist max$\{\mathit{Ausgänge}\}$.

Abbildung 2.20. Verfahren zur Bestimmung des längsten Pfades

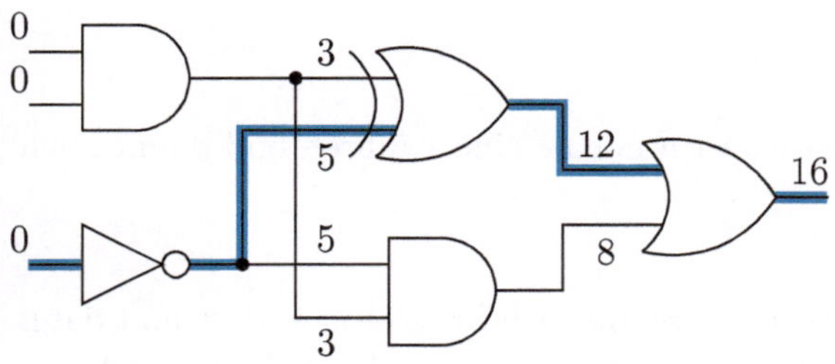

Gatter	Laufzeit
AND	3 ns
OR	4 ns
XOR	7 ns
NOT	5 ns

a. Schaltung   **b.** Gatterlaufzeiten

Abbildung 2.21. Längster Pfad

dass eine Ausgabeleitung *mehrfach* umschaltet, bis der endgültige Wert angenommen wird. Dies lässt sich am besten anhand eines Beispiels erläutern:

Beispiel 23 Wenn wir die logische Funktion $z = a \cdot c + b \cdot \bar{c}$ betrachten, so ist klar, dass der Ausgabewert z immer 1 sein muss, solange a und b auf 1 gesetzt sind; die Eingabe c kann daran nichts ändern. Abbildung 2.22a zeigt eine Implementierung dieser Schaltung, bei der wir uns vorstellen wollen, dass a und b ständig auf 1 gehalten werden. Da immer entweder c oder $\neg c$ eine 1 führen muss, gibt auch zu jeder Zeit eines der beiden UND-Gatter eine 1 aus und darum muss auch am Ausgang z immer eine 1 anliegen.

Für kurze Zeit ist es aber dennoch möglich, dass z auf 0 fällt. Dazu betrachten wir das Timing-Diagramm in Abbildung 2.22b: Ist c zu Beginn unserer Analyse auf 1, so gibt das obere UND-Gatter eine 1 aus (d ist also 1 und e ist 0). Ändert sich nun c, so wird d auf 0 fallen, sobald der neue Wert das UND-Gatter durchlaufen hat. Am unteren Weg muss allerdings zuerst c invertiert werden, bevor ein neuer Wert das untere UND-Gatter durchlaufen kann, hier ist also die Verzögerung ein klein wenig größer als am oberen Pfad. Dies hat

23

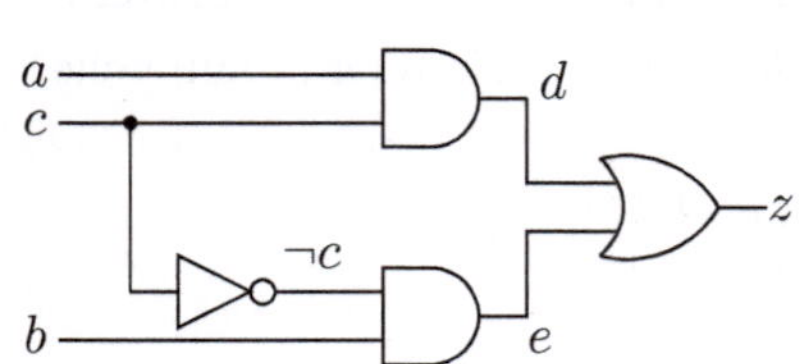

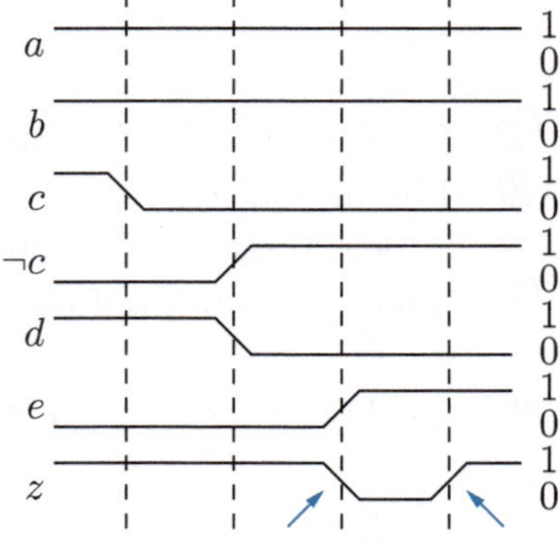

a. Schaltung

b. Timing-Diagramm

Abbildung 2.22. Hazard in einer Schaltung

den Effekt, dass für kurze Zeit weder d noch e eine 1 führen und damit auch z kurzzeitig auf 0 fällt.

Einen Effekt dieser Art, bei dem ein Signal sich kurzzeitig ändert und dann wieder zum Ausgangswert zurückschwingt, nennt man *Hazard*[2]. Hazards bewirken zusätzliche Umschaltvorgänge und erhöhen deshalb den Stromverbrauch. Mitunter können Hazards zu Problemen führen, vor allem dann, wenn eine Schaltung auf Signaländerungen reagiert; in der Regel wollen wir also Schaltungen bauen, die keine Hazards haben.

Was nun also tun, wenn unsere Schaltung einen Hazard hat? Kann man ihn verhindern? Man kann, und zwar durch Hinzufügen von redundanten Termen zur Funktion! Dies können wir auf logischer Ebene verstehen: Wann auch immer eine Schaltung eine 1 ausgibt, wird diese von einem Primimplikanten in der logischen Funktion bestimmt. Ändern sich die Eingabewerte so, dass immer noch derselbe Primimplikant den Ausgabewert festlegt, dann ist dies kein Problem, denn der Wert wird auch in der Implementierung von denselben Gattern berechnet. Tritt nun aber ein Fall ein, bei dem der Primimplikant gewechselt werden muss (obwohl der Ausgangswert gleich bleibt), dann kann aufgrund der Propagierungsverzögerung der Gatter ein Hazard auftreten. Damit ist auch klar, warum wir mit Hilfe von redundanten Termen in der Funktion Hazards verhindern können: Wird ein Wert ausgegeben, bei dem im nächsten Schritt ein Wechsel auf einen anderen Primimplikanten möglich ist, so fügen wir einen zusätzlichen, redundanten Term ein, welcher

---

[2]In der Literatur auch *Glitch,* dann wird der Begriff Hazard meist für eine Schaltung, die Glitches zulässt, verwendet.

die beiden Implikanten „überbrückt". Damit werden diese Werte durch zwei
Implikanten abgedeckt und ein Hazard kann nicht mehr auftreten.

Am besten lässt sich dies wieder anhand eines Beispiels verstehen; wir führen
also Beispiel 23 fort und verhindern den dort möglichen Hazard:

Beispiel 24   Um einen Überblick über die Primimplikanten der Funktion zu   **24**

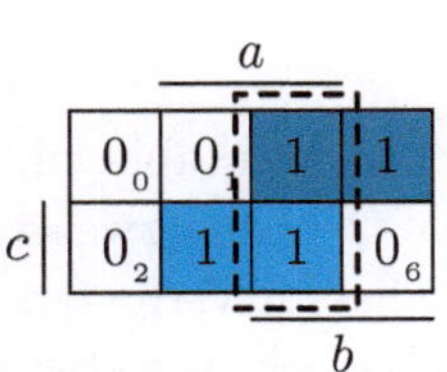

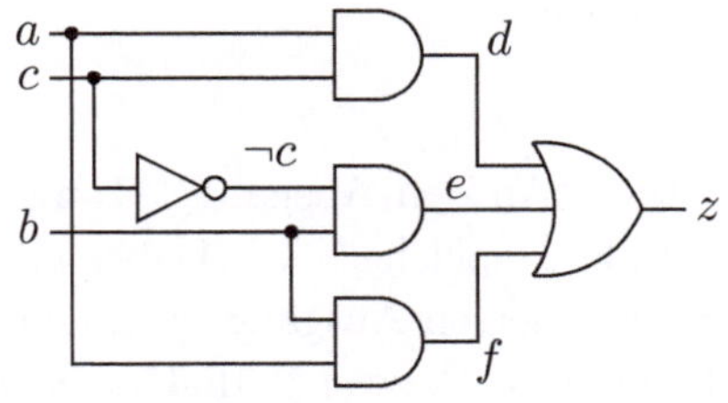

a. Karnaugh-Diagramm   **b.** Hazardfreie Schaltung

Abbildung 2.23. Beseitigung eines Hazards

erhalten, werfen wir zuerst einen Blick auf das Karnaugh-Diagramm der
Schaltung. Abbildung 2.23a zeigt uns, dass es nur einen einzigen Übergang
von einem Primimplikanten auf einen anderen gibt. Damit ist auch klar, dass
diese Schaltung einen Hazard hat, solange $a = b = 1$ und c sich ändert. Wir
fügen also einen Term hinzu, der die entsprechende Stelle überdeckt, und
erhalten damit die Schaltung in Abbildung 2.23b. In dieser Schaltung kann
nun kein Hazard mehr auftreten, denn sobald $a = b = 1$ gesetzt ist, wird
auch das neue Signal f auf 1 gesetzt. Da dieses Signal nicht von c abhängt,
kann eine Änderung an c keinen Einfluss mehr auf das Ergebnis haben.

2.5 Latches

In vielen Schaltungen benötigen wir nicht nur kombinatorische Berechnungen, sondern auch die Fähigkeit, Werte zu speichern. Der RS-Latch ist das
Basiselement aller solchen Speicherelemente und kann genau 1 Bit speichern.
RS steht dabei für *Reset/Set* und beschreibt damit auch schon die grundlegende Funktionsweise dieses Latches: Man kann ihn „setzen" und auch wieder
„zurücksetzen".

Wird bei diesem Bauteil die S-Eingangsleitung auf logisch 1 gesetzt, so ergibt sich an der Q genannten Ausgangsleitung ebenso eine 1, egal welcher
Zustand vorher gespeichert war (deshalb S für engl. *set*). Wenn man umgekehrt eine 1 an die R-Leitung (engl. *reset*) anlegt, ergibt sich an Q eine
logische 0. Solange R und S aber beide auf 0 bleiben, ändert sich Q nicht,
sondern es behält den Wert, auf den es zuletzt gesetzt wurde. Der Zustand

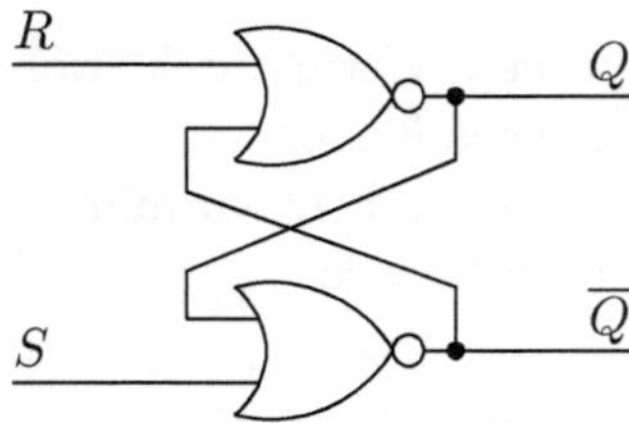

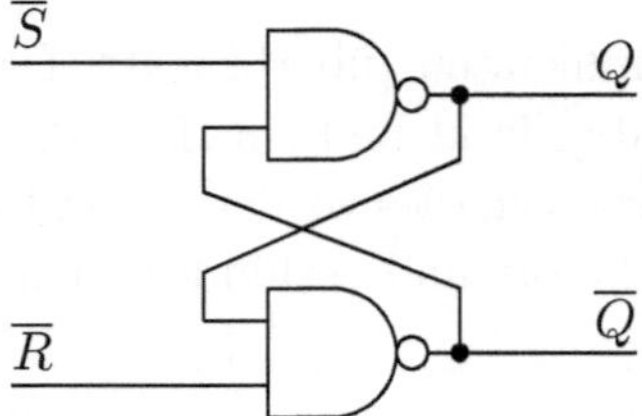

a. RS-Latch aus NOR-Gattern   **b.** $\overline{\text{RS}}$-Latch aus NAND-Gattern

Abbildung 2.24. RS-Latches

wird also „gehalten". An den Ausgangsleitungen können wir dann ablesen, welcher Wert gerade gespeichert ist. Dabei gibt es neben Q üblicherweise auch noch einen invertierten Ausgang $\overline{Q}$. Einen Latch mit diesem Verhalten erhält man, indem man z. B. zwei NOR-Gatter über Kreuz koppelt, wie etwa in Abbildung 2.24a dargestellt. Man beachte, dass die Schaltung einen Zyklus enthält und damit keinen kombinatorischen Schaltkreis mehr darstellt.

2.1   **Programm 2.1 (RS-Latch mit 4 ns Gatterlaufzeit (RTL))**

```
  module rslatch (input s, r, output q, nq);
    nor #(4)
      g1( nq, s, q ),
      g2( q, r, nq );
5 endmodule
```

Solange bei einem RS-Latch nur 0 an beiden Eingängen anliegt, wird der gespeicherte Zustand weiter gehalten. Vorsicht ist jedoch geboten, wenn auf beiden Eingängen eine 1 angelegt wird: Folgt daraufhin wieder logisch 0 an beiden Eingängen, wird der RS-Latch instabil – er beginnt zu oszillieren. In der Praxis stabilisiert sich der Latch nach relativ kurzer Zeit, was aber nur deswegen geschieht, weil die beiden Gatter nie exakt dieselben Signallaufzeiten aufweisen. Abbildung 2.25 zeigt den Verlauf der Signale in einem solchen *metastabilen Zustand:* Zuerst ist eine 0 gespeichert ($Q = 0$), danach wird eine 1 gespeichert (S geht auf 1 und Q zieht nach). Später tritt die Kombination $R = S = 1$ auf, wobei Q auf 1 gesetzt wird, aber ebenso $\overline{Q}$. Wirklich schlimm wird es jedoch erst danach, weil $R = S = 0$ gesetzt wird – der RS-Latch beginnt für eine unvorhersagbar lange Zeit zu schwingen.

Eine zweite Bauform ist der invertierte RS-Latch, manchmal auch $\overline{\text{RS}}$- oder SR-Latch genannt. Bei diesem werden (kostengünstigere) NAND-Gatter verwendet, wodurch die Eingangsleitungen invertiert betrachtet werden müssen. Bei dieser Bauform muss also logisch 1 an beide Eingangsleitungen angelegt

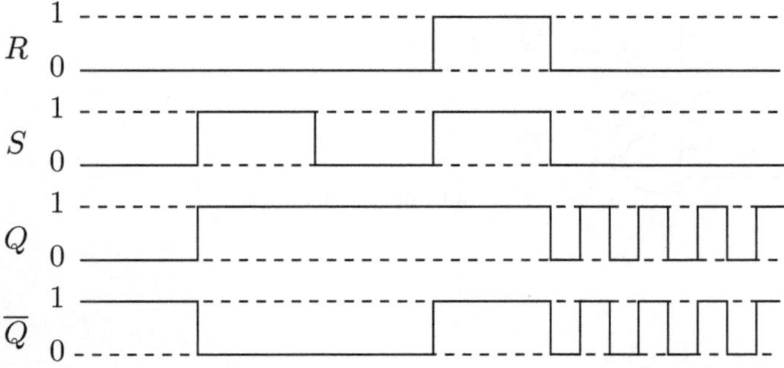

Abbildung 2.25. Metastabiler Zustand im RS-Latch

werden, um den Zustand zu halten, und es ist gefährlich, gleichzeitig eine logische 0 an $\overline{R}$ und $\overline{S}$ anzulegen.

Die invertierte Logik kann allerdings durch eine weitere Invertierung am Eingang des $\overline{\text{RS}}$-Latches aufgehoben werden. Dadurch gewinnt man zusätzlich auch noch die Möglichkeit, den Latch zu deaktivieren. Abbildung 2.26 zeigt einen solchen RS-Latch mit vorgeschalteten NAND-Gattern. Solange bei diesem Bauteil das *enable*-Signal auf 0 bleibt, können $\overline{S}$ und $\overline{R}$ nur auf 1 stehen. Damit hält der Latch also einfach seinen gespeicherten Wert, welcher nun nicht geändert werden kann. Erst wenn eine 1 an *enable* anliegt, können $\overline{S}$ und $\overline{R}$ wieder normal verwendet werden. Es bleibt allerdings die Instabilität, sobald man, während *enable* gesetzt ist, auch $R = 1$ und $S = 1$ setzt.

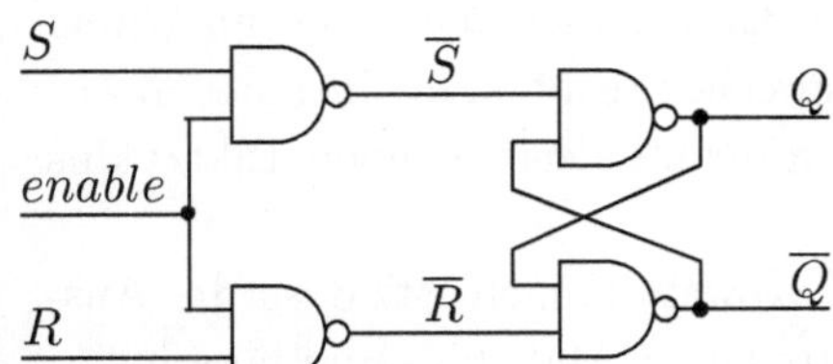

Abbildung 2.26. RS-Latch mit *enable*-Eingang

In der Regel will man natürlich Bauteile, die instabil werden können, vermeiden. Eine Möglichkeit, dies zu erreichen, ist der *D-Latch,* der ein einfaches Pufferelement darstellt. Die einfachste Idee, um sicherzustellen, dass $\overline{S}$ und $\overline{R}$ in einem $\overline{\text{RS}}$-Latch niemals beide 0 werden, besteht darin, eine Schaltung vorzuschalten, die $\overline{R}$ auf das Gegenteil von $\overline{S}$ setzt: Damit sind beide Signale immer voneinander verschieden (siehe Abbildung 2.27). Vorsicht ist jedoch noch immer geboten: Da $\overline{R}$ gegenüber $\overline{S}$ verzögert ist, kann der D-Latch metastabil werden, nämlich dann, wenn D und *enable* sich gleichzeitig ändern. In diesem Fall ändert sich $\overline{S}$ und erst nach der Gatterlaufzeit des unteren NAND-Gatters auch $\overline{R}$. Für kurze Zeit können also wieder beide Signale auf 0 stehen.

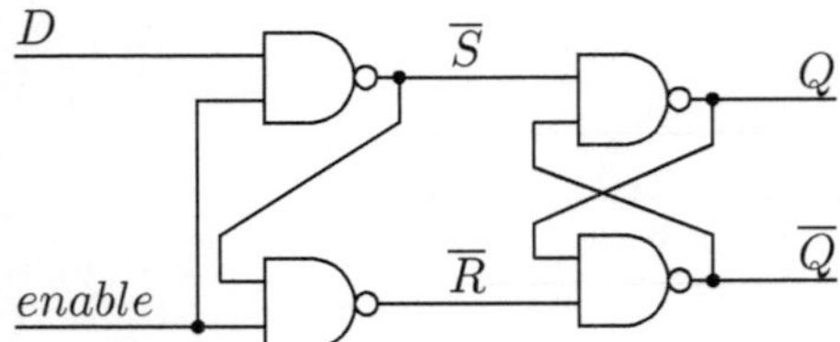

Abbildung 2.27. D-Latch

2.6 Flipflops und Clocks

Natürlich ergibt es nicht viel Sinn, wenn ein Speicherbauteil jeden neuen Wert, der an die Eingänge angelegt wird, nach kurzer Verzögerung an seinen Ausgängen zur Verfügung stellt, denn dann würde es nur den Zweck einer (langsamen!) Signalweiterleitung erfüllen. Aus diesem Grund werden Schaltungen *getaktet* (engl. *clocked*), das heißt, Speicherbauteile übernehmen nur zu bestimmten Zeitpunkten neue Werte. Dies können fixe, vordefinierte Intervalle sein (*synchrone* Schaltungen), oder es können Zeitpunkte sein, die von Ereignissen abhängen, welche während des Schaltungsbetriebs auftreten (*asynchrone* Schaltungen).

Häufig werden wir mit synchronen Schaltungen zu tun haben. Diese weisen typischerweise eine *globale* Taktung auf, das heißt, es existiert eine einzige Clock, die ein Taktsignal erzeugt, das von allen Schaltungsteilen gleichermaßen genutzt wird. Setzt sich die Schaltung aus mehreren Teilen zusammen, so können diese nur alle gemeinsam zu denselben Zeitpunkten neu berechnete Werte in Speicherelementen ablegen. Man kann daher auch von nur einem einzigen globalen *Zustand* der Schaltung sprechen. Einmal in einen neuen Zustand gewechselt, behält das System diesen für mindestens einen Taktzyklus (engl. *clock cycle*) bei.

Ein Problem beim RS-Latch und seinen Abwandlungen ist, dass die Ausgänge nach dem Anlegen der Eingangswerte einige Male hin- und herschwingen, bis sie einen stabilen Zustand erreichen. Dadurch kann es passieren, dass in nachgeschalteten Latches kurzzeitig gefährliche Zustände erreicht werden, was wiederum den globalen Zustand der Schaltung ungültig macht. Dieses Problem kann man mit *flankengesteuerten* (engl. *edge-triggered*) Speicherelementen umgehen. Das einfachste solche Bauelement ist der *RS-Flipflop* (Abbildung 2.28), welcher aus zwei RS-Latches mit *CLK*-Eingängen besteht. Man benutzt hier ein *CLK*-Signal, das auf einer fixen Frequenz zwischen 1 und 0 hin- und herpendelt (deshalb auch *CLK* für engl. *Clock*). Dabei aktiviert es jeweils abwechselnd den ersten (Master) oder den zweiten Latch (Slave), was durch den Inverter zwischen den beiden Stufen im *CLK*-Signal erreicht wird. So erklärt sich auch der Zweitname „Master-Slave-Flipflop" für dieses Bauelement: Zuerst flippt der Master, dann floppt der Slave.

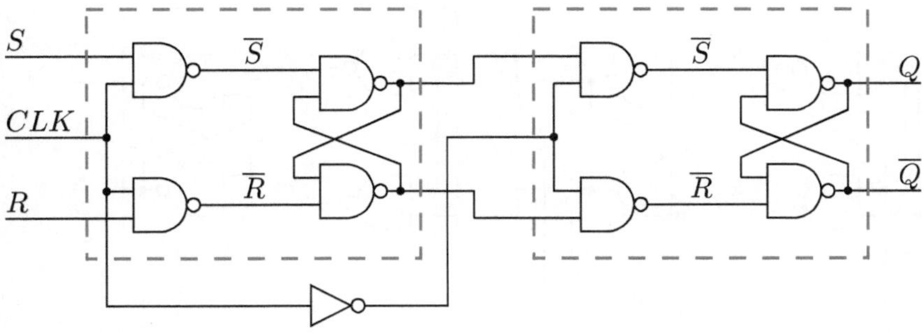

Abbildung 2.28. RS-Flipflop

Das äquivalente Pufferelement zum D-Latch ist der D-Flipflop, welcher jeden Clock-Zyklus damit beendet, dass am Q-Ausgang derselbe Wert anliegt, der zu Beginn des Zyklus am D-Eingang angelegt war.

In Zeichnungen von Schaltungen wird allerdings nicht jedes Mal der gesamte D-Flipflop in Form von Gattern abgebildet, sondern es wird ein Schaltsymbol wie in Abbildung 2.31 verwendet. Es werden hier der Dateneingang D und die Ausgangsleitungen Q und $\overline{Q}$ angedeutet. Das Dreieck am CLK-Eingang soll dabei an die *Flankensteuerung* des Bauteils erinnern. Der Ausdruck „Flankensteuerung" bedeutet dabei, dass sich der Zustand des Bauteils nur als Folge von Taktflanken ändert, das heißt nur dann, wenn sich CLK *ändert*, also von 0 auf 1 (steigende Flanke, engl. *rising edge*, in Verilog *posedge*) steigt oder von 1 auf 0 (fallende Flanke, engl. *falling edge*, in Verilog *negedge*) fällt. Steigende und fallende Flanken sind in Abbildung 2.29 illustriert.

⊙ Implementierung in Verilog

Flankengesteuerte Speicherbauteile wie D-Flipflops lassen sich in Verilog wie folgt beschreiben (Programm 2.2): Das Modul erhält D und die Clock als Eingaben und liefert im Gegenzug Q und $\overline{Q}$ als Ausgaben. Wir definieren zunächst einen *Prozess* mithilfe des **always**-Konstrukts. Die Befehle, die dem **always**-Konstrukt folgen, werden – ähnlich wie in einer Endlosschleife – unbegrenzt oft wiederholt.

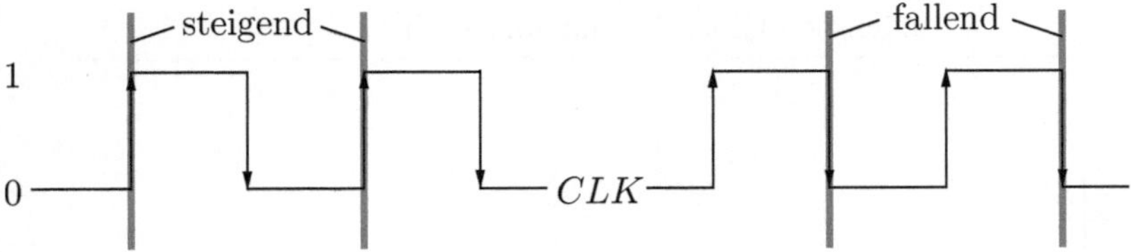

Abbildung 2.29. Taktflanken

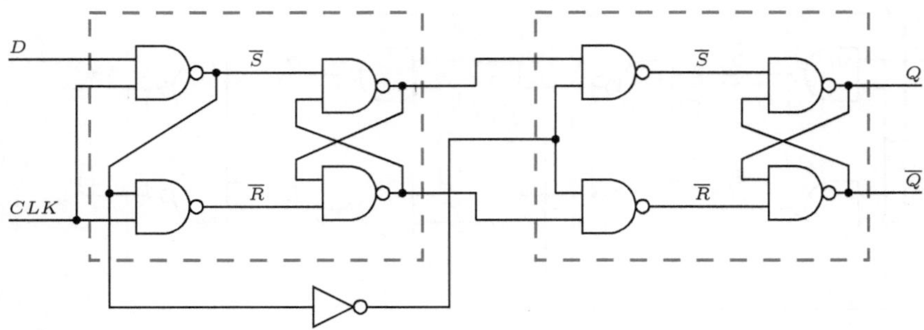

Abbildung 2.30. D-Flipflop

2.2   **Programm 2.2 (D-Flipflop mit 4 ns Propagierungszeit (Behavioural))**

```verilog
module d_ff (input D, clk, output reg Q, nQ);
  always @(posedge clk) begin
    Q <= #4 D;
    nQ <= #4 ~D;
5   end
endmodule
```

Um sicherzustellen, dass die beiden Zuweisungen nur dann ausgeführt werden, wenn eine Flanke der Clock vorliegt, stellen wir ihnen den Befehl @(**posedge** clk) voran. Dieser Befehl hält die Ausführung des Prozesses an, bis am Signal clk eine positive Flanke vorliegt. Der Befehl @(**negedge** clk) erreicht dasselbe für eine negative Flanke.

Beachten Sie, dass es in Verilog zwei verschiedene Zuweisungsbefehle gibt: Die Zuweisung mit = funktioniert genau so, wie Sie es von Java oder C gewohnt sind. Die Zuweisung mit <= ist eine *verzögerte Zuweisung*. Die rechte Seite der Zuweisung wird zwar sofort ausgewertet, die Zuweisung selbst wird allerdings erst bei der nächsten Clock-Flanke ausgeführt.

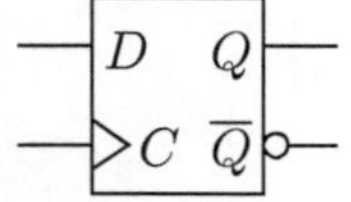

Abbildung 2.31. Schaltsymbol des D-Flipflops

◉ JK-Flipflops

In einer Schaltung, die ausschließlich aus RS-Flipflops aufgebaut ist, kann
es nicht zu ungültigen Zuständen durch das Schwingen der Ausgänge der
Speicherelemente kommen, denn zu jedem Zeitpunkt sind entweder nur
Master- oder nur Slave-Stufen dabei, ihren Zustand zu ändern. Allerdings
schließt dies nicht den Fall aus, dass der *kombinatorische* Teil der Schaltung
eine ungültige Eingangsbelegung an ein Flipflop anlegt: Um auch dies zu
vermeiden, benötigt man eine weitere Variante, das *JK-Flipflop*.

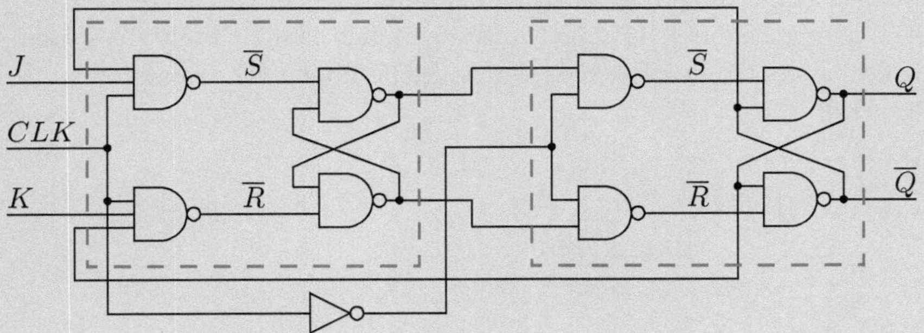

Ist ein Flipflop bereits im gesetzten Zustand, das heißt es speichert eine
1, so benötigen wir das S-Signal nicht mehr, denn es würde am Zustand
ohnehin nichts ändern. Ebenso gut können wir einfach den aktuellen
Zustand beibehalten ($R = 0$, $S = 0$). Aus diesem Grund können wir
eine Rückkopplungsschleife einführen, die bei gesetztem Zustand das
Setzsignal (im JK-Flipflop das J) deaktiviert. Umgekehrt benötigen wir
das Rücksetzsignal (hier K) nicht, wenn sich das Flipflop im ungesetzten
Zustand befindet; dementsprechend können wir hier ebenso eine solche
Rückkopplungsschleife zur Deaktivierung des R-(hier K-)Signals einführen.
Damit wird das JK-Flipflop vollständig vorhersagbar; legt man $J = K = 1$
an die Inputs an, wechselt das Flipflop den Zustand (engl. *toggle*) – nicht
zufällig, sondern von 0 auf 1 oder umgekehrt, und das nur ein Mal pro Clock-
Zyklus. Damit ist das JK-Flipflop das bevorzugte Flipflop in praktischen
Anwendungen.

Man erhält eine spezielle Bauform, genannt *T-Flipflop*, wenn man den
J- und den K-Eingang eines JK-Flipflops konstant auf logisch 1 hält.
Dieses Flipflop wechselt bei jedem Clock-Zyklus seinen Zustand, was am
Q-Ausgang in einem Signal resultiert, das genau halb so schnell wechselt
wie das Clock-Signal des Flipflops. Solche „Clock-Divider" sind wertvolle
Hilfsmittel und werden vielerorts eingesetzt.

❯ Clock-Generatoren

Das Taktsignal in digitalen Schaltungen entspricht üblicherweise einem
Rechtecksignal, welches auch direkt auf der Platine erzeugt wird. Dies
kann durch oszillierende Schaltungen, wie etwa einfache Spule-Kondensator-
Schaltungen (LC-Circuits) geschehen, welche auf einem Resonanzeffekt
beruhen, oder auch durch astabile Kippstufen (auch astabile Multivibratoren
genannt), bei denen eine Rückkopplungsschleife über zwei Transistoren
erzeugt wird:

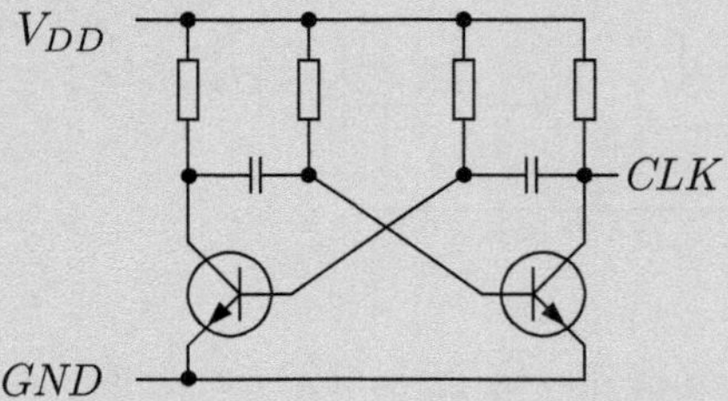

Ist einer der beiden Kondensatoren (mehr dazu in Kapitel 6) vollständig
geladen, so öffnet der gegenüberliegende Transistor, sodass der andere
Kondensator geladen werden kann, etc.

Quarzkristalle besitzen kapazitive und induktive Eigenschaften, das heißt,
sie verhalten sich ähnlich wie LC-Schaltungen und besitzen damit ebenfalls
eine Resonanzfrequenz. Dies macht man sich im *Quarzoszillator* zunutze,
welcher heute die am häufigsten angewandte Technik zur Taktgenerierung
ist. Quarzoszillatoren sind billig, klein und halten ihre Resonanzfrequenz
relativ gut – dies sind alles Eigenschaften, die in der Industrie geschätzt
werden.

Oft findet man den Aufdruck „Quarz" auf digitalen Uhren; nicht ohne
Grund, denn diese Uhren werden ebenso von Quarzoszillatoren auf Takt
gehalten.

2.7 Metastabile Zustände

2.7.1 Vermeidung

Wir wollen einen weiteren Blick auf die Vermeidung von metastabilen Zuständen, wie sie etwa in RS-Latches auftreten können, werfen und uns mit

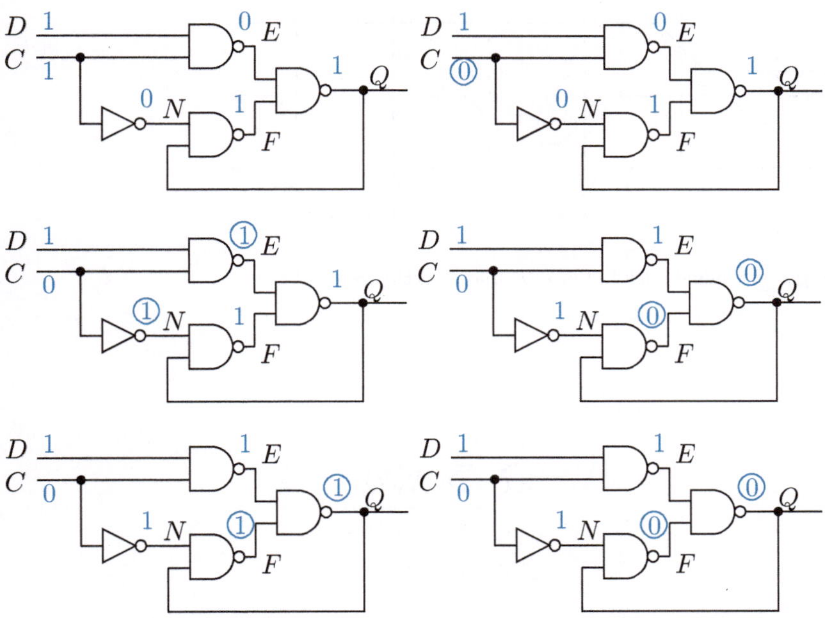

Abbildung 2.32. $(D, C) = (1, 1) \rightarrow (1, 0)$ führt zu einem metastabilen Zustand

deren Vermeidung beschäftigen. Abbildung 2.32 zeigt einen Latch mit zwei Inputs D und C, welcher, unter der Annahme gleicher Gatterlaufzeiten für alle Gatter, bei einem Übergang von $D = C = 1$ zu $D = 1$, $C = 0$ zu oszillieren beginnt. Siehe auch Abbildung 2.33, welche die Signalübergänge als Waveform zeigt.

Das gewünschte Verhalten für den Fall $C = 0$ wäre hier eigentlich, dass der Wert von Q beibehalten wird, also im gezeigten Beispiel, dass $Q = 1$ bleibt. Um dieses Problem zu lösen, stellen wir zuerst eine Übergangsfunktion für Q auf, indem wir die Gatter der Schaltung als Gleichung niederschreiben und dann vereinfachen:

$$E = \overline{C \cdot D}$$
$$N = \overline{C}$$
$$F = \overline{N \cdot Q}$$
$$Q' = \overline{E \cdot F}$$

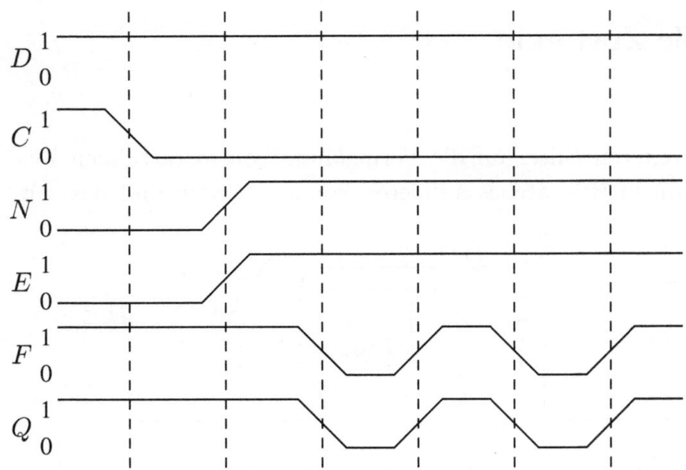

Abbildung 2.33. Signale des Latches: F und Q oszillieren

$$= \overline{\overline{C \cdot D} \cdot \overline{N \cdot Q}}$$
$$= \overline{\overline{C \cdot D} \cdot \overline{\overline{C} \cdot Q}}$$
$$= C \cdot D + \overline{C} \cdot Q$$

Dies bedeutet, dass Q immer dann gesetzt wird, wenn D und C gesetzt sind oder wenn $\overline{C}$ und Q gesetzt sind, wobei allerdings der metastabile Zustand erreicht wird. Ein einfacher Trick reicht in diesem Falle aus: Zur Übergangsfunktion $Q' = C \cdot D + \overline{C} \cdot Q$ fügen wir noch einen redundanten Min-Term hinzu, in diesem Falle $D \cdot Q$, was laut Konsensusregel die Funktion ja nicht verändert. Damit erhalten wir als endgültige Funktion $Q' = C{\cdot}D + \overline{C}{\cdot}Q + D{\cdot}Q$, was wir wieder auf die NAND-Basis umformen können, um die Schaltung in derselben Form wie zu Beginn angeben zu können:

$$Q' = C \cdot D + \overline{C} \cdot Q + D \cdot Q$$
$$= C \cdot D + (\overline{C} + D) \cdot Q$$
$$= \overline{\overline{C \cdot D} \cdot \overline{\overline{\overline{C} \cdot \overline{D}} \cdot Q}}$$

Wir erhalten eine Schaltung, die nicht mehr metastabil werden kann (Abbildung 2.34).

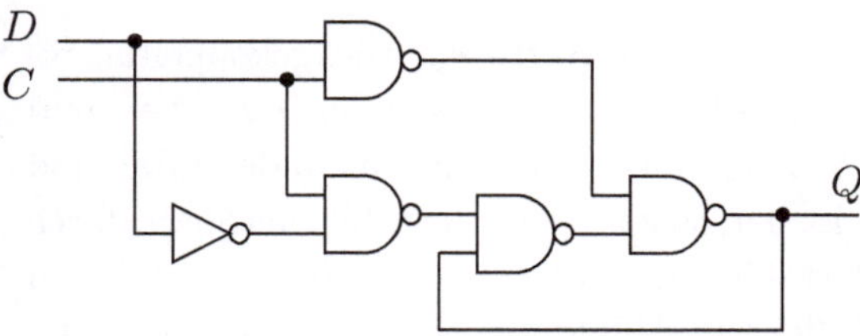

Abbildung 2.34. Ausgebes-serte Schaltung

2.7.2 Fundamental Mode

Im letzten Abschnitt haben wir gesehen, wie wir durch Hinzufügen eines Min-Terms einen metastabilen Zustand verhindern können. Eine verallgemeinerte Methode zur Suche nach solchen Zuständen ist der *Fundamental Mode*. Dabei wird davon ausgegangen, dass sich immer nur *ein* Eingang ändert und solche Änderungen nur nach der Stabilisierung der Ausgänge auftreten.

Die Grundidee beim Fundamental Mode ist das Einfügen eines *virtuellen Puffers* in die Rückkopplungsschleife (engl. *Feedback Loop*) eines Schaltkreises. Dieser Puffer ist dann das einzige Bauelement, das noch eine Verzögerung aufweist – bei allen anderen Gattern wird davon ausgegangen, dass sie keine Gatterlaufzeit mehr haben. Die resultierende Schaltung wird nun auf metastabile Zustände untersucht.

Beispiel 25 Abbildung 2.35a zeigt einen einfachen Schaltkreis mit Rückkopplungsschleife, in die ein virtueller Puffer eingefügt wurde. Die Übergangsfunktion für Y ist hier $Y' = \overline{D \cdot Y}$.

25

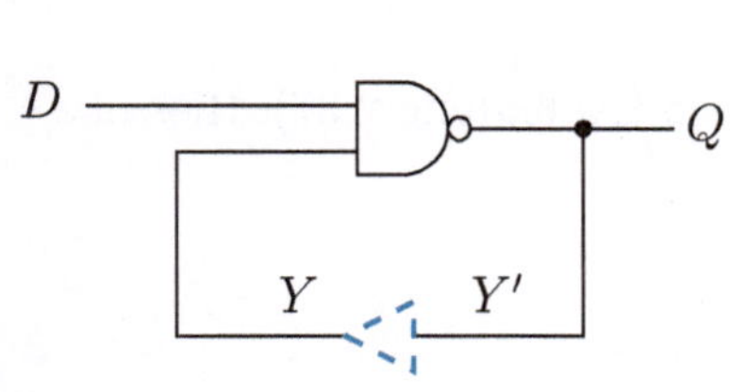

a. Schaltung mit virtuellem Puffer

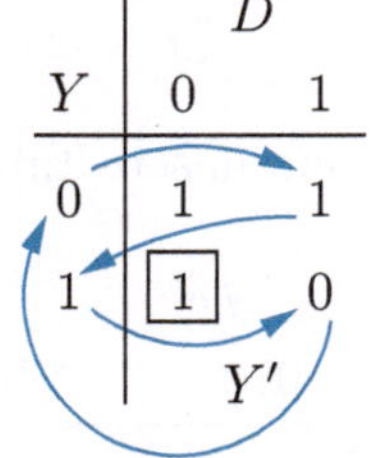

b. Untersuchung nach Fundamental Mode

Abbildung 2.35. Schaltung mit metastabilen Zuständen

Wir können nun schrittweise vorgehen und sehen, was in den verschiedenen Situationen passiert: Setzen wir $D = 0$, so ergibt sich $Q = Y' = 1$ (unabhängig vom Wert von Y). Setzen wir allerdings $D = 1$, so ergibt sich $Y' = 1$, wenn $Y = 0$, und $Y' = 0$, wenn $Y = 1$; die Schaltung schwingt also. Dies können wir in einer Tabelle zusammenfassen (Abbildung 2.35b). Zuerst werden nach rechts alle möglichen Belegungen der Eingangssignale aufgelistet, dann nach unten die möglichen Werte der rückgekoppelten Signale. Die entsprechenden Ergebnisse für Y' werden sodann berechnet, und man kann nun direkt aus der Tabelle ablesen, welche Zustände stabil sind und welche nicht. In Beispiel 25 ist der Zustand $D = 0$ stabil (markiert durch die Box), während $D = 1$ nicht stabil sein kann, weil $Y = 0 \rightarrow Y' = 1$ und $Y = 1 \rightarrow Y' = 0$, wie durch die Pfeile in Abbildung 2.35b angedeutet wird.

26   **Beispiel 26** Ein etwas größeres Beispiel für den Fundamental Mode kann der D-Latch liefern. Abbildung 2.36 zeigt einen solchen D-Latch mit einem virtuellen Puffer in der Rückkopplungsschleife.

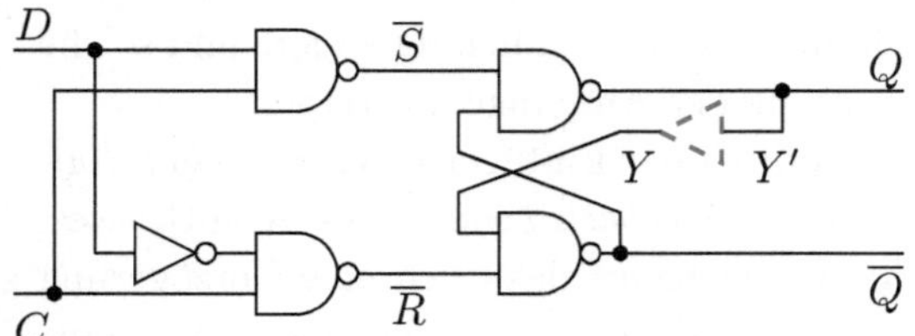

Abbildung 2.36. D-Latch mit virtuellem Puffer

Wiederum können wir dafür eine Tabelle mit den entsprechenden Werten in allen Situationen aufstellen. Dazu ist es allerdings hilfreich, zuerst die Formeln für die Zwischenergebnisse aufzustellen:

$$Y' = D \cdot C + Y \cdot \overline{C} + D \cdot Y$$
$$Q = D \cdot C + Y \cdot \overline{C} + D \cdot Y$$
$$\overline{Q} = \overline{D} \cdot C + \overline{Y}$$

Damit können wir nun unsere Tabelle aufbauen (Abbildung 2.37). Hier mar-

Y	\multicolumn{8}{c}{DC}

Y	00		01		10		11	
0	☐0	1	☐0	1	1	1	☐0	1
1	☐1	0	0	1	☐1	0	☐1	0

$$Y'\overline{Q}$$

Abbildung 2.37. D-Latch ohne metastabile Zustände

kieren die Boxen wiederum die stabilen Zustände und wir können erkennen, dass der D-Flipflop sowohl für $Y = 0$ als auch für $Y = 1$ immer in einen stabilen Zustand wechselt.

2.8 FPGAs

2.8

❯ 2.8.1 Anwendung

Elektronische Schaltkreise werden oft als so genanntes anwendungsspezifisches Bauteil (*ASIC,* engl. für *application specific integrated circuit*) gefertigt. Dabei werden die Bausteine direkt auf Siliziumscheiben *(Wafer)* aufgebracht. Dadurch entstehen hohe Fixkosten in der Fertigung, was sich nur dann bezahlt macht, wenn auch genügend große Stückzahlen hergestellt (und dann verkauft) werden.

Benötigt man nur kleine Stückzahlen eines Bauteils, dann ist der Entwurf eines ASICs zu teuer und kompliziert. Einerseits will man ein Bauteil, das nicht zu viel kostet, und andererseits einen einfachen Entwurf, bei dem man sich nicht um die Lage und Größe der Transistoren auf dem Chip kümmern muss. Deshalb wollen wir nun einen genaueren Blick auf FPGAs (engl. für *field-programmable gate arrays*) werfen. Diese (vorgefertigten) Bausteine wurden speziell für den schnellen Entwurf von Schaltungen sowie die Produktion in Kleinserien entwickelt und stellen damit eine ideale Plattform für Experimente und kleine Projekte dar.

In Aufgabe 1.14 wurde bereits angesprochen, wie logische Funktionen in programmierbaren Bausteinen (PLAs) implementiert werden können. FPGAs gehen noch ein Stück weiter: Es ist nun nicht nur möglich, eine logische Funktion zu implementieren, sondern auch Schaltkreise, die Speicherelemente wie etwa Flipflops enthalten. Dabei kann man sich vorstellen, dass ein FPGA, wie ein PLA, aus einer Menge gleichartiger Zellen aufgebaut ist und beim Programmiervorgang Verbindungen zwischen diesen Zellen hergestellt bzw. unterbrochen werden. Diese Form von FPGAs ist allerdings etwas unpraktisch, wenn man eine Schaltung während der Entwurfsphase öfters ausprobieren möchte, denn die permanent geschalteten Verbindungen erlauben es nicht, später eine neue Schaltung zu programmieren. Zu diesem Zweck gibt es *rekonfigurierbare* FPGAs, die beliebig oft programmierbar sind. Dies erreicht man durch flüchtige Speichertechnologien (ähnlich dem Flash-Speicher in einem MP3-Player), welche eine Beschreibung der Schaltung halten, die dann in den FPGA geladen werden kann. Damit kann man die Schaltung nicht nur während der Entwurfsphase immer wieder verändern, sondern auch Aktualisierungen der Schaltungen bereits ausgelieferter Geräte vornehmen.

❯ 2.8.2 Logik-Blöcke

Wenn wir Schaltungen erstellen möchten, dann benötigen wir zumindest zwei grundlegende Bauelemente: logische Funktionen und Speicherbausteine. Deswegen stellt ein Logik-Block in einem FPGA auch genau das zur Verfügung.

I/O-Pin
I/O-Block
Logik-Block
Interconnect

Abbildung 2.38. Schematischer Aufbau eines FPGAs

In der Praxis allerdings befindet sich in einer solchen Zelle, Englisch auch *Configurable Logic Block (CLB)*, noch vieles mehr.

Die allgemeine Vorgehensweise zur Implementierung einer logischen Funktion in FPGAs unterscheidet sich grundlegend von der eines PLAs. Hier werden nicht Verbindungen zwischen Gattern hergestellt oder getrennt, sondern es wird Speicher verwendet, um Funktionen in Form von Wahrheitstabellen zu implementieren. In diesem Zusammenhang wird der Speicher, welcher eine Wahrheitstabelle enthält, *Lookup-Table (LUT)* genannt und funktioniert wie folgt: Jede Stelle im Speicher erhält eine eindeutige Nummer und ein Datenbit (0 oder 1). Wird nun ein Eingabewert angelegt, so wird im Speicher die Zelle mit der entsprechenden Nummer aufgerufen und das dortige Datenbit ausgegeben. Auf diese Weise kann man alle logischen Funktionen durch einfache Enumeration implementieren. Funktionen, welche viele Eingabewerte haben, können dabei aber exponentiell groß in der Darstellung werden. Beispielsweise würden wir für eine Funktion mit 32 Eingabewerten bereits 2^{32} Einträge im Speicher benötigen – das wären mehr als 500 MB! Die Lösung für dieses Problem ist die Aufteilung der Funktionen in kleinere Teile, was sich am besten anhand eines Beispiels verstehen lässt.

---

27 **Beispiel 27** Die Funktion

$$f(a, b, c, d) = a \wedge b \wedge c \wedge d$$

benötigt, als Wahrheitstabelle dargestellt, eine LUT mit $2^4 = 16$ Einträgen. Indem wir Hilfsfunktionen $g(a, b) = a \wedge b$ und $h(c, d) = c \wedge d$ definieren, können wir die Definition von f wie folgt umschreiben:

$$f(a, b, c, d) = g(a, b) \wedge h(c, d) \, .$$

Beispiel: Xilinx Spartan-3

Als Beispiel werfen wir einen Blick auf den Logik-Block des Xilinx Spartan-3.
Natürlich existieren auch andere FPGA-Hersteller, wie etwa Altera, Atmel
und Lattice, deren FPGA-Architekturen alle unterschiedlich sind. Die
grundlegenden Ideen finden sich aber bei allen Architekturen wieder.

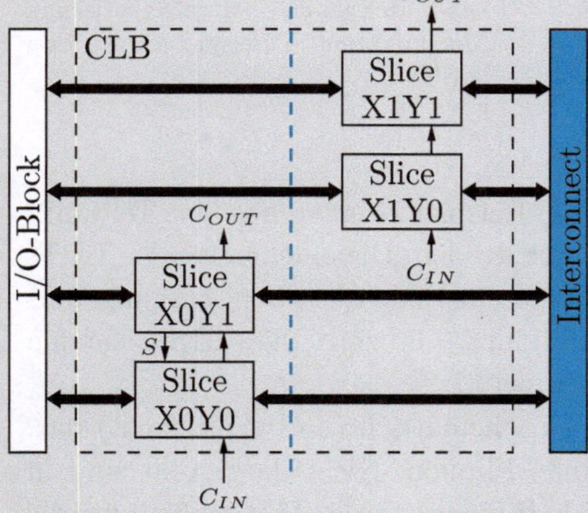

Ein Logik-Block im Spartan-3 ist aufgeteilt in vier Slices, wobei sich die
linken von den rechten beiden leicht unterscheiden: Der rechte Teil ist
vor allem auf logische Funktionen spezialisiert, während der linke auf die
Speicherung von Daten optimiert ist, doch dieser Unterschied ist für uns
hier nicht weiter von Belang. Wir interessieren uns eher für den Inhalt eines
Slice. Ein Slice enthält jeweils zwei LUTs und zwei Flipflops. Zusätzlich wird
noch eine spezialisierte Carry-Logik bereitgestellt, die es erlaubt, Carry-Bits
direkt von einem Slice in einen benachbarten weiterzugeben.

Die Größe der LUTs (also die Zahl der Eingabewerte der Funktion) ist wie
bei allen FPGAs festgelegt: Im Falle des Spartan-3 sind dies 16-Bit-LUTs,
das heißt, wir können Funktionen mit bis zu vier Boole'schen Argumenten
mit einer LUT implementieren.

Wir geben nun zuerst Wahrheitstabellen für g und h an – diese benötigen jeweils 2^2 Einträge. Die Ausgabewerte von g und h sind nun nur 2 Bit, das heißt, wir können f wiederum in Form einer Wahrheitstabelle mit 2^2 Einträgen angeben. Insgesamt benötigen wir also nur $3 \cdot 2^2 = 12$ Einträge.

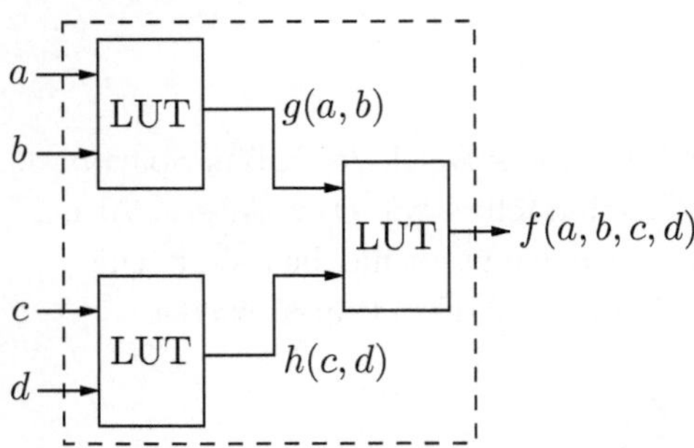

Abbildung 2.39.   Implementierung der Funktion in Beispiel 27 mit drei LUTs

Durch Aufsplitten von Funktionen wie in Beispiel 27 entstehen also Teilfunktionen, die in separaten LUTs gespeichert werden. Die entsprechenden LUTs werden dann verbunden und berechnen so am Ende dieselben Ausgangswerte wie die ursprüngliche Funktion. Abbildung 2.39 zeigt die entsprechenden Verbindungen für die Funktion aus Beispiel 27.

Abbildung 2.40 stellt einen Logik-Block schematisch (und vereinfacht) dar. Neben einer LUT finden wir noch einen Flipflop. Nicht dargestellt sind in dieser Abbildung diverse zusätzliche Leitungen, wie z. B. Clocks oder die *enable*-Leitung des Flipflops, welche natürlich dort auch vorhanden sind.

2.8.3 Das Verbindungsnetzwerk

Eine große Menge von Logik-Blöcken bedeutet zwar, dass viele logische Funktionen implementiert werden können, doch müssen diese Funktionen auch miteinander verbunden werden, um als Ganzes arbeiten zu können. Solche Verbindungen werden in FPGAs über das interne Verbindungsnetzwerk hergestellt. Dies besteht einfach aus Leitungen, die zwischen den Logik-Blöcken horizontal und vertikal verlegt sind und deren Kreuzungspunkte programmierbar sind. Üblicherweise findet man an den Kreuzungspunkten rautenar-

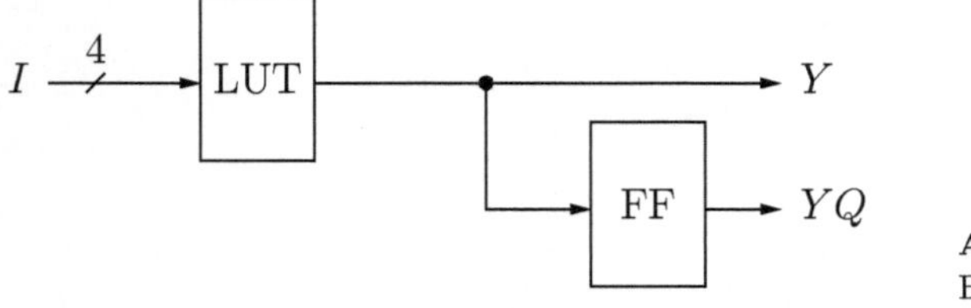

Abbildung 2.40.   Logik-Block

tige Strukturen, wie etwa in Abbildung 2.41a dargestellt, wobei jede gestrichelte Linie eine programmierbare Verbindung darstellt.

Wollen wir nun eine Leitung mit einer anderen verbinden, so muss lediglich
das entsprechende Stück in der Raute verbunden werden. In nicht rekonfigurierbaren FPGAs kann dies permanent durch das Durchschmelzen einer
Sicherung erreicht werden. In rekonfigurierbaren FPGAs können wir dies
z. B. mit Hilfe von Transistoren bewerkstelligen.

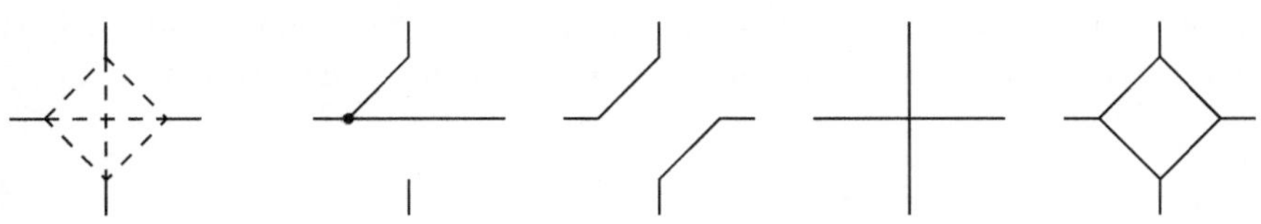

a. Kreuzung   **b.** Vier mögliche Verbindungen

Abbildung 2.41. Kreuzungen im Verbindungsnetzwerk eines FPGAs

Bedingt durch die Rautenstruktur können wir hier nicht nur eine Leitung
mit einer anderen verbinden, sondern auch mehrere Verbindungen gleichzeitig herstellen, wie die Beispiele in Abbildung 2.41b zeigen. Damit sind die
Verbindungsnetzwerke in einem FPGA hinreichend flexibel. Steigt allerdings
die Zahl der Logik-Blöcke, dann sind in der Regel auch viele Verbindungen
nötig, um eine entsprechend komplexe Logik zu implementieren. Dann kann
es vorkommen, dass die Verbindungsmöglichkeiten für die gewünschte Schaltung nicht mehr ausreichen. Dies hängt natürlich von der Schaltung und
vor allem von der Größe der LUTs (oft auch als *Granularität* des FPGAs
bezeichnet) ab. Die FPGA-Hersteller bieten deshalb verschiedene Modelle
an, die dementsprechend angepasste LUTs und Verbindungsnetzwerke zur
Verfügung stellen.

Die Signalqualität mag bei Datenleitungen nicht von großem Interesse sein,
doch bei Clock-Signalen ist diese durchaus von Bedeutung. Beim Entwurf
von Schaltungen will man sich auf das Zeitverhalten der verwendeten Bauteile verlassen können. In den meisten Modellen wird davon ausgegangen,
dass das Clock-Signal alle Flipflops in der Schaltung *gleichzeitig* erreicht. In
der Realität ist das nicht leicht zu erreichen: Das Clock-Signal wird am Rande
des Bausteins erzeugt und muss dann an alle Logik-Blöcke verteilt werden,
wobei die Blöcke am Rande des FPGAs die Clock-Flanken nicht früher erhalten dürfen als die Blöcke im Inneren des Kerns; ein Effekt, der *clock skew*
genannt wird. Obwohl in einer konkreten Implementierung das Ideal des absolut synchronen Eintreffens von Clock-Signalen nie erreicht werden kann,
muss eine möglichst gute Verteilung angestrebt werden.

❯ Beispiel-Interconnect

Wie viele FPGAs besitzt der Spartan-3 nicht nur viele gleichartige Leitungen
im Verbindungsnetzwerk. Stattdessen bietet er vier verschiedene Typen von
Leitungen, die es oft erlauben, die Zahl der Verbindungen zu verkleinern
oder mit weniger Kreuzungen auf den Verbindungen auszukommen. Damit
kann nicht nur der Materialaufwand verkleinert werden, sondern oft auch
die Geschwindigkeit erhöht und der Stromverbrauch gesenkt werden.

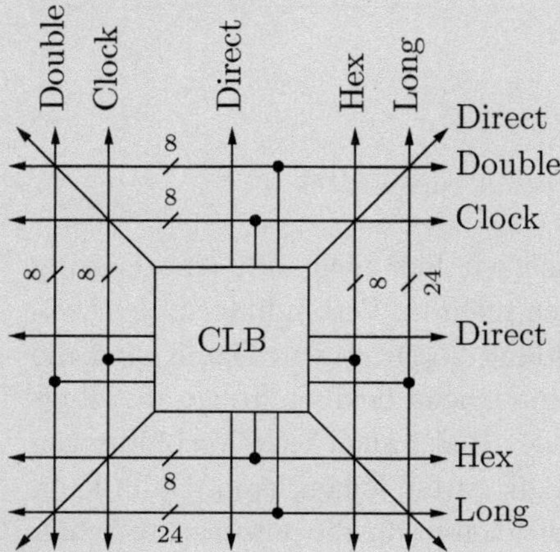

Die obenstehende Abbildung zeigt die Architektur des Interconnect im
Spartan-3. Jeder Logik-Block hat hier direkte Verbindungen zu den
acht benachbarten Blöcken (*Direct*, ein Bit breit). Die horizontalen und
vertikalen *Double Lines* sind dagegen für Verbindungen zu weiter entfernten
Logik-Blöcken gedacht. So ist an diese Leitungen nur jeder zweite Block
angeschlossen, dafür existieren hier aber jeweils acht Leitungen. Ebenso
verhält es sich mit den *Hex* und *Long Lines*, an welche jeder dritte
bzw. sechste Block angeschlossen ist. Mit Hilfe dieser Leitungen kann
ein Signal von einem Logik-Block zu einem weiter entfernten übertragen
werden, wobei weniger Kreuzungspunkte durchlaufen werden müssen als bei
einer Übertragung mit Hilfe der Direct Lines. Dadurch wird eine bessere
Signalqualität erzielt und gleichzeitig die Signallaufzeit verkleinert.
Der Spartan-3 bietet auch je acht horizontale und vertikale Clock-Signale
im Interconnect, welche von vier Taktgeneratoren *(Digital Clock Managers)*
generiert werden. Diese sind in den Ecken des Kerns angebracht und
miteinander synchronisiert. Jeder der Taktgeneratoren kann dabei auch
separat arbeiten, damit verschiedene Takte generiert werden können, wenn
das nötig ist.

2.8.4 Input und Output

Um Daten zum und vom Bauteil zu leiten, besitzen FPGAs eine große Menge von Anschlussstiften. Diese werden *Input/Output Pins (I/O-Pins)* genannt. Wären die I/O-Pins fest mit dem Kern des FPGAs verdrahtet, dann würden sich Probleme bei den physikalischen Verbindungen zu anderen Bauteilen ergeben, weil dann Leitungen über Kreuz geführt werden müssten. Diese Unannehmlichkeiten werden durch die programmierbaren I/O-Blöcke erheblich vermindert, denn sie erlauben es dem Benutzer, festzulegen, welcher Anschlussstift auf welche Weise mit dem Kern des FPGAs verbunden ist. Oft kann dabei auch festgelegt werden, ob ein Anschluss nur für Eingaben, nur für Ausgaben oder bidirektional verwendbar sein soll.

2.8.5 Zusatzkomponenten

Wenn wir FPGAs verwenden, um komplexe Schaltungen zu implementieren, dann ist es oft der Fall, das die Implementierung im FPGA langsamer ist als eine ASIC Implementierung. Besitzt eine Schaltung viele Ausgangsleitungen, deren Berechnung von vielen Eingangsleitungen abhängt, dann muss die entsprechende Funktion notwendigerweise in mehreren LUTs abgebildet werden. Durch diese Verbindungen entstehen zusätzliche Verzögerungen, die in einer direkten Implementierung nicht vorhanden wären.

Aus diesem Grund bieten viele FPGAs zusätzliche Komponenten (engl. vielfach als *dedicated blocks* bezeichnet) für häufig verwendete Funktionen an. Besonders oft werden z. B. Multiplizierer benötigt, und man findet diese als Zusatzkomponenten in fast allen FPGAs. Diese Multiplizierer sind dann zwar von fester Breite, doch dafür schneller.

Zusatzkomponenten im Beispiel

Auch unser Beispiel-FPGA, der Spartan-3, besitzt Multiplizierer und Speicherblöcke als Zusatzkomponenten. Die Multiplizierer sind hier in einer Breite von 18 Bit ausgeführt. Je nach Modell variiert die Zahl der Multiplizierer dann von 3 bis 104. Genauso verhält es sich bei der Zahl der Speicherblöcke, die hier immer 18.432 Bit groß sind. Ein spezifisches Modell ist z. B. der XC3S200. Hier sind es je 12 Multiplizierer und Speicherblöcke; das entspricht einer Gesamtspeicherkapazität von 216 KB.

❯ IP-Blöcke

Der modulare Aufbau von Schaltungen macht es möglich, komplexe Systeme zu bauen. An der Produktion von Systemen, die aus einer Vielzahl von Chips bestehen, sind üblicherweise mehrere Hersteller beteiligt. Der Schutz des geistigen Eigentums der einzelnen Firmen ist dadurch gewährleistet, dass Rückschlüsse vom fertigen Chip auf die Implementierung (also z.B. den Verilog-Code, der zur Synthetisierung des Bausteins verwendet wurde) nur mit großem Aufwand möglich sind. Jeder Baustein ist eine „Blackbox" mit wohldefinierter Schnittstelle. Diese macht die Bauteile austauschbar und vermeidet Abhängigkeiten von bestimmten Herstellern. Der Nachteil dieses Ansatzes ist, dass für jede Funktion des Systems ein eigener Chip verwendet wird. Das wirkt sich negativ auf Kosten, Gewicht und Zuverlässigkeit des Systems aus.

Daher ist es wünschenswert, mehrere Funktionen (oder Subsysteme) auf einem Chip zu integrieren. Das Design solcher Chips wird durch die Verwendung vorgefertigter Blöcke vereinfacht, die *IP-Blöcke* genannt werden (auch *IP-Cores* oder *Intellectual Property Cores*). Es handelt sich hierbei um wiederverwendbare Beschreibungen (Designs) von Funktionen oder Subsystemen. Der Lizenznehmer erwirbt diese IP-Blöcke von IP-Herstellern und integriert diese vorgefertigten Funktionen in sein System. Dieses Baukastenprinzip erlaubt eine Beschleunigung des Entwicklungsprozesses.

IP-Blöcke werden entweder in Form von Quell-Code (z. B. Verilog) oder als synthetisierte Netzliste angeboten. Netzlisten haben den bereits besprochenen Vorteil, dass Reverse Engineering aufwendig ist und somit das geistige Eigentum des Herstellers besser geschützt ist. Schaltungen, die sowohl analoge als auch digitale Elemente enthalten, werden direkt als Transistor-Layouts ausgeliefert.

Designs von ganzen Computer-Systemen auf Chipebene *(System-on-a-chip)* wären ohne IP-Cores undenkbar. Beispiele für IP-Cores sind die ARM-Prozessorfamilie, MPEG-Decoder, LCD-Ansteuerungen etc. Auf `http://www.opencores.org/` werden z. B. IP-Cores unter einer Open-Source-Lizenz veröffentlicht.

2.9 Aufgaben

2.9

Aufgabe 2.1 In Abschnitt 2.1 wurde gezeigt, dass ein NOR-Gatter mit Hilfe
von abstrakten Schaltern aufgebaut werden kann. Entwerfen Sie abstrakte
Schaltkreise für

a) ein NAND-Gatter,
b) ein XOR-Gatter und
c) ein Implikationsgatter.

2.1

Aufgabe 2.2 Erweitern Sie die Implementierung des CMOS-NAND-Gatters
(Abbildung 2.12a) auf vier Eingänge!

2.2

Aufgabe 2.3 Entwerfen Sie eine Schaltung für ein NAND-Gatter mit acht
Eingängen, ausgehend von NAND-Gattern mit zwei Eingängen. Versuchen
Sie mit möglichst wenigen Gattern auszukommen.
Bei welcher Schaltungsstruktur wird maximale Effizienz erreicht?

2.3

Aufgabe 2.4 Bauen Sie einen Multiplexer nur aus logischen Gattern! Verwenden Sie dazu

a) ausschließlich NAND-Gatter,
b) ausschließlich NOR-Gatter und
c) beliebige Gatter.

Welcher der drei Schaltkreise benötigt die wenigsten Transistoren?

2.4

Aufgabe 2.5 Welchen Vorteil hat die Verwendung von Invertern zur Verstärkung von Signalen gegenüber den anderen Gattertypen und warum können
nicht einfach Transmissionsgatter verwendet werden?

2.5

Aufgabe 2.6 In einer TTL-Schaltung soll der Ausgang eines Gatters als Input für 400 andere Gatter verwendet werden. Da ein TTL-Gatter aber nur
maximal 20 andere treiben kann, muss das Signal mit Hilfe weiterer Gatter
verstärkt und aufgeteilt werden.
a) Wie viele Gatter brauchen Sie und welche Topologie wählen Sie?
b) Wie viele Gatter benötigen Sie zur Verstärkung eines Signals, welches
   16.000 Gatter treiben muss? (Solche Fälle kommen in der Realität durchaus vor, z. B. bei der Verteilung des Clock-Signals.)

2.6

2.7

Aufgabe 2.7 In Abbildung 2.19 in Abschnitt 2.4 findet sich ein Beispiel für ein Timing-Diagramm einer Schaltung von drei Inverter-Gattern. Jedes der Gatter weist eine Propagierungsverzögerung von 10 ns auf.

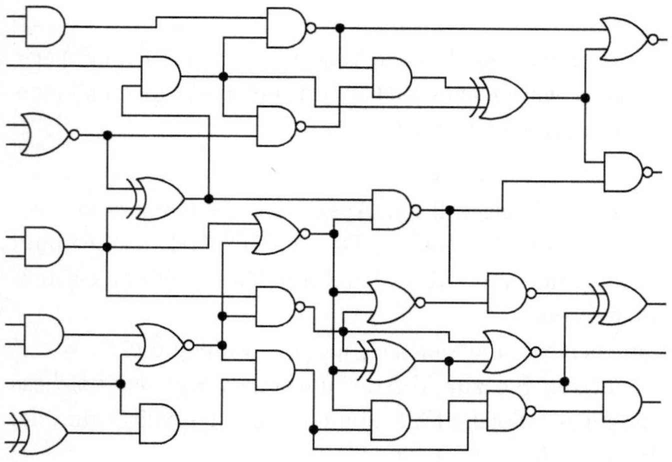

Abbildung 2.42. Parallele Inverter

a) Wie groß ist die Propagierungsverzögerung der gesamten Schaltung?

b) Wie groß wäre die Propagierungsverzögerung, wenn die letzten beiden Gatter parallel separate Ausgangswerte berechnen (Abbildung 2.42), und wie sieht das Timing-Diagramm dann aus?

2.8

Aufgabe 2.8 Finden Sie den längsten Pfad in der untenstehenden Schaltung! Gehen Sie dabei von den folgenden Gatterlaufzeiten, welche übrigens den Datenblättern der entsprechenden Bauteile von ST Microelectronics entnommen sind, aus:

Typ	t_p	Bauteil
AND	7 ns	M74HC08
OR	8 ns	M74HC32
XOR	12 ns	M74HC86
NOR	15 ns	M74HCT02
NAND	9 ns	M74HC00

Aufgabe 2.9 Gegeben sei die Funktion

$$f = ((a \wedge b) \vee (c \oplus d)) \wedge (e \vee f \vee g) \,,$$

wobei alle Variablen acht Bit breit sind. Die Funktion soll nun auf einem FPGA, also in Form von Lookup-Tables, implementiert werden. Gehen Sie dabei davon aus, dass LUTs vier Eingänge besitzen.
a) Zeichnen Sie die Verschaltung der LUTs.
b) Wie sehen die Wahrheitstabellen der LUTs aus?
c) Wie viele LUTs werden für diese Schaltung benötigt?

2.10 Literatur

Dem interessierten Leser können wir das Buch von Zwoliński [Zwo03] empfehlen. Darin werden Implementierungen zahlreicher flankengesteuerter Bauteile anhand der Hardwarebeschreibungssprache VHDL gezeigt. Ebenso werden dort die Grundlagen der CMOS-Technologie und die Synthese von VHDL-Code im Allgemeinen sowie für FPGAs besprochen.

Eine umfassende Einführung in die Halbleiter-Schaltungstechnik geben Tietze und Schenk [TS99]. Lesern, die an den physikalischen Grundlagen der Halbleitertechnologie interessiert sind, empfehlen wir das Buch von Thuselt [Thu04].

Ein umfangreiches Werk, das den Entwurfsprozess, die Modellierung und die Umsetzung von Hardware als ASIC behandelt, und dabei auch auf die jeweiligen Probleme, wie etwa die Energieeffizienz und die Signalqualität, eingeht, bietet Kaeslin [Kae08].

Kapitel 3

Sequenzielle Schaltungen

3

3 Sequenzielle Schaltungen

3 Sequenzielle Schaltungen

In diesem Kapitel lernen wir Schaltungen kennen, die einen *Zustand* abspeichern können. Die Schaltungen führen daher eine *sequenzielle Berechnung* durch. Wir verwenden *Flipflops* um einzelne Bits zu speichern und führen *Transitionssysteme* als Formalisierung zustandsbehafteter Schaltungen ein.

3.1 Transitionssysteme

Legt man Signale an die Eingänge kombinatorischer Schaltungen, ergeben sich (nach kurzer Zeit) die entsprechenden Ausgangswerte, wobei die Ausgangswerte alleine von den gerade angelegten Eingangswerten abhängen; Werte, die wir in der Vergangenheit angelegt haben, haben keinen Einfluss auf die Ausgangswerte.

Im Gegensatz zu kombinatorischen haben sequenzielle Schaltungen ein „Gedächtnis": Die Ausgangswerte zu einem bestimmten Zeitpunkt hängen vom vergangenen Verhalten der Schaltung sowie den aktuellen Eingabewerten ab.

Im Gegensatz zu den *zustandsfreien* kombinatorischen Schaltungen sind sequenzielle Schaltungen also *zustandsbehaftet*.

Zur Formalisierung der kombinatorischen Schaltungen haben wir eine Schaltung als Boole'sche Funktion interpretiert. Diese Formalisierung ist für zustandsbehaftete Schaltungen nicht geeignet, da der Wert einer Funktion nur von ihren Argumenten abhängt und nie von vorherigen Werten. Wir formalisieren die zustandsbehafteten Schaltungen daher mithilfe eines *Transitionssystems*.

Definition 3.1 (Transitionssystem) Ein *Transitionssystem* ist ein Tripel $\langle S, I, T \rangle$, wobei S eine Menge von Zuständen ist, $I \subseteq S$ die Menge der Initialzustände und $T : S \times S$ die *Übergangsrelation* darstellt.

Definition 3.2 (Berechnung) Es sei ein Transitionssystem $\langle S, I, T \rangle$ gegeben. Eine *Berechnung* des Transitionssystems ist eine Folge $s_0, \dots, s_n$ von Zuständen (d. h., $s_i \in S$), die folgende Bedingungen erfüllt:

1. Der erste Zustand ist ein Initialzustand ($s_0 \in I$).
2. Die Übergangsrelation erlaubt die Übergänge zwischen zwei benachbarten Zuständen, also formal:

$$\forall i \in \{0, \dots, n-1\} . (s_i, s_{i+1}) \in T$$

Beispiel 28 Eine Ampel kennt vier Zustände, das heißt der Zustandsraum der Ampel ist

$$S = \{\text{Rot, Rot-Gelb, Grün, Gelb}\} \,.$$

Als Initialzustand können wir $I = \{\text{Rot}\}$ annehmen. Die Übergangsrelation lässt sich als

$$T = \{(\text{Rot, Rot-Gelb}),\ (\text{Rot-Gelb, Grün}),\ (\text{Grün, Gelb}),\ (\text{Gelb, Rot})\}$$

angeben.

Transitionssysteme können wir auch als Graphen darstellen, indem die Zustände als Knoten und die Transitionen als Kanten interpretieren. In diesem Beispiel ergibt sich dabei der folgende Graph:

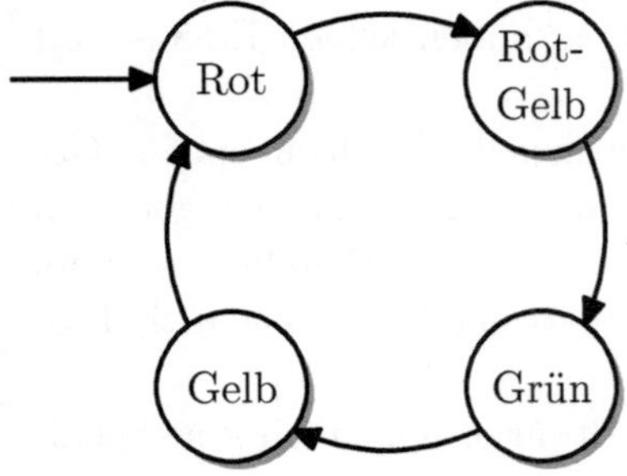

Pfeile ohne Ausgangszustand, wie hier der Pfeil, der auf den Rot-Zustand zeigt, markieren die Initialzustände.

Im Allgemeinen ist ein Zustandsüberführungsdiagramm oder eine Wahrheitstabelle für ein Transitionssystem *nicht deterministisch*. Dies kommt daher, dass die Übergangsrelation einen Übergang von einem bestimmten Zustand in zwei oder mehr unterschiedliche Zustände erlauben kann.

Definition 3.3 (Nichtdeterminismus) Ein Transitionssystem $\langle S, I, T \rangle$ ist *nichtdeterministisch*, wenn es für ein $s_i \in S$ zwei mögliche Transitionen $(s_i, s_j) \in T$ und $(s_i, s_k) \in T$ gibt, wobei $s_j \neq s_k$.

Definition 3.4 (Determinismus) Ist in der Übergangsrelation eines Transitionssystem $\langle S, I, T \rangle$ für alle $s \in S$ bestimmt welcher Zustand auf s folgt, dann nennen wir das Transitionssystem *deterministisch*. In diesem Fall gibt es also keine $(s, s_j) \in T$ und $(s, s_k) \in T$ gibt, sodass $s_j = s_k$.

Beispiel 29 Als Beispiel betrachten wir die folgenden beiden Transitionssysteme: Während das Transitionssystem a) deterministisch ist, ist das System b)   **29**

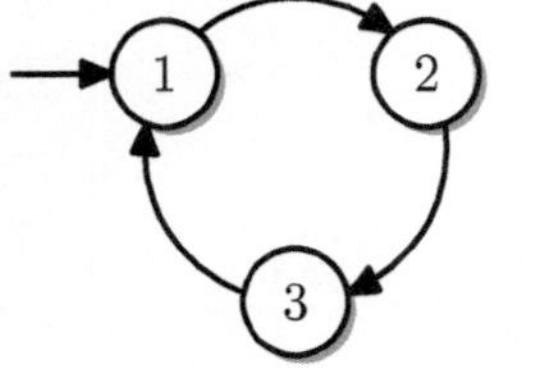

a. Deterministisch   **b.** Nichtdeterministisch

nichtdeterministisch, weil Zustand 1 zwei gleichberechtigte Nachfolger hat.

Unter Umständen können nichtdeterministische Transitionssysteme deterministisch gemacht werden; im Allgemeinen benötigen wir aber eine deterministische Spezifikation, um daraus direkt Hardware synthetisieren zu können. Für die Praxis bedeutet dies: Jeder Zustand muss *genau einen* Nachfolgezustand haben. Die Übergangsrelation ist dann eine Funktion, die den aktuellen Zustand auf genau einen Nachfolger abbildet.

Die Definition eines Transitionssystems sieht noch keine Eingaben von außerhalb in das System vor. Um dies zu ermöglichen, können wir das System um ein Eingabealphabet E erweitern. Die Eingaben müssen dann natürlich noch in der Übergangsrelation berücksichtigt werden.

Definition 3.5 (Transitionssystem mit Eingaben) Ein Transitionssystem mit Eingaben ist ein Viertupel $\langle S, I, E, T\rangle$, wobei E das Eingabealphabet ist und   **3.5**
$T : S \times E \times S$. Dabei ist ein Tripel $(s_1, e, s_2) \in T$ zu lesen als Übergang von s_1 nach s_2, sofern die Eingabe e anliegt.

Ein Transitionssystem mit Eingaben ist genau dann nichtdeterministisch, wenn die Übergangsrelation zwei Tripel (s_i, e, s_j) und (s_i, e, s_k) mit $s_j \neq s_k$ enthält, also wenn von einem Zustand bei *gleicher Eingabe* in zwei unterschiedliche Nachfolgezustände übergegangen werden kann.

Eine allgemeine (deterministische) Zustandsmaschine (Abbildung 3.1, engl. *state machine*) besteht aus einem kombinatorischen Schaltkreis, der die üblichen Ein- und Ausgabeleitungen besitzt. Zusätzlich aber existiert noch ein Speicherbauteil, genannt *Register*, in dem der aktuelle Zustand der Maschine gehalten wird. Die Werte, die in diesem Register abgelegt sind, stehen zu jedem Zeitpunkt dem kombinatorischen Teil als zusätzliche Eingabe zur Verfügung. Ebenso berechnet der kombinatorische Teil den Folgezustand der Maschine, welcher dann wieder im Register abgelegt wird.

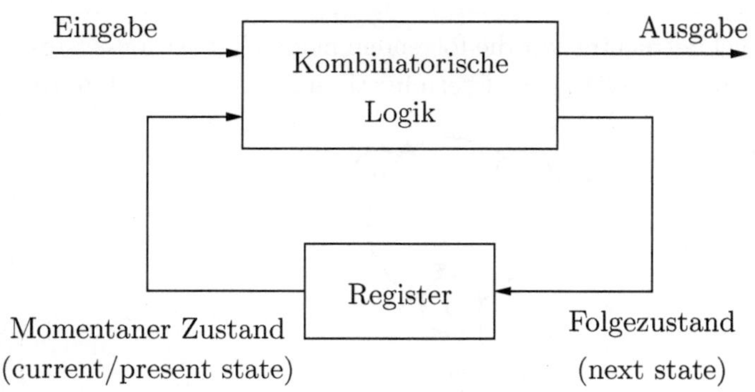

Abbildung 3.1. Allgemeine Zustandsmaschine

Eine Zustandsmaschine lässt sich als Transitionssystem mit Eingaben $\langle S, I, E, T \rangle$ formalisieren. Es sei n die Anzahl der Bits, die das Register speichern kann. Die Menge der Zustände der Zustandsmaschine S ist dann $\mathbb{B}^n$, also die Menge der n-Bit-Vektoren. Einer der Zustände wird zum Initialzustand erklärt (oft der Nullzustand, bei dem alle Bits auf 0 gesetzt sind). Auch das Eingabealphabet ist im Regelfall eine Menge von Bit-Vektoren, also $E = \mathbb{B}^m$. Die Übergangsrelation T ergibt sich aus dem kombinatorischen Teil.

30 **Beispiel 30** Es sei eine Zustandsmaschine mit zwei Zustandsbits (q_0 und q_1) und zwei Eingabeleitungen (e_0 und e_1) gegeben. Mit zwei Zustandsbits können wir vier Zustände beschreiben; die Menge S ist also gleich $\{00, 01, 10, 11\}$. Ebenso können wir bei zwei Eingabeleitungen vier Eingabeworte unterscheiden; E ist also gleich S.

Die Werte von q_0 und q_1 in den Nachfolgezuständen q_0' und q_1' ergeben sich kombinatorisch als

$$q_0' \equiv (q_0 \wedge e_0) \vee (q_1 \wedge e_1)$$
$$q_1' \equiv (\neg q_0 \wedge \neg e_0) \vee (q_1 \wedge \neg e_1) \,.$$

Die Übergangsrelation für diese Maschine lautet dann wie folgt:

$$
\begin{aligned}
T = \{ \quad &(00, 00, 01), \quad (00, 01, 01), \quad (00, 10, 00), \quad (00, 11, 00), \\
&(01, 00, 01), \quad (01, 01, 11), \quad (01, 10, 01), \quad (01, 11, 10), \\
&(10, 00, 00), \quad (10, 01, 00), \quad (10, 10, 10), \quad (10, 11, 10), \\
&(11, 00, 01), \quad (11, 01, 10), \quad (11, 10, 11), \quad (11, 11, 10) \quad \} \quad .
\end{aligned}
$$

Entwicklungsboards

Einige Hersteller bieten Entwicklungsboards an, auf denen sich oft benötigte
Elemente von digitalen Schaltungen befinden. Auf diesen Boards kann
mit neuen Schaltungen experimentiert und getestet werden. Wir wollen
hier einen Blick auf das Spartan-3 Starter-Board von Digilent werfen
(`http://www.digilentinc.com/`). Dieses Board ist mit einem Xilinx
Spartan-3 FPGA bestückt und bietet verschiedene Module, über die der
FPGA mit seiner Umwelt kommunizieren kann.

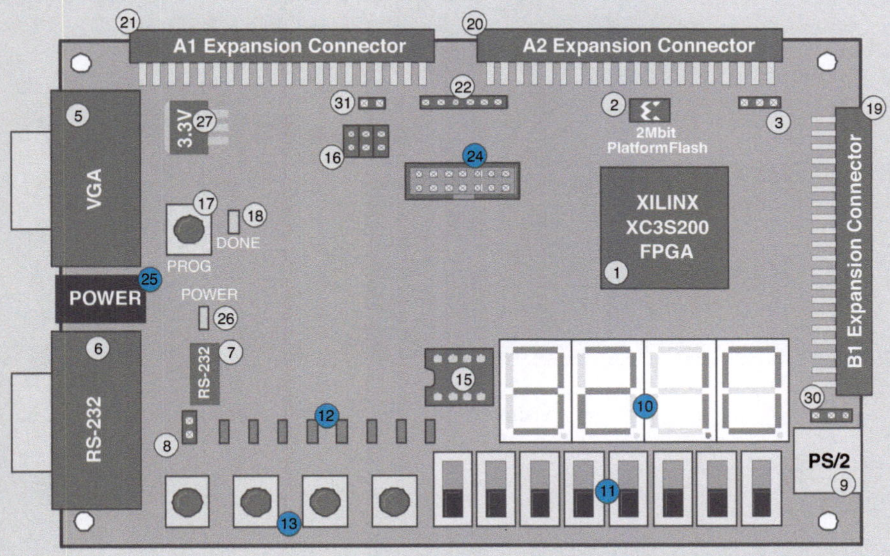

Das Board besitzt neben dem FPGA eine 50-MHz-Clock, eine VGA,
eine serielle sowie eine PS/2-Schnittstelle als auch 1 MB SRAM und
2 MBit Flashspeicher. Es kann über drei Expansionsports noch mit
Erweiterungskarten bestückt werden. Für die Schaltungen, welche wir
betrachten wollen, werden üblicherweise die vier Taster und die acht
Leuchtdioden neben den acht Schiebeschaltern und der vierstelligen 7-
Segment-Anzeige ausreichen (in oben stehender Abbildung die Elemente
10, 11, 12 und 13).
Zwei wichtige Anschlüsse beim Arbeiten mit diesem Board sind die
Stromversorgung (Anschluss 25) und der JTAG-Anschluss (24), über den
wir Schaltungen an den FPGA übergeben können.

❯ Xilinx ISE

Um Schaltungen für den FPGA zu entwickeln, bietet Xilinx eine benutzer-freundliche Entwicklungsumgebung an (`http://www.xilinx.com/`). Das „ISE" (Integrated Synthesis Environment) wird kostenfrei zur Verfügung gestellt.

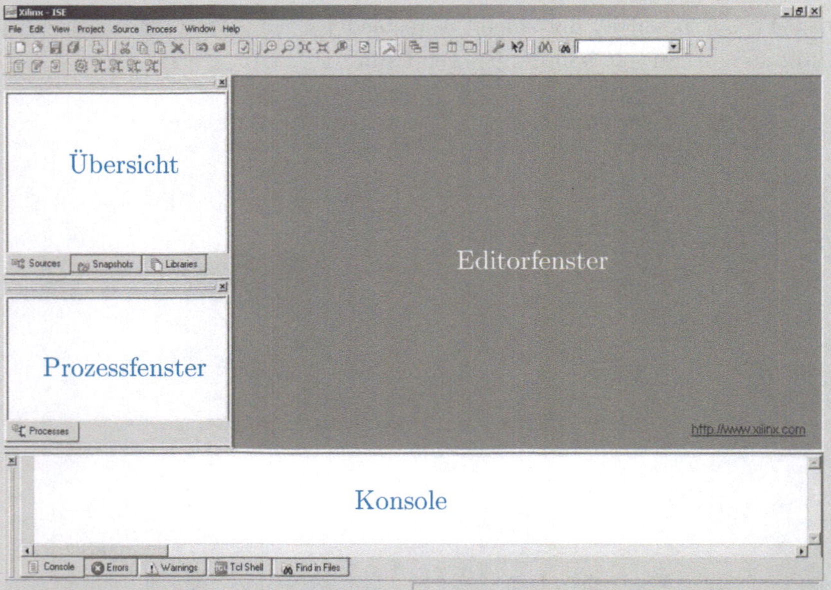

Diese Entwicklungsumgebung erlaubt uns, alle Schritte bis hin zum Überspielen von fertigen Schaltungen auf ein FPGA-Board auszuführen. Im Übersichtsfenster erhalten wir dazu eine Liste von Dateien bzw. Modulen, welche wir im Editorfenster bearbeiten können (Ein Doppelklick öffnet eine Datei). Das Prozessfenster bietet uns eine Reihe von verschiedenen Prozessen an, wie z. B. Synthese oder Implementierung, welche wir dort starten können (rechte Maustaste, Run).

File → New Project öffnet den Dialog zum Anlegen eines neuen Projekts. Dort können wir dem Projekt einen Namen geben und einen Speicherort für die dazugehörigen Dateien festlegen. Als „Top-Level Source Type" können Sie hier „HDL" für Hardware Description Language (in unserem Falle Verilog) auswählen oder auch „Schematic", wenn Sie Ihre Schaltungen zeichnen möchten.

> **Xilinx ISE**

Der zweite Dialog in der Projekterstellung ist zur Einstellung der Projektparameter bestimmt. Hier können wir dem ISE mitteilen, mit welchem FPGA wir arbeiten wollen (in unten stehender Abbildung ist dies z. B. ein Xilinx Spartan-3, Modell XC3S200).

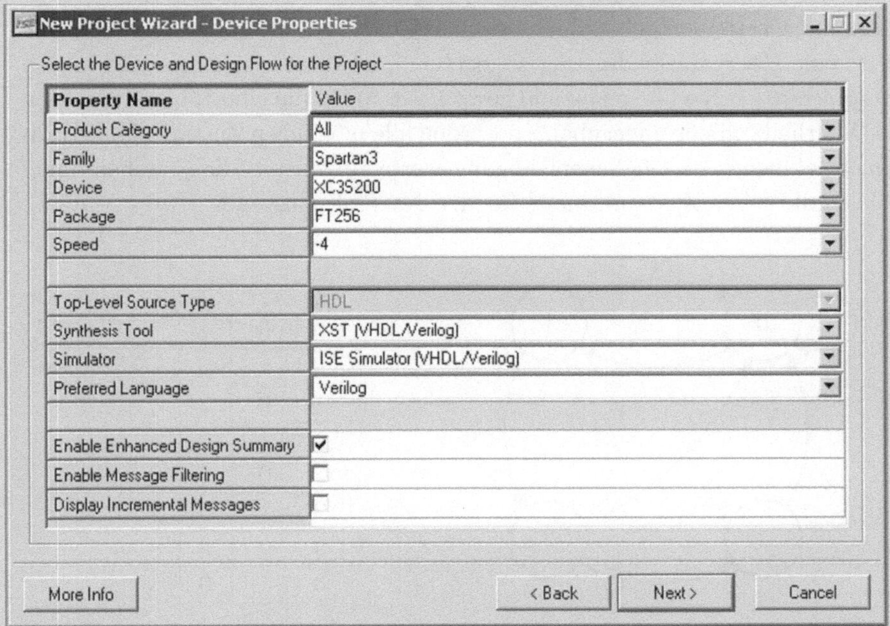

Als Synthesetool können wir hier noch XST (den eingebauten Synthesealgorithmus) auswählen sowie als Simulator entweder den mitgelieferten (ISE-Simulator) oder ModelSIM (ModelSIM-XE Verilog), einen ebenso von Xilinx kostenfrei zur Verfügung gestellten Simulator. Als Entwicklungssprache (Preferred Language) können wir hier noch Verilog auswählen. Sind die Optionen gesetzt, so können wir endlich Schaltungen implementieren.

Wir können nun dem Projekt neue Module hinzufügen (File → New Source) und diese simulieren, synthetisieren und auf den FPGA überspielen. Dazu starten wir die entsprechenden Prozesse im Prozessfenster. Sollte ein Prozess von anderen abhängen, so werden diese automatisch vorher ausgeführt. Etwaige Fehler u. Ä. werden uns im Konsolenfenster am unteren Rand des ISE angezeigt.

3.2 Synchroner sequenzieller Entwurf

3.2.1 Die Implementierung von Zustandsmaschinen

Synchrone Zustandsmaschinen können nach „Kochrezept" implementiert werden, sofern man die Übergangsrelation T kennt. Die Übergangsrelation wird oft in Form eines Diagramms oder einer Wahrheitstabelle angegeben, wie z. B. in Abbildung 3.2. In den Diagrammen ist dabei jeder Zustand durch einen Kreis gekennzeichnet, in dem der Zustandsname steht. Die Kanten zwischen den Zuständen geben die möglichen Übergänge an und haben üblicherweise eine Übergangsbedingung angegeben – ist diese erfüllt, so wird in den entsprechenden Nachfolgezustand gewechselt. Wird die Überführungsrelation als Wahrheitstabelle angegeben, so werden alle möglichen Zustandskonfigurationen inklusive der möglichen Eingangswerte aufgelistet; die q_i stehen dabei für den aktuellen Zustand, die q_i' für den Nachfolgezustand.

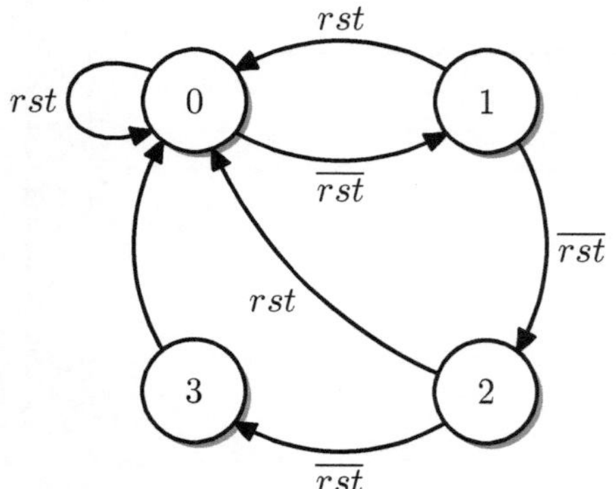

a. Diagramm

q	rst	q'
0	0	1
0	1	0
1	0	2
1	1	0
2	0	3
2	1	0
3	0	0
3	1	0

b. Wahrheitstabelle

Abbildung 3.2. Modulo-4-Zähler mit synchronem Reset

31　**Beispiel 31** Wir starten mit der Zustandsmaschine in Abbildung 3.2; unser Zustandsraum ist also $S = \{0, 1, 2, 3\}$. Für die vier Zustände benötigen wir mindestens 2 Bit ($2^2 = 4$), deshalb definieren wir Zustandsvariablen q_0 und q_1 und schreiben den Zustandsraum als $S = \{00, 01, 10, 11\}$, wobei jeweils die erste Ziffer für den Wert von q_0 und die zweite für den Wert von q_1 steht. Mit dieser Notation können wir nun eine codierte Version der Übergangsrelation angeben (Abbildung 3.3). Man beachte, dass in dieser Darstellung zwei Flipflops zur Speicherung des Zustands ausreichen.

Abbildung 3.4 zeigt eine Berechnung dieser Zustandsmaschine. Dabei ist gut zu sehen, wie die Änderungen auf der rst-Leitung während der Zeitschritte 1 bis 3 eine Neuberechnung im kombinatorischen Teil der Schaltung veranlas-

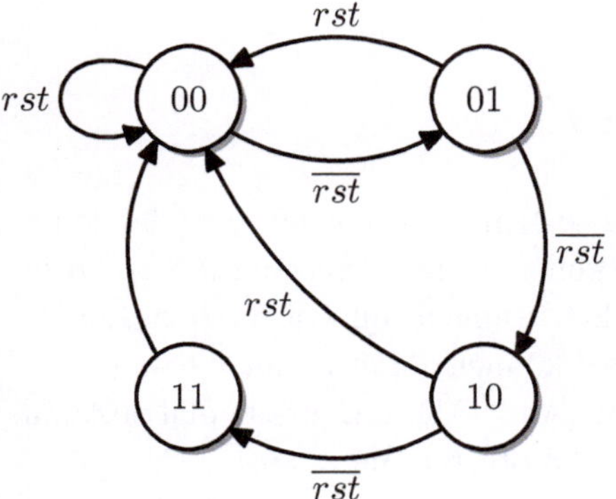

q_0	q_1	rst	q_0'	q_1'
0	0	0	0	1
0	0	1	0	0
0	1	0	1	0
0	1	1	0	0
1	0	0	1	1
1	0	1	0	0
1	1	0	0	0
1	1	1	0	0

a. Diagramm   **b.** Wahrheitstabelle

Abbildung 3.3. Modulo-4-Zähler nach der binären Codierung in $\mathbb{B}^2$

sen. Ebenso kann man bei jeder Taktflanke beobachten, wie die berechneten Nachfolgezustände in die Flipflops übernommen werden.

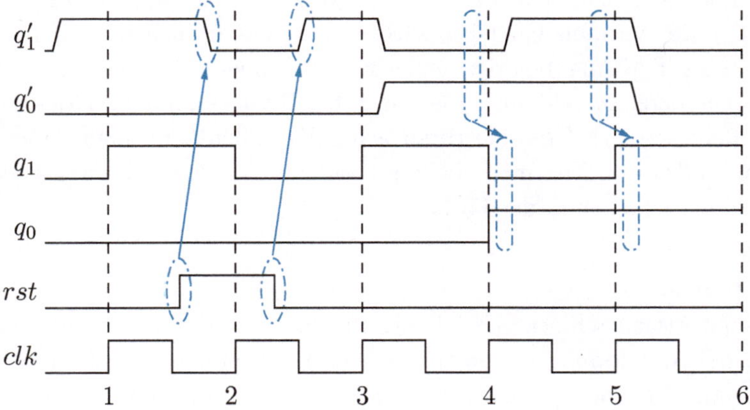

Abbildung 3.4. Eine Berechnung des Modulo-4-Zählers

Will man nun als Diagramm oder Wahrheitstabelle gegebene Zustandsmaschinen in Hardware implementieren, so bedient man sich zunächst einer ausreichenden Anzahl von Flipflops. Alles, was zu implementieren bleibt, ist die kombinatorische Schaltung für die Nachfolgezustände (engl. *next state logic*), die sich aus der Wahrheitstabelle schnell ablesen lässt. Ist ein Zustandsdiagramm gegeben, sind die Kanten der Zustände zu betrachten. Im Beispiel aus Abbildung 3.3 können wir ablesen und vereinfachen:

$$q_0' \equiv (\overline{q_0} \wedge q_1 \wedge \overline{rst}) \vee$$

⊙ Verilog im Xilinx ISE

Haben wir ein neues Projekt angelegt, so können wir neue Quelldateien hinzufügen (Project → New Source). Wählt man hier „Schematic", so wird eine neue Datei erstellt, in der dann Schaltungen auf Gatterebene, in grafischer Form, zusammenstellt werden können. Man erhält ein weißes Blatt, auf dem mit den Operationen im „Add"-Menü Bauteile platziert und miteinander verbunden werden können – probieren Sie es aus!

Wählt man dagegen „Verilog Module", muss noch ein Name für die neue Datei vergeben werden, bevor man mit der Implementierung beginnen kann. Jedes Verilog-Modul beginnt nun mit der Modul-Spezifikation in der Form

module modulename (**input** (typ) Eingaben,
　　　　　　　　　　　output (typ) Ausgaben);

Als Eingaben und Ausgaben können wir mehrere, durch Komma getrennte Variablennamen angeben. Dabei ist der Typ optional; wird keiner angegeben, so ist der Typ der Variable ein 1-Bit-**wire**. Benötigt man mehr als ein Bit, so kann man als Typ Angaben der Form $[x{:}y]$ hinzufügen. Es werden dann $|x - y| + 1$ Bit bereitgestellt und von Bit x bis Bit y durchnummeriert (aufwärts, wenn $x < y$). Einzelne Bits solcher Variablen kann man dann mithilfe von indizierten Zugriffen der Form variable[1] referenzieren. Lokale Variablen können danach in der Form

(typ) name;

deklariert werden.

Rein kombinatorische Schaltkreise können wir entweder durch Verdrahtung von Gattern (bzw. Modulen) oder mit dem **assign**-Statement realisieren. Die Programme 1.3 und 2.1 zeigen Beispiele für eine Verdrahtung von Modulen. Beim **assign**-Statement kümmern wir uns dagegen nicht explizit um die verwendeten Gatter, sondern lediglich um das logische Verhalten der Schaltung. Welche Gatter dazu verwendet werden, wird später vom Synthesealgorithmus entschieden. In der Form

assign ausgabe = expression;

können wir solche kombinatorischen Zuweisungen in einem Modul implementieren. Ein Beispiel für diese Art von Schaltung ist Programm 1.2. Die expression auf der rechten Seite der Zuweisung hat dabei der in Kapitel 1 definierten Syntax zu folgen. Abschließend muss das Modul noch mit dem Schlüsselwort **endmodule** geschlossen werden.

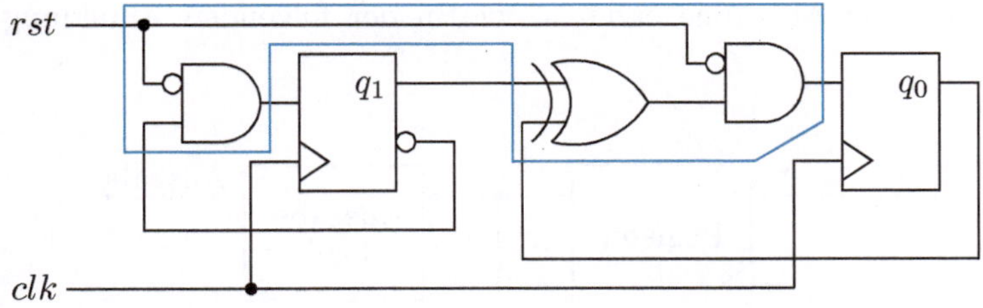

Abbildung 3.5. Implementierung des Modulo-4-Zählers

$$(q_0 \wedge \overline{q_1} \wedge \overline{rst}) \equiv (q_0 \oplus q_1) \wedge \overline{rst},$$
$$q_1' \equiv (\overline{q_0} \wedge \overline{q_1} \wedge \overline{rst})$$
$$(q_0 \wedge \overline{q_1} \wedge \overline{rst}) \equiv (\overline{q_1} \wedge \overline{rst}).$$

Damit haben wir nun alle Zutaten, um diese Zustandsmaschine aufzubauen,
denn die Gleichungen für die Nachfolgezustände lassen sich direkt in Form
von Gattern nachbauen. Abbildung 3.5 zeigt den entsprechenden Aufbau für
dieses Beispiel; der gestrichelte Bereich in dieser Abbildung markiert den
kombinatorischen Teil der Schaltung und damit die Zustandsüberführungs-
relation.

3.2.2 Ausgabesignale

Natürlich wollen wir mit unseren Zustandsmaschinen auch Ausgaben generieren. Vielleicht wollen wir z. B. den Zustand der Maschine während der
Berechnungen überwachen (z. B. wiederum durch andere Maschinen). Noch
interessanter sind aber Maschinen, die selbst eine Berechnung anstellen, deren Endergebnis eine gewisse Bedeutung hat (z. B. eine Anzeige oder ein
Steuersignal für einen Motor). Was auch immer wir als Ausgabe generieren,
jede Maschine lässt sich als eine von zwei Typen klassifizieren: Entweder sind
die Ausgaben direkt von den Eingabewerten abhängig oder eben nicht.

Wir nehmen dabei an, dass eine Ausgabefunktion immer kombinatorisch ist,
denn wenn sie dies nicht wäre, so wäre sie eine eigene Zustandsmaschine, die
mit der ersten zusammengeführt werden könnte. Aus diesem Grunde können
wir immer davon ausgehen, dass in der Ausgabeschaltung keine zusätzlichen
Speicherelemente vorkommen.

Moore-Maschinen

Der einfachste Fall einer solchen Maschine liegt vor, wenn die Ausgaben der
Zustandsmaschine *nicht* kombinatorisch von den Eingangsleitungen abhängig
sind. Solche Maschinen werden *Moore-Maschinen* genannt. Das bedeutet,
dass sich die während jeder Taktperiode berechneten Ausgangswerte alleine

aus dem Zustand der Maschine ergeben, wie in der folgenden Abbildung illustriert:

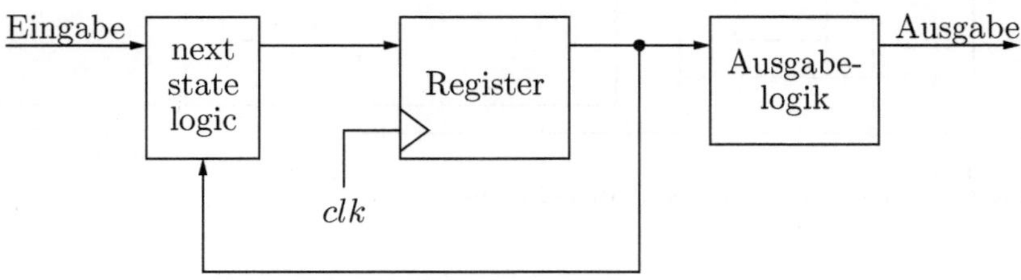

3.6   **Definition 3.6 (Moore-Maschine)** Formal ist eine Moore-Maschine ein Transitionssystem $\langle S, I, E, T \rangle$, wobei zusätzlich eine Menge von Ausgabewerten O und eine Ausgabefunktion L angegeben werden muss. Wir erhalten somit $M = \langle S, I, E, O, T, L \rangle$. Weil bei der Moore-Maschine L nicht abhängig von E ist, ist die Signatur dieser Funktion lediglich $L : S \to O$.

⊙ Mealy-Maschinen

Im Gegensatz zur Moore-Maschine sind bei der Mealy-Maschine die aktuellen Ausgabewerte von der aktuellen Eingabe abhängig:

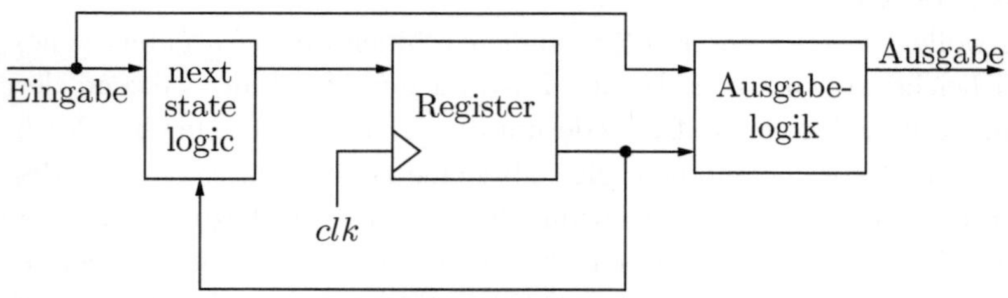

3.7   **Definition 3.7 (Mealy-Maschine)** Die Mealy-Maschine ist eine um die Ausgabe erweiterte Zustandsmaschine $M = \langle S, I, E, O, T, L \rangle$, mit einer Ausgabefunktion $L : S \times E \to O$.

---

32   **Beispiel 32** Betrachten wir wieder die Zustandsmaschine für den Modulo-4-Zähler aus Beispiel 31. Eine oft benötigte Funktion bei Zählern ist das Generieren eines Impulses, wenn der Zähler von seinem Maximalwert wieder auf Null zurückfällt. Damit kann man zeitliche Steuerungen realisieren, denn man weiß, wie schnell der Zähler zählt, sobald man weiß, mit welcher Frequenz das Taktsignal schwingt.

Eine solche Funktion können wir leicht in Form einer Moore-Maschine realisieren; Abbildung 3.6a zeigt die Wahrheitstabelle einer passenden Ausgabefunktion: Solange wir im Zustand $q_0 = q_1 = 0$ sind, geben wir auf o_1 eine 1 aus, sonst eine 0.

Stellt man sich allerdings vor, dass die Schaltung nun per Hand zurückgesetzt wird ($rst = 1$), das heißt jemand bleibt für längere Zeit am Rücksetzknopf, dann bleibt sie für diese Zeit im Zustand $q_0 = q_1 = 0$. Bauteile, welche auf o_1 reagieren, sollen aber Zeitsignale erhalten, was in diesem Fall nicht richtig funktioniert, da o_1 während des Rücksetzens ständig auf 1 gehalten wird.

Wir wollen also eine neue Ausgabefunktion o_2 definieren, welche nur im Falle $rst = 0$ eine 1 ausgibt. Eine entsprechende Wahrheitstabelle ist in Abbildung 3.6b gegeben. Damit haben wir das Problem gelöst, aber gleichzeitig aus der Maschine eine Mealy-Maschine gemacht, denn o_2 hängt nun von einem Eingabesignal ab.

q_0	q_1	rst	o_1
0	0	0	1
0	0	1	1
0	1	0	0
0	1	1	0
1	0	0	0
1	0	1	0
1	1	0	0
1	1	1	0

q_0	q_1	rst	o_2
0	0	0	1
0	0	1	0
0	1	0	0
0	1	1	0
1	0	0	0
1	0	1	0
1	1	0	0
1	1	1	0

a. Moore   **b.** Mealy

Abbildung 3.6. Wahrheitstabellen zu Beispiel 32

3.2.3 Komposition von Zustandsmaschinen

Hat man zwei oder mehr Zustandsmaschinen zur Verfügung, so kann man diese auf verschiedene Arten kombinieren. Zum einen ist dies in paralleler Weise möglich; zwei verschiedene Zustandsmaschinen generieren dann verschiedene Ausgaben, werden aber von denselben Eingaben gespeist. Zum anderen kann man diese Maschinen aber auch sequenziell hintereinanderschalten, das heißt, die Ausgabe der ersten Maschine wird als Eingabe für die zweite Maschine verwendet (Abbildung 3.7).

Kompositionen dieser Art erzeugen zwei Phänomene, derer man sich beim Entwurf von Zustandsmaschinen bewusst sein muss: Im Falle von Moore-Maschinen ergibt sich, weil ja die Maschinen getaktet sind, die erste Ausgabe des ersten Taktes erst *am Ende* des ersten Taktes. Dies bedeutet, dass die

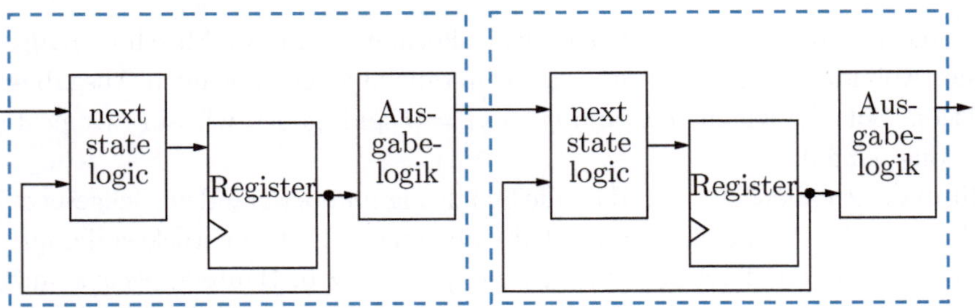

Abbildung 3.7. Sequenzielle Komposition von Moore-Maschinen

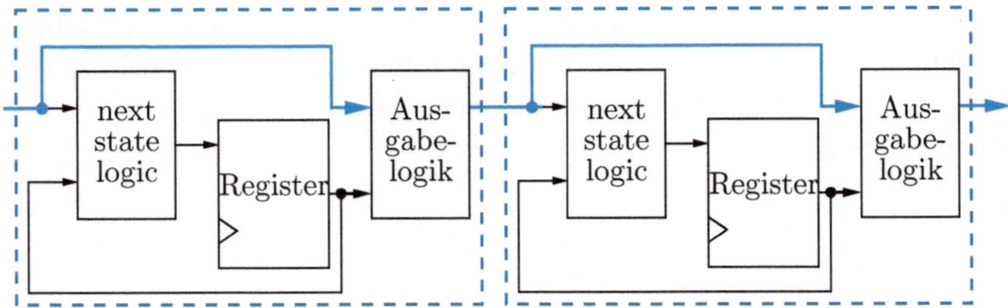

Abbildung 3.8. Sequenzielle Komposition von Mealy-Maschinen

Eingaben für die zweite Maschine erst während des zweiten Taktzyklus anliegen. Betrachtet man die Ausgabe der zweiten Maschine, d. h. die der kombinierten Maschine, so ist diese gegenüber den Eingaben *um eine Taktperiode verzögert*.

Für Mealy-Maschinen gilt dies entsprechend, hinzu kommt aber – durch die Abhängigkeit der Ausgabe von den Eingabewerten – eine Verlängerung der kombinatorischen Pfade. Wie in Abbildung 3.8 ersichtlich wird die Eingabe der ersten Maschine lediglich durch die (kombinatorische) Ausgabelogik geführt und dann als Eingabe für die zweite Maschine verwendet. Dies kann extrem lange kombinatorische Pfade ergeben, was bedeutet, dass die Schaltung wegen der Gatterlaufzeiten in den kombinatorischen Schaltungen umso *langsamer* betrieben werden muss, je mehr sequenzielle Komposition betrieben wird.

3.3 Zustandsmaschinen in Verilog

Durch die klare Aufteilung von Zustandsmaschinen in next state logic, Register und Ausgabelogik sind wir in der Lage, eine Verilog-Vorlage für Zustandsmaschinen anzugeben. In der Praxis werden Zustandsmaschinen folglich immer nach einem bestimmten Schema implementiert; ein möglicher Vorschlag

dafür findet sich als Algorithmus 3.1 am Ende des Kapitels. Die Unterscheidung zwischen Moore- und Mealy-Maschinen erfolgt dabei in der Ausgabelogik, welche je nach Typ von den Eingaben abhängt oder eben nicht.
Die Übernahme von neuen Zuständen in der Form

```
always @(posedge clk)
  state = next_state;
```

bewirkt die Erzeugung von Flipflops während der Codesynthese: Weil die neuen Werte nur gleichzeitig mit einer steigenden Taktflanke (posedge) der Clock übernommen werden dürfen, erkennt der Synthesealgorithmus, dass die alten Werte bis zur nächsten Taktflanke gespeichert werden müssen.

Beispiel 33 Programm 3.2 am Ende des Kapitels zeigt eine mögliche Implementierung der Ampel aus Beispiel 28 in Verilog.

33

3.4 Timing-Analyse

3.4

In Kapitel 2 haben wir bereits gelernt, dass kombinatorische Schaltungen nicht beliebig schnell betrieben werden können. Dies trifft natürlich auch auf getaktete Schaltungen zu. Hier müssen wir allerdings neben den schon aus kombinatorischen Schaltkreisen bekannten Propagierungsverzögerungen t_{pLH} und t_{pHL} auch noch andere Zeitbeschränkungen betrachten.
Da eine Taktflanke, wie alle anderen Signale, in der Realität nicht perfekt rechteckig ist, sondern langsam ansteigt bzw. fällt, muss man sicherstellen, dass die gewünschten Eingabewerte bereits *vor* dem Beginn der Taktflanke anliegen. Würden sie sich währenddessen ändern, so könnte man nicht sicher sein, welcher Wert gespeichert wird. Aus diesem Grund wird bei jedem Flipflop eine so genannte Setupzeit t_s angegeben, für den ein Eingabewert minimal anliegen muss, um richtig übernommen zu werden (siehe Abbildung 3.9 links).
Nach bzw. während der zweiten Hälfte der Taktflanke beginnt die Propagierung der Eingangswerte in den Flipflop, also der eigentliche Speichervorgang. Ändern sich währenddessen die Eingangswerte, könnten immer noch andere Werte, als die ursprünglich gewünschten, gespeichert werden – dies will man natürlich verhindern und gibt deshalb eine minimale Zeit an, für die die Eingabewerte *nach* der Taktflanke noch unverändert anliegen müssen. Diese Zeit wird als *Holdzeit* t_h bezeichnet (Abbildung 3.9 mitte links).
Auch wenn die Eingangswerte sicher nach t_s und t_h übernommen sind, kann noch nicht garantiert werden, dass die Ausgangswerte $(Q, \overline{Q})$ des Flipflops bereits stabil sind, denn es könnte noch einige Zeit vergehen, bis die endgültigen Werte dort angekommen sind. Diese Verzögerungszeit wird dann als Propa-

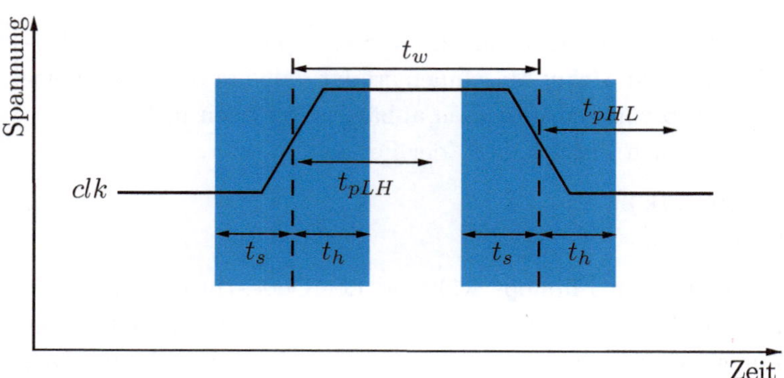

Abbildung 3.9. Setup-, Hold- und Propagierungszeiten

gierungsverzögerung des Flipflops bezeichnet und, wie bei kombinatorischen Schaltungen, oft getrennt als t_{pLH} für die steigende und t_{pHL} für die fallende Taktflanke angegeben. In der Regel beinhaltet diese Zeit auch die Holdzeit, womit eine Angabe der Holdzeit oft unnötig ist.

34

Beispiel 34 Abbildung 3.10 zeigt einen Ausschnitt aus einem Datenblatt für einen M74HC74 D-Flipflop. Die Verzögerungszeiten für dieses Bauteil können aus dem Datenblatt direkt abgelesen werden: Bei einer Umgebungstemperatur von 25°C (Raumtemperatur) und einer Betriebsspannung von 4,5 Volt gelten typische Werte von $t_{pLH} = t_{pHL} = 16$ ns, $t_s = 4$ ns und $t_h = 0$ ns (dieser Wert wird nicht angegeben, da er kürzer als die Propagierungsverzögerung ist).

Symbol	Parameter	V_{CC} (V)	Value			
			$T_A = 25°C$		$-40 - 85°C$	$-55 - 125°C$
			Typ.	Max.	Max.	Max.
t_{pLH}	Propagation Delay	2.0	48	150	190	225
t_{pHL}	Time $(CK - Q, \overline{Q})$	4.5	16	30	38	45	ns
		6.0	13	26	32	38
t_s	Minimum Set-up	2.0	15	75	95	110
	Time	4.5	4	15	19	22	ns
		6.0	3	13	16	19
t_s	Minimum Hold	2.0		0	0	0
	Time	4.5		0	0	0	ns
		6.0		0	0	0

Abbildung 3.10. Ausschnitt aus dem Datenblatt des M74HC74 (ST Microelectronics)

Es ist klar, dass auch sequentielle Schaltungen nicht mit beliebig hoher Taktfrequenz betrieben werden können. Wenn wir uns vorstellen, dass die Ausgänge eines Flipflops direkt mit den Eingängen verbunden sind, dann müssen zwischen zwei steigenden Flanken zumindest die Setup- und die Propagierungs-

---

Maximale Betriebsfrequenz

①   Verzögerung t_k durch längsten Pfad berechnen.

②   Setupzeit t_s aus Datenblatt ablesen.

③   Propagierungszeiten ablesen: $t_p = max(t_{pLH}, t_{pHL})$.

④   in Formel einsetzen: $f_{max} = \frac{1}{t_s + t_p + t_k}$.

Abbildung 3.11. Verfahren zur Bestimmung der maximalen Betriebsfrequenz

zeit abgewartet werden. Die maximale Betriebsfrequenz ist daher

$$f_{max} = \frac{1}{t_s + t_p + t_k} \, ,$$

wobei $t_p = max(t_{pLH}, t_{pHL})$ und t_k die Gatterlaufzeit des längsten Pfades in der kombinatorischen Logik ist. Abbildung 3.11 fasst die Vorgehensweise bei der Bestimmung der maximalen Betriebsfrequenz einer Schaltung kurz zusammen.

Beispiel 35 Gehen wir davon aus, dass die Schaltung in Beispiel 22 die kombinatorische Logik einer Zustandsmaschine ist und Flipflops des Typs M74HC74 wie in Beispiel 34 verwendet werden. Dann ist $t_s = 4$ ns, $t_p = 16$ ns und $t_k = 16$ ns. Insgesamt kann die Schaltung also alle 36 ns einen Zustandswechsel durchführen. Das bedeutet eine maximale Betriebsfrequenz von

$$\frac{1}{(4 + 16 + 16) \cdot 10^{-9}} = \frac{10^9}{36} = 27,8 \cdot 10^6 \text{ Hz} = 27,8 \text{ MHz} \, .$$

35

3.5 Aufgaben

3.5

Aufgabe 3.1 Geben Sie eine Wahrheitstabelle für die kombinatorischen Transitionsformeln in Beispiel 30 an. Die Übergangsrelation ist dort direkt ablesbar!

3.1

Aufgabe 3.2 Gegeben seien die folgenden beiden Transitionssysteme:
Die Angaben unter den Zustandsnamen spezifizieren die Ausgabefunktion L, geben also an, wie das Ausgabesignal O gesetzt werden soll.

3.2

3.1 Programm 3.1 (Vorlage für Zustandsmaschinen)

```verilog
module statemachine(input clk, rst, ...   // Inputs
                         output reg out, ... );  // Outputs

   localparam
      INIT = 'b000, // Benennung und
      Q1   = 'b001, // Binärcodierung der Zustände
      Q2   = 'b010;

   reg [2:0] state, next_state; // 3-Bit-Register

   // Übernahme des neuen Zustands
   always @(posedge clk)
      state = next_state;

   // Next-State-Logik — Sensitiv auf Inputs!
   always @(state or rst or ... ) begin
      if (rst)
         next_state = INIT; // Synchroner Reset
      else // Berechnung des nächsten Zustands
         case (state)
            INIT:
               begin
                  if (input1) next_state = Q2;
                  else next_state = Q1;
               end

            Q1:
               ...

            Q2:
               ...

            default: // Illegaler Zustand
               next_state = INIT;
         endcase
   end

   // Ausgabelogik — Mealy ist auch auf Inputs sensitiv.
   always @(state or rst or ... ) begin
      out = (state[1] — input1);
   end

endmodule
```

Programm 3.2 (Beispiel 28 in Verilog)   **3.2**

```verilog
module ampel(input clk, rst, output reg [2:0] lamps);

   localparam
     INIT = 0, RED = 0, YELLOW = 1,
     GREEN = 2, REDYEL = 3;

   reg [1:0] state, next_state;

   always @(posedge clk)
     state = next_state;

   always @(state or rst) begin
     if(rst)
       next_state = INIT;
     else
       case(state)
         RED:     next_state = REDYEL;
         YELLOW: next_state = RED;
         GREEN:   next_state = YELLOW;
         REDYEL: next_state = GREEN;
         default: // illegaler Zustand
           next_state = INIT;
       endcase
   end

   always @(state) begin
     case(state)
       RED:     lamps='b001;
       YELLOW: lamps='b010;
       GREEN:   lamps='b100;
       REDYEL: lamps='b011;
       default: // illegaler Zustand
         lamps='b000;
     endcase
   end

endmodule
```

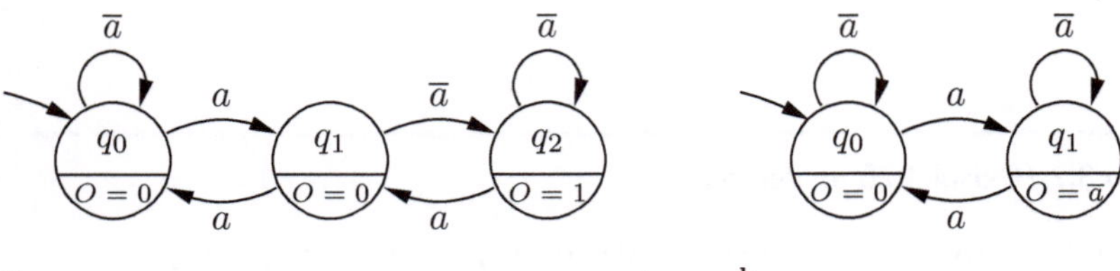

a.   b.

a) Welche der beiden Maschinen ist eine Moore- und welche eine Mealy-Maschine?

b) Ist die Ausgabe beider Maschinen bei gleicher Eingabesequenz für a immer gleich?

3.3

Aufgabe 3.3 Ein automatischer Rasenmäher soll in Form eines Moore-Automaten realisiert werden. Der Rasenmäher erhält als Input drei verschiedene Signale: v für den Vorderkantensensor, e für den Eckensensor und p für Start/Stopp (Power). Wird der Rasenmäher gestartet, so beginnt er nach vorne zu fahren, bis er an den Rand seines Areals kommt. Dort ist ein Draht gespannt, in dem eine kleine Spannung dem Rasenmäher das Signal zum Umkehren gibt (v geht auf 1).

Abbildung 3.12. Fahrtablauf des Rasenmähers

Wie in Abbbildung 3.12 angedeutet, muss der Rasenmäher, wenn er in einer Ecke des Rasens angekommen ist, umdrehen. Aus diesem Grund wird dort das *e*-Signal gesetzt, sodass der Mäher weiß, dass er nun ein zweites Mal nach links statt nach rechts (oder umgekehrt) wenden muss. Während des normalen Betriebes alternieren die Wenderichtungen natürlich.

a) Entwerfen Sie eine Zustandsmaschine, welche dieses Verhalten realisiert, in Form von Zustandsmenge, Übergangsrelation und Ausgabefunktion.

b) Implementieren Sie die entworfene Zustandsmaschine in Verilog!

Aufgabe 3.4 Es soll das Verhalten eines Wagens einer Standseilbahn simuliert werden. Der dazu zu bauende Automat kennt vier verschiedene Eingangssignale:

t	Timersignal: wird aktiviert, wenn die Timerzeit abgelaufen ist.
b	Unterbrechungssignal: wird aktiviert, wenn jemand in die Lichtschranke einer schließenden Türe tritt.
v	Verriegelungssignal: wird aktiviert, wenn alle Türen vollständig geschlossen sind.
s	Stoppsignal: wird aktiviert, wenn der Wagen vollständig in der Station eingefahren ist.

Der Automat kennt die folgenden Ausgangssignale:

M	Wenn aktiviert, beginnt der Motor zu drehen (Wagen fährt).
O_l	Öffnet die Türen der linken Wagenseite.
O_r	Öffnet die Türen der rechten Wagenseite.
T	Startet den Timer, der nach 10 Sek. das Timersignal t aktiviert.
C	Schließt alle Türen.

Der Wagen soll so lange fahren, bis er das Signal s erhält. Daraufhin werden die Türen der einen Seite geöffnet, nach einer kurzen Verzögerung die der anderen Seite. Bevor der Wagen dann weiterfährt, müssen natürlich die Türen wieder geschlossen werden, wobei es passieren kann, dass jemand in die Lichtschranke der Türe tritt und die Türen wieder geöffnet werden müssen. Sind die Türen vollständig verriegelt (v), so kann weitergefahren werden.

a) Entwerfen Sie eine Zustandsmaschine, welche dieses Verhalten realisiert, in Form von Zustandsmenge, Übergangsrelation und Ausgabefunktion.

b) Implementieren Sie die entworfene Zustandsmaschine in Verilog!

Aufgabe 3.5 Es soll die Steuerung eines Garagentors als Moore-Automat realisiert werden. Ein Schalter dient sowohl zum Öffnen als auch zum Schließen des Tors. Am Tor ist außerdem eine Sensorleiste angebracht, die bei Kontakt den Schließvorgang abbricht und in den Öffnungsvorgang wechselt. Ein weiterer Stoppsensor gibt ein Signal, wenn das Tor entweder vollständig geöffnet oder vollständig geschlossen ist.

Ein Blockschaltbild der Anlage sieht wie folgt aus:

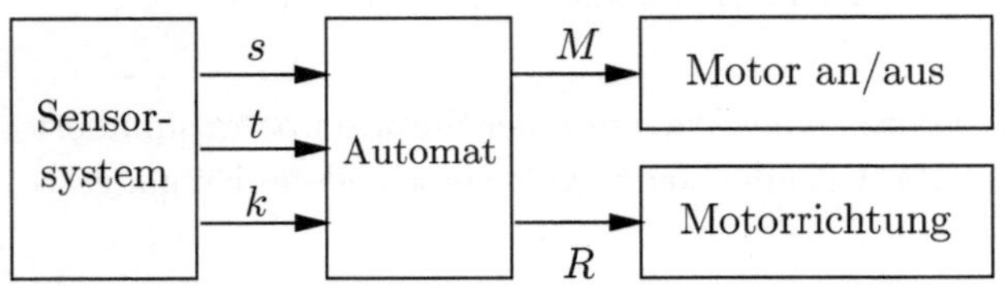

Der Automat generiert die Signale M und R, wobei M angibt, ob der Motor aktiviert ($=1$) ist. Bei aktiviertem Motor legt R die Laufrichtung des Motors fest ($1 =$ nach oben, $0 =$ nach unten). Ansonsten ist R ein Indikator dafür, ob das Tor geschlossen ($=0$) ist oder offen ($=1$) steht.

— Die Betätigung des Tastschalters löst das Signal t aus. Wird der Schalter losgelassen, liegt das Signal $\bar{t}$ an. Ist das Tor zu, wird der Öffnungsvorgang gestartet; ist das Tor offen, wird der Schließvorgang gestartet.
— Sobald das (sich schließende) Tor geschlossen ist, wird ein Stoppsignal s ausgelöst, und der Motor wird abgestellt. Entsprechend wird das Stoppsignal während des Öffnens ausgelöst, wenn das Tor vollständig geöffnet ist. Das Stoppsignal bleibt aktiv, wenn das Tor offen oder geschlossen ist.
— Die Sensorleiste am Tor erzeugt bei einer Berührung durch einen Kontaktsensor das Signal k. Ist der Schließvorgang aktiv, wird in den Öffnungsvorgang gewechselt. In den übrigen Zuständen hat das Signal k keine Wirkung. Beachten Sie, dass der Kontaktsensor Priorität vor dem Stoppsensor haben soll.

a) Entwerfen Sie eine Zustandsmaschine, welche dieses Verhalten realisiert, in Form von Zustandsmenge, Übergangsrelation und Ausgabefunktion.
b) Implementieren Sie die entworfene Zustandsmaschine in Verilog!

3.6   **Aufgabe 3.6** Gegeben seien die folgende Schaltung

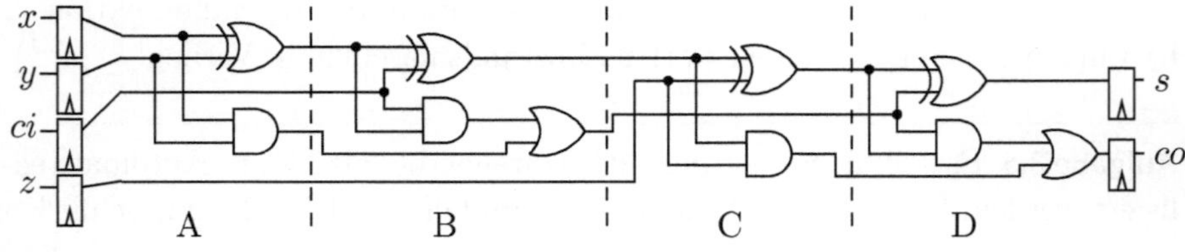

und die folgenden Bauteile:

Bauteil	Propagation Delay	Setup Time
2-Input-AND	7 ns	-
2-Input-OR	8 ns	-
2-Input-XOR	12 ns	-
D-Flipflop	13 ns	3 ns

a) Finden Sie den Pfad mit der maximalen Laufzeit in der *kombinatorischen* Schaltung. Berechnen Sie die maximale Laufzeit eines Signals durch den kombinatorischen Teil.

b) Berechnen Sie nun die maximale Frequenz, mit der die angegebene Schaltung betrieben werden kann.

c) Trennen Sie die Schaltung an der gekennzeichneten Stelle zwischen den Sektoren B und C auf. Durch Einfügen dreier D-Flipflops an dieser Stelle erhalten Sie eine *Pipeline*, die das Ergebnis der Schaltung in zwei Schritten berechnet. Mit welcher Frequenz kann diese Schaltung betrieben werden?

d) Trennen Sie die Schaltung an allen gekennzeichneten Stellen auf. Durch das Einfügen von neuen Flipflops erhalten Sie eine 4-stufige Pipeline. Vergleichen Sie die maximale Betriebsfrequenz dieser Schaltung mit dem Ergebnis aus Aufgabe c).

Aufgabe 3.7 In einigen Schaltungen werden mehrere Clocks benötigt, die mit verschiedenen Frequenzen schwingen (z. B. bei Datenübertagungen oder Audio-Anwendungen). Um solche Signale herzustellen, kann man ein Modul implementieren, welches das Clock-Signal als Eingabe erhält und ein „dividiertes" Clock-Signal ausgibt. Ein solches Modul wird deshalb auch *Clock-Divider* genannt. Eine entsprechende Schaltung lässt sich leicht in Form einer Zustandsmaschine implementieren, indem man einen Zähler bei jeder Clock-Flanke des Eingangssignals nach oben zählt. Erreicht der Zähler eine Grenze x, so wechselt man den Zustand des Ausgabesignals. Letzteres entspricht dann dem durch x dividierten Eingangssignal.

a) Implementieren Sie einen Clock-Divider in Verilog. Die Ausgangsfrequenz sollte der halben Eingangsfrequenz entsprechen.

b) Implementieren Sie einen parametrisierbaren Clock-Divider, der den Divisor (x) als zusätzliches Eingangssignal in binärer Form erhält.

Kapitel 4
Arithmetik

4

4

4 Arithmetik

Die in den vorhergehenden Kapiteln vorgestellten Schaltungen haben ausschließlich einfache, Boole'sche Signale verarbeitet. In diesem Kapitel wird nun erklärt, wie Prozessoren mit Zahlen umgehen. Wir stellen verschiedene arithmetische Schaltungen vor, die Operationen wie Addition, Subtraktion und Multiplikation ermöglichen.

4.1 Zahlendarstellungen

Anders als beim Durchführen von Berechnungen auf Papier können wir in der Digitaltechnik nicht mit beliebig großen Zahlen rechnen: Der Spielraum ist durch die Hardware eingeschränkt. In diesem Abschnitt beschäftigen wir uns mit der Frage, wie man Zahlen möglichst effizient in Schaltungen darstellen und verarbeiten kann.

Dieses Wissen ist nicht nur für die Schaltungstechnik relevant. So ist z. B. die Explosion der Ariane 5 auf einen Softwarefehler zurückzuführen, der aus der inkorrekten Konvertierung einer 64-Bit-Fließkommazahl in eine vorzeichenbehaftete 16-Bit-Ganzzahl resultierte: Es kam zu einem *Overflow*. Eine allzu abstrakte Betrachtungsweise von Computersystemen kann also zu Fehlern in der Software führen.

4.1.1 Zahlensysteme

Computer speichern Informationen im Arbeitsspeicher oder in Prozessorregistern. Diese wiederum sind aus Flipflops oder konzeptuell ähnlichen Bauteilen (siehe Kapitel 6) zusammengesetzt, welche lediglich „Ja"/„Nein"-Informationen speichern können. Die kleinste Einheit von „Information" in einem Computer ist ein „Bit". Alle im Computer verarbeiteten Daten setzen sich aus diesen Bits zusammen, werden also intern *binär* dargestellt.

Wenn wir von einem binären Zahlensystem sprechen, meinen wir ein Zahlensystem mit der *Basis* 2, also ein System, das zwei verschiedene Symbole zur Darstellung von Zahlen verwendet. Dieses Konzept können wir verallgemeinern: Ein Zahlensystem mit der Basis r verwendet r verschiedene Symbole.

Gängige Zahlensysteme sind

— die bereits erwähnten binären Zahlen,

— oktale Zahlen, mit den Symbolen 0 bis 7,

— dezimale Zahlen, mit denen wir tagtäglich im Supermarkt konfrontiert werden,

— hexadezimale Zahlen, mit den Symbolen 0 bis 9 und A bis F.

In manchen Fällen kann es hier zu Verwechslungen kommen. So ist unklar, ob 107 eine oktale, dezimale oder hexadezimale Zahl ist (wir können lediglich ausschließen, dass es sich um eine Binärzahl handelt). In diesem Fall verwenden wir die Notation 107_8, um klarzustellen, dass es sich um eine oktale Zahl handelt.

Um eine Zahl mit der Basis r in das dezimale Zahlensystem umzuwandeln, gehen wir wie folgt vor: Jede Stelle i der Zahl wird mit r^i multipliziert, wobei

❯ Warum Basis 2 und nicht Basis 10?

Praktisch alle modernen Computersysteme verwenden Binärzahlen zur Darstellung der Daten, also ein Zahlensystem mit der Basis 2. Warum ist das so? Wäre es nicht effizienter, zwischen mehr als zwei Spannungswerten zu unterscheiden (z. B. 10), um so mit einem „10er-Bit" zehn verschiedene Werte darstellen zu können?

Die Entscheidung für die Basis 2 ist keineswegs willkürlich: Eine Erklärung dafür finden wir in der *Informationstheorie*. Betrachten wir eine Zahlendarstellung mit l Stellen und jeweils r möglichen Werten pro Stelle. Somit kann man insgesamt r^l verschiedene Zahlen darstellen. Den Hardwareaufwand, der notwendig ist, um diese Zahl im Speicher unseres Computers abzulegen, können wir grob mit $K(r) = l \cdot r$ abschätzen.

Wenn wir c Zahlen darstellen wollen, so folgt daraus $r^l = c$ und $l = \log_r c$. Entsprechend ersetzen wir l in unserer Kostenfunktion und erhalten

$$K(r) = r \cdot \log_r c \,.$$

Wir leiten nun die Kosten nach r ab, um den Wert von r zu berechnen, der die geringsten Kosten verursacht:

$$\frac{dK}{dr} = \frac{d}{dr}\left(r \cdot \log_r c\right) = \frac{d}{dr}\left(r \cdot \frac{\ln c}{\ln r}\right) = \ln c \cdot \frac{\ln(r) - (\ln(r))' \cdot r}{\ln^2 r}$$

Da $(\ln(r))' = \frac{1}{r}$, wird die Ableitung 0, wenn $\ln(r) - 1 = 0$, das heißt $r = e = 2{,}718$. Durch nochmaliges Ableiten können wir sicherstellen, dass es sich tatsächlich um ein Minimum handelt.

Da in der Praxis kein Bauteil mit einer irrationalen Basis produziert werden kann, muss man sich für eine Basis von zwei oder drei entscheiden. In der Schaltungstechnik sprechen viele Argumente (z. B. die in Kapitel 2 erklärten Konzepte) dafür, die Basis zwei anstatt drei zu verwenden.

i die *Wertigkeit* der Stelle ist. Eine dezimale Zahl erhalten wir schließlich, indem wir die Ergebnisse dieser Operationen aufsummieren:

$$\langle d_{n-1} d_{n-2} \ldots d_1 d_0 \rangle := \sum_{i=0}^{n-1} d_i \cdot r^i$$

Beispiel 36 Die Binärzahl 101010 entspricht der dezimalen Zahl   **36**

$$1 \cdot 2^5 + 0 \cdot 2^4 + 1 \cdot 2^3 + 0 \cdot 2^2 + 1 \cdot 2^1 + 0 \cdot 2^0 = 42_{10} \ .$$

Für die Oktalzahl $637,2_8$ errechnen wir den dezimalen Wert

$$6 \cdot 8^2 + 3 \cdot 8^1 + 7 \cdot 8^0 + 2 \cdot 8^{-1} = 6 \cdot 64 + 3 \cdot 8 + 7 \cdot 1 + \frac{2}{8} = 415,25_{10} \ .$$

Die hexadezimale Zahl $F1$ entspricht der dezimalen Zahl 241:

$$F1_{16} = F \cdot 16^1 + 1 \cdot 16^0 = 15 \cdot 16 + 1 \cdot 1 = 241_{10}$$

Wir sehen also, dass es auch durchaus möglich ist, Bruchzahlen in Oktal- oder Binärkodierung darzustellen. Für uns wird es relevant sein, Dezimalzahlen in andere Zahlensysteme umzuwandeln. Dazu teilen wir die Dezimalzahl in den Ganzzahlanteil und die Nachkommastellen auf. Die beiden Teile werden dann separat umgewandelt: Der Ganzzahlanteil wird sukzessiv durch die Basis r des Zielsystems dividiert; der *Rest* entspricht der jeweiligen Stelle der Zahl mit Basis r. Die Nachkommastellen erhält man analog durch Multiplizieren; die Ganzzahlwerte des Ergebnisses der Multiplikation ergeben dann die jeweilige Nachkommastelle.

Beispiel 37 Wir wollen die Dezimalzahl $47,625$ in eine Binärzahl umwandeln.   **37**
Dazu teilen wir sie in den Ganzzahlanteil 47 und die Nachkommastellen 0,625 auf. Den Ganzzahlanteil der Binärzahl erhalten wir durch sukzessives Dividieren. Analog erhalten wir die Nachkommastellen durch Multiplizieren (siehe Abbildung 4.1): Die Zahl 0,625 wird mit 2 multipliziert. Der Ganzzahlanteil 1 des Ergebnisses dieser Multiplikation entspricht der ersten Nachkommastelle der Binärzahl. Die Nachkommastellen dieses Ergebnisses werden wieder mit 2 multipliziert. Dieser Prozess wird wiederholt, bis die gewünschte Genauigkeit erreicht ist. In unserem Beispiel ist das Ergebnis exakt, da alle Stellen nach der dritten Nachkommastelle 0 sind.

Die Umwandlung zwischen binären, oktalen und hexadezimalen Zahlen ist bedeutend einfacher (jedoch kann man selbstverständlich auch die oben an-

47	
23	1
11	1
5	1
2	1
1	0
0	1

$$0,625$$
$$\underline{\cdot 2}$$
$$1,250$$
$$\underline{\cdot 2}$$
$$0,500$$
$$\underline{\cdot 2}$$
$$1,000$$

$$47_{10} = 101111_2 \qquad\qquad 0,625_{10} = 0.101_2$$

Abbildung 4.1. Umwandeln der Dezimalzahl 47,625 in eine Binärzahl

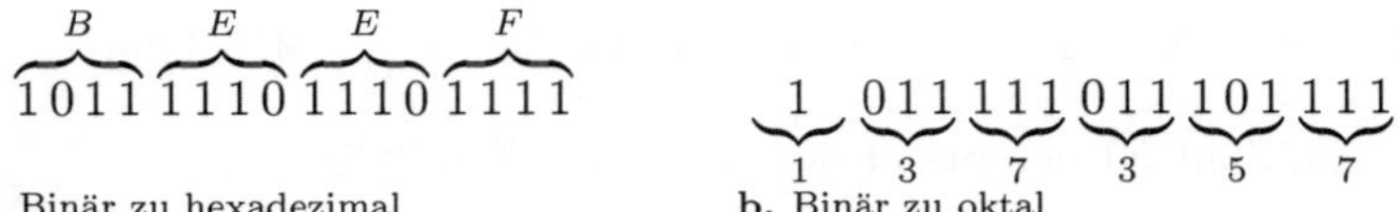

a. Binär zu hexadezimal   b. Binär zu oktal

Abbildung 4.2. Umwandlung zwischen binären, oktalen und hexadezimalen Zahlen

geführte Methode verwenden). Um eine Binärzahl in die hexadezimale Darstellung umzuwandeln, fassen wir jeweils vier Stellen der Binärzahl zusammen und ersetzen sie durch die entsprechende hexadezimale Ziffer (siehe Abbildung 4.2a). So wird zum Beispiel 1010 zu A (entspricht der Dezimalzahl 10). Analog gehen wir für Oktalzahlen vor: Hier ersetzen wir jeweils drei Stellen der Binärzahl durch die entsprechende oktale Ziffer (siehe Abbildung 4.2b). Aus dem Wunsch heraus, Dezimalzahlen ähnlich einfach in Binärzahlen umwandeln zu können, entstand das BCD-System (wobei BCD eine Abkürzung für binary-coded decimal ist). Dieses System verwendet für die Darstellung jeder Dezimalstelle vier Bits. Offensichtlich werden hier 6 binäre Kombinationen verschwendet: Für die Darstellung von 10 Ziffern würden 3,3219 (entspricht $\mathrm{ld}\,10 = \frac{\log 10}{\log 2}$) Bits ausreichen. Dieser Umstand muss entsprechend bei den arithmetischen Operationen beachtet werden. Wir gehen hier nicht näher auf diese Darstellung ein und verweisen den interessierten Leser auf einschlägige Literatur (z. B. [Man93]).

4.1.2 Darstellung negativer Zahlen: Komplemente

Nachdem wir nun wissen, wie die natürlichen Zahlen (einschließlich 0) $\mathbb{N}_0$ und positive rationale[1] Zahlen ($\mathbb{Q}_+$) als Binärzahlen darstellen können, stellt sich die Frage, wie wir *negative Zahlen* behandeln sollen. Der einfachste Ansatz ist, das Vorzeichen einfach mithilfe des höchstwertigen (in unserer Darstel-

---

[1] Nicht zu verwechseln mit den reellen Zahlen $\mathbb{R}$ – diese können nämlich aus offensichtlichen Gründen *nicht* als endlich lange Binärzahl dargestellt werden.

lung ganz linken) Bits darzustellen und die restlichen Bits zu verwenden, um die Zahlen wie in Kapitel 4.1.1 beschrieben darzustellen. Diese Darstellung kommt der Darstellung von negativen Zahlen im Dezimalsystem am nächsten. Sie hat allerdings den Nachteil, dass Addition und Subtraktion gesondert behandelt werden müssen (erinnern Sie sich an die Algorithmen zur Addition und Subtraktion, die Ihnen in der Schule beigebracht wurden).

In der Digitaltechnik greift man daher auf eine Darstellung zurück, die es erlaubt, denselben Algorithmus sowohl für Addition als auch Subtraktion zu verwenden. Es handelt sich hierbei um die sogenannte *Komplementdarstellung*. Man unterscheidet zwischen dem r-Komplement und dem $(r-1)$-Komplement, wobei r für die Basis des Zahlensystems steht. Wir werden uns in diesem Buch ausschließlich mit dem 2er- und 1er-Komplement beschäftigen.

Definition 4.1 (($r-1$)-Komplement, 1er-Komplement) Das $(r-1)$-Komplement   **4.1**
einer Zahl N mit der Basis r und n Stellen ist

$$(r^n - 1) - N \ .$$

Zur Berechnung geht man wie folgt vor: r^n bezeichnet eine $(n+1)$-stellige Zahl, die aus einer 1 gefolgt von n Nullen besteht (also z. B. $10^4 = 10000$ für die Dezimalzahlen). Zieht man nun 1 von dieser Zahl ab, so erhält man eine n-stellige Zahl, deren Stellen allesamt der höchsten Ziffer des Zahlensystems entsprechen (also 9999 in unserem Beispiel). Das 9er-Komplement von 3123 ist also 6876.

Im Falle der Binärzahlen ist die Basis $r = 2$, und $r^n - 1$ ist die n-stellige Zahl, bestehend aus lauter Einsen. Die Subtraktion ist in diesem Fall sehr einfach: Wenn im Subtrahend an der i-ten Stelle eine Eins steht, so steht im Ergebnis der Subtraktion an dieser Stelle eine Null (da im Minuend an jeder Stelle 1 steht). Steht im Subtrahend an der Stelle i eine 0, so ist die entsprechende Stelle im Ergebnis 1. Zur Berechnung des *1er-Komplements* invertieren wir also einfach jede Stelle der Binärzahl.

Die $(n+1)$-stellige Binärzahl $s_n d_{n-1} \ldots d_0$ im Einerkomplement entspricht also

- der positiven Dezimalzahl $\sum_{i=0}^{n-1} d_i \cdot 2^i$, falls $s_n = 0$.
- der negativen Dezimalzahl $-\sum_{i=0}^{n-1} (1 - d_i) \cdot 2^i$, falls $s_n = 1$.

Um eine negative Zahl darzustellen, berechnen wir das Komplement dieser Zahl. Wir benötigen nach wir vor ein Bit, um zu vermerken, ob es sich um eine positive oder negative Zahl handelt. Um wieder den ursprünglichen Wert herzustellen, müssen wir die Zahl nochmals komplementieren. Hierbei offenbart sich ein Nachteil des 1er-Komplements: Es gibt zwei Darstellungen für die Zahl 0 ($+0$ und -0). Wie wir in Kürze sehen werden, erschwert diese Eigenschaft die Addition und die Subtraktion. Das Problem kann umgangen werden, indem man anstatt des 1er-Komplements das *2er-Komplement* verwendet:

4.2   **Definition 4.2 (r-Komplement, 2er-Komplement)** Das r-Komplement einer n-stelligen Zahl N mit der Basis r ist

$$r^n - N$$

für $N \neq 0$ und 0 für $N = 0$.

Das r-Komplement erhält man am einfachsten, indem man zuerst das $(r-1)$-Komplement berechnet und zu dem Ergebnis 1 addiert, da

$$r^n - N = ((r^n - 1) - N) + 1 \,.$$

Das 2er-Komplement der Binärzahl 101100 ist zum Beispiel

$$010011 + 1 = 010100 \,.$$

Das 2er-Komplement der 4-stelligen Zahl 0000 ist $1111+1 = 0000$ (die führenden Nullen müssen auch beachtet werden). Durch das „Verschieben" des Bildbereichs um eins erhalten wir also eine eindeutige Darstellung für 0.

Die $(n+1)$-stellige Binärzahl $s_n d_{n-1} \ldots d_0$ im Zweierkomplement entspricht also

- der positiven Dezimalzahl $\sum_{i=0}^{n-1} d_i \cdot 2^i$, falls $s_n = 0$;
- der negativen Dezimalzahl $-\left(1 + \sum_{i=0}^{n-1}(1 - d_i) \cdot 2^i\right)$, falls $s_n = 1$.

Wir schreiben $[\![d_{n-1} \ldots d_0]\!]$ für die Dezimalzahl, die im Zweierkomplement durch $d_{n-1} \ldots d_0$ kodiert wird.

Anstatt der oben angeführten Fallunterscheidung können wir diese auch wie folgt definieren:

$$[\![s_n d_{n-1} \ldots d_0]\!] = s_n \cdot -2^n + \sum_{i=0}^{n-1} d_i \cdot 2^i$$

Diese Darstellung ergibt sich aus der Fallunterscheidung durch Anwenden des folgenden Lemmas:

$$2^n = 1 + \sum_{i=0}^{n-1} 1 \cdot 2^i$$

Beweis für die Korrektheit der Darstellung: Trivial für $s_n = 0$.
Für $s_n = 1$:

$$\llbracket s_n d_{n-1} \ldots d_0 \rrbracket = 1 \cdot -2^n + \sum_{i=0}^{n-1} d_i \cdot 2^i$$

$$= -\left(2^n - \sum_{i=0}^{n-1} d_i \cdot 2^i\right)$$

$$= -\left(2^n + \sum_{i=0}^{n-1} -d_i \cdot 2^i\right)$$

$$= -\left(1 + \sum_{i=0}^{n-1} 1 \cdot 2^i + \sum_{i=0}^{n-1} -d_i \cdot 2^i\right) \quad \text{wg. Lemma!}$$

$$= -\left(1 + \sum_{i=0}^{n-1} (1 \cdot 2^i - d_i \cdot 2^i)\right)$$

$$= -\left(1 + \sum_{i=0}^{n-1} (1 - d_i) \cdot 2^i\right)$$

Beispiel 38 Die Binärdarstellung der Zahl 19 ist 00010011. Wir invertieren alle Stellen dieser Binärzahl und erhalten das 1er-Komplement 11101100, welches -19 entspricht. Addieren wir 1, so erhalten wir 11101101, die Darstellung von -19 im 2er-Komplement.

Eine nochmalige Komplementierung ergibt wieder die ursprüngliche Binärzahl. Im Fall des 1er-Komplements ist das offensichtlich. Im Falle des 2er-Komplements beobachten wir, dass $-(n-1)$ gleich $-n+1$ ist, das heißt die Invertierung von n mit darauffolgender Addition ist äquivalent zur Subtraktion von 1, gefolgt von einer Invertierung. Wir invertieren also 11101101 und erhalten 00010010. Addieren wir zu diesem Ergebnis 1, so erhalten wir wieder 00010011.

Wir haben bereits festgestellt, dass sich auch Bruchzahlen (bzw. Zahlen mit Nachkommastellen, auch „Festkommazahlen" genannt) sehr leicht in Binärform darstellen lassen. Die Komplementdarstellung kann auch auf diese angewandt werden: Wenn die zu komplementierende Zahl ein Komma enthält, so entfernt man dieses vorübergehend, führt die Komplementierung aus und fügt das Komma wieder an derselben Stelle ein.

In Kapitel 4.1.3 werden wir eine flexiblere Darstellung für Zahlen mit Nachkommastellen kennenlernen.

4.1.3 Gleitkommazahlen

Im Gegensatz zu Festkommazahlen setzen sich *Gleitkommazahlen* (engl. Floating Point Number) aus zwei Komponenten zusammen. Der erste Teil ist eine vorzeichenbehaftete Festkommazahl, genannt *Mantisse*. Zusätzlich zur Mantisse enthalten Gleitkommazahlen noch einen *Exponenten,* welcher festlegt, an welcher Stelle das Komma zu setzen ist. Die Dezimalzahl $-3175,342$ würde zum Beispiel wie folgt als Gleitkommazahl dargestellt:

$$\begin{array}{cc} \text{Mantisse} & \text{Exponent} \\ -0,3175342 & +4 \end{array}$$

Da es sich um eine Dezimalzahl handelt, verwenden wir die Basis 10, um die entsprechende Dezimalzahl zu berechnen. Wir erhalten

$$-0,3175342 \cdot 10^{+04} = -3175,342.$$

Im Allgemeinen stellt eine Gleitkommazahl mit Mantisse m, Exponent e und Basis r also die Zahl $m \cdot r^e$ dar. Die Darstellung für Binärzahlen gleicht insofern, abgesehen von der Basis, der Darstellung im oben angeführten Beispiel. Die Binärzahl $+1011,01$ kann zum Beispiel mit einer 8 Bit breiten Mantisse und einem 6 Bit breiten Exponenten dargestellt werden:

$$\begin{array}{cc} \text{Mantisse} & \text{Exponent} \\ 01001100 & 000100 \end{array}$$

Diese Darstellung entspricht $+(0,1001100)_2 \cdot 2^{+4}$. Die erste 0 der Mantisse stellt das Vorzeichen dar. Das Komma folgt dem Vorzeichenbit, dieses wird aber nicht explizit dargestellt.

Der Vorteil der Gleitkommadarstellung ist, dass eine einfache Normalisierung möglich ist. Eine Gleitkommazahl ist *normalisiert,* wenn der Ganzzahlanteil der Mantisse 0 ist und die erste Stelle nach dem Komma der Mantisse (also das Bit, welches dem Vorzeichen folgt) *nicht* 0 ist. So ist zum Beispiel die Gleitkommazahl mit der 8-Bit-Binärzahl 00010110 als Mantisse nicht normalisiert.

Eine Normalisierung ist sehr einfach durch Verschieben des Kommas möglich. Der Exponent muss natürlich entsprechend angepasst werden. Lediglich die Darstellung der 0 kann nicht normalisiert werden. Daher wird die 0 üblicherweise als Mantisse 0 mit Exponent 0 dargestellt.

4.1.4 Addition von Zahlen in Komplementdarstellung

Die Verwendung der Komplementdarstellung hat den Vorteil, dass sowohl für die Addition als auch für die Subtraktion ein und derselbe Algorithmus verwendet werden kann. Rufen Sie sich zuerst nochmals ins Gedächtnis, wie

der Algorithmus zur Addition funktioniert: Wir addieren die positiven Zahlen
28 und 13:

$$
\begin{array}{rcc}
+ & 2 & 8 \\
+ & 1_1 & 3 \\
\hline
+ & 4 & 1
\end{array}
$$

Wir beginnen mit der Summe der rechten Spalte und schreiben die Einer-
Stelle des Resultats in die entsprechende Spalte des Ergebnisses. Die 10er-
Stelle wird als *Übertrag* in die nächste Spalte übernommen (dieser Übertrag
kann maximal 1 sein).

Bei der Addition von Binärzahlen gehen wir entsprechend vor:

$$
\begin{array}{rcl}
+ & 6 & 0000\,0\,110 \\
+ & 13 & 0000_1 1_1 101 \\
\hline
+ & 19 & 0001\,0\,011
\end{array}
$$

Beachten Sie, dass in der fünften Spalte die Summe von 0, 1 und dem Übertrag aus der sechsten Spalte als Ergebnis dieser Spalte 0 ergibt, jedoch zusätzlich ein Übertrag in die vierte Spalte übernommen werden muss.

Wenn die Addition zweier positiver Zahlen in der Spalte ganz links zu einem
Übertrag führt, so sprechen wir von einem *Overflow*, das heißt, das Ergebnis
der Addition kann nicht als 8-Bit-Zahl dargestellt werden.

⊙ 2er-Komplement

Wie bereits erwähnt, kann dieser Algorithmus unverändert verwendet werden,
um Binärzahlen in 2er-Komplementdarstellung zu addieren. Das Bit ganz
links wird hierbei verwendet, um das Vorzeichen zu repräsentieren.

$$
\begin{array}{rcl|rcl|rcl}
- & 6 & 11111010 & + & 6 & 00000110 & - & 6 & 11111010 \\
+ & 13 & 00001101 & - & 13 & 11110011 & - & 13 & 11110011 \\
\hline
+ & 7 & 00000111 & - & 7 & 11111001 & - & 19 & 11101101
\end{array}
$$

Wenn Sie versuchen, diese Additionen nachzuvollziehen, werden Sie feststellen, dass wir in allen Fällen einen Overflow erhalten, obwohl die Ergebnisse $+7$, -7 und -19 noch innerhalb des darstellbaren Zahlenbereichs liegen.
Bei der Addition von vorzeichenbehafteten Zahlen in Komplementdarstellung
wird das Vorzeichen als ein Teil der Binärzahl behandelt und addiert. Ein
eventuell bei der Summierung der Vorzeichen auftretender Übertrag wird
ignoriert.

Einen echten Overflow gibt es nur dann, wenn der Übertrag aus dem vor-
letzten Schritt der Addition nicht dem aus dem letzten Schritt resultierenden
Übertrag entspricht. Dies kann offensichtlich nur dann auftreten, wenn beide
Zahlen das gleiche Vorzeichen haben.

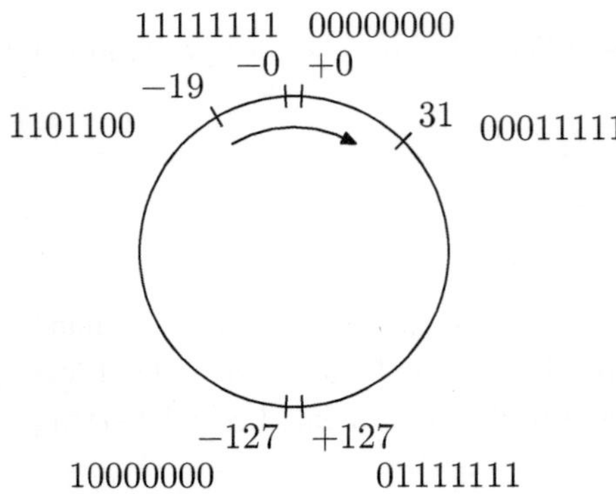

Abbildung 4.3.   Übertrag bei der Addition von Zahlen in 1er-Komplementdarstellung

$$
\begin{array}{rcl}
+70 & 0 & 1000110 \\
+80 & {}_0\,0_1 & 1010000 \\
\hline
+150 & 1 & 0010110
\end{array}
$$

Das Resultat der Addition $70 + 80$ kann offensichtlich nicht mehr als 8-Bit-Zahl dargestellt werden. Es kommt zu einem Overflow: Der Übertrag der Spalte 2 von links ist 1, während der Übertrag der Summe der Vorzeichen 0 ist.

Ebenso tritt bei der Subtraktion $-70 - 80 = -150$ ein Overflow auf:

$$
\begin{array}{rrcl}
- & 70 & 1 & 0111010 \\
- & 80 & {}_1\,1_0 & 0110000 \\
\hline
- & 150 & 0 & 1101010
\end{array}
$$

In jedem Fall wird jedoch bei der Addition von Zahlen in 2er-Komplementdarstellung der Übertrag der Summe der Vorzeichenbits ignoriert. Wie wir gleich sehen werden, ist dies bei der Addition von Zahlen im 1er-Komplement nicht der Fall.

⊘ 1er-Komplement

Wir haben bereits festgestellt, dass die Verwendung des 1er-Komplements dazu führt, dass es zwei Darstellungen für die Zahl 0 gibt (nämlich $+0$ und -0). Führen wir uns vor Augen, was passiert, wenn es bei der Addition des Vorzeichenbits zu einem Übertrag kommt: Wenn wir 8 Bit zur Darstellung der vorzeichenbehafteten Zahlen verwenden, können wir den Wertebereich -127 bis $+127$ darstellen. Wenn wir nun die Zahlen -19 (11101100_2) und 31 (00011111_2) addieren, so überschreiten wir den „Nullpunkt" im Kreis in Abbildung 4.3 – es entsteht ein Übertrag aus dem Vorzeichenbit. Da es jedoch 2 Darstellungen für 0 gibt, müssen wir, um von -19 nach 12 zu kommen, 32 Schritte im Uhrzeigersinn machen. In 31 Schritten kommen wir nur bis zur 1er-Komplementdarstellung für 11 – und somit zu einem falschen Ergebnis. Wann immer es also zu einem Übertrag aus dem Vorzeichenbit kommt,

müssen wir in der 1er-Komplementdarstellung diesen Übertrag zu unserem
Ergebnis hinzuaddieren:

$$
\begin{array}{rr|r}
 & 00011111 & 31 \\
+ & {}_1 11101100 & -19 \\
\hline
 & 00001011 & 11 \\
+ & 00000001 & 1 \\
\hline
 & 00001100 & 12
\end{array}
$$

Wir werden uns nun ab Abschnitt 4.2 mit der Implementierung der Addition
als Schaltung beschäftigen.

4.2 Volladdierer

Um die Addition als Schaltung zu realisieren, überlegen wir uns zuerst, wie
wir zwei Binärstellen addieren können und setzen dann einen Addierer für eine beliebige Anzahl von Stellen aus mehreren dieser elementaren Schaltungen
zusammen.

Wir können hierzu die in Kapitel 1 erlernten Methoden anwenden. Wir erstellen die Funktionstabelle für die Addition zweier Bits wie folgt:

Bit a	Bit b	Übertrag c_o	Summe s
0	0	0	0
0	1	0	1
1	0	0	1
1	1	1	0

Die Boole'schen Funktionen zur Addition von zwei Bits mit Übertragsgene-
rierung (c_o) können wir direkt aus dieser Tabelle ablesen:

$$c = a \wedge b$$
$$s = (\neg a \wedge b) \vee (a \wedge \neg b)$$

Wie wir aus Kapitel 1 wissen, entspricht $(\neg a \wedge b) \vee (a \wedge \neg b)$ der Exklusiv-
Oder-Operation. Die resultierende Schaltung ist in Abbildung 4.4 dargestellt
und wird *Halbaddierer* genannt.

Wie der Name dieser Schaltung schon vermuten lässt, genügt sie noch nicht,
um eine vollständige Addition durchzuführen. Das Problem ist, dass an jeder
Stelle der Addition auch der Übertrag c_i der vorhergehenden Stelle beachtet
werden muss. Wenn wir diesen in Betracht ziehen, erhalten wir die Funktionstabelle 4.1.

Wir verwenden c_i („carry in"), um den *eingehenden* Übertrag zu bezeichnen,
und c_o („carry out"), um den Übertrag der Addition darzustellen. Abbildung 4.5 zeigt drei mögliche Implementierungen dieser Funktion. Alle diese

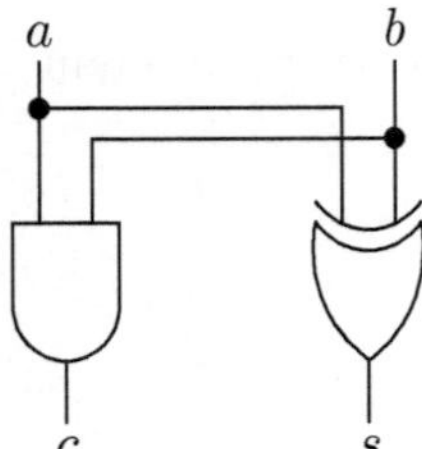

Abbildung 4.4. Halbaddierer

Tabelle 4.1. Funktionstabelle des Volladdierers

a	b	c_i	c_o	s
0	0	0	0	0
0	0	1	0	1
0	1	0	0	1
0	1	1	1	0
1	0	0	0	1
1	0	1	1	0
1	1	0	1	0
1	1	1	1	1

Schaltungen tragen den Namen „Volladdierer". Wie wir in Abbildung 4.5a sehen, kann ein Volladdierer auch aus mehreren Halbaddierern zusammengesetzt werden. Hierbei ist jedoch eines der Gatter offensichtlich überflüssig, was zu der Implementierung in Abbildung 4.5b führt. Schließlich gibt es noch die Implementierung in Abbildung 4.5c, in der c_o nicht von den Summen der Halbaddierer abhängt (angedeutet durch die gestrichelte Linie).

Der Volladdierer (englisch „Full Adder", abgekürzt FA) kann nun verwendet werden, um einen Addierer für Zahlen mit beliebig vielen Bits zu bauen.

4.3 Ripple-Carry-Addierer

Durch eine Kaskadierung von n Volladdierern erhalten wir einen n-Bit-Addierer (siehe Abbildung 4.6). Diese Schaltung wird üblicherweise *Ripple-Carry-Addierer* genannt, da der Übertrag alle Volladdierer durchlaufen muss, bis das Ergebnis am Ausgang des Ripple-Carry-Addierers einen stabilen Wert annimmt. Jeder Volladdierer müsste also theoretisch „warten", bis der vorhergehende Addierer den jeweiligen Übertrag berechnet hat. Da ein Volladdierer

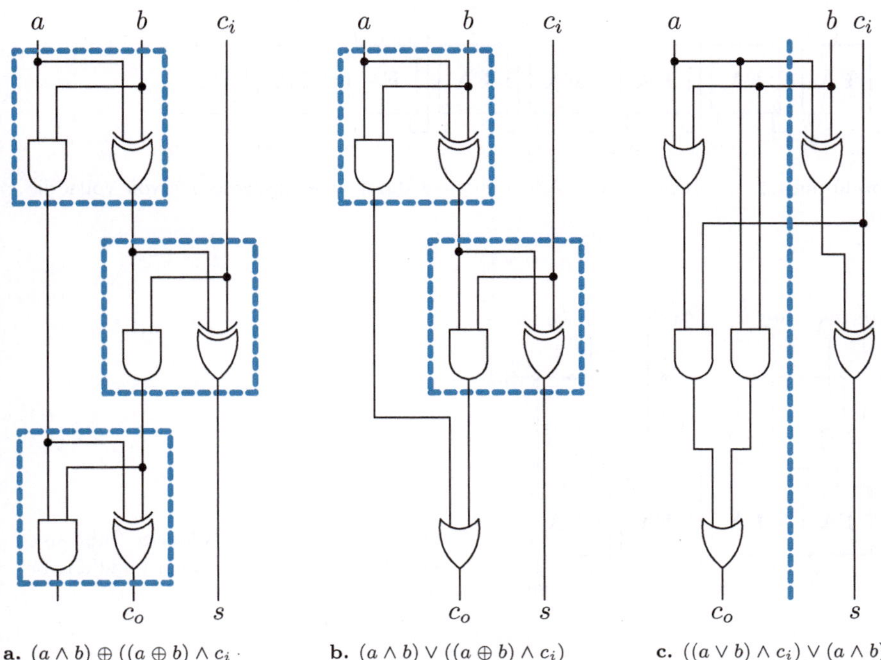

a. $(a \wedge b) \oplus ((a \oplus b) \wedge c_i)$ **b.** $(a \wedge b) \vee ((a \oplus b) \wedge c_i)$ **c.** $((a \vee b) \wedge c_i) \vee (a \wedge b)$

Abbildung 4.5. Verschiedene Implementierungen des Volladdierers. Die Formel unter dem jeweiligen Bild stellt c_o dar.

nicht wissen kann, wann das Ergebnis seines Vorgängers in der Ripple-Carry-Schaltung *gültig* ist, wird er im ersten Schritt möglicherweise ein inkorrektes Ergebnis berechnen. Dieser Fehler wird korrigiert, sobald die Daten am Eingang des Volladdierers korrekt sind – das heißt sobald alle Vorgänger des besprochenen Volladdierers ein richtiges Ergebnis liefern. Dadurch kommt es zu einem „Ripple"-Effekt, welchem die Schaltung ihren Namen zu verdanken hat.

Um Gatter zu sparen, könnte man den ersten Volladdierer (in Abbildung 4.6 der Volladdierer ganz rechts) durch einen Halbaddierer ersetzen, da für eine Addition kein Übertrag am Eingang betrachtet werden muss. Alternativ können wir den Eingang i jedoch auch verwenden, um den Ripple-Carry Addierer zu einer viel flexibleren Schaltung zu erweitern. Dazu ist folgende Beobachtung notwendig: Wird der Eingang i auf 1 gesetzt, so berechnet die Schaltung in Abbildung 4.6 den Wert $A + B + 1$. Wir erinnern uns, dass es für die Berechnung des 1er-Komplements notwendig ist, das 2er-Komplement zu inkrementieren (siehe Kapitel 4.1.4). Wenn man die 1er-Komplement-Darstellung verwendet, entspricht die Subtraktion $A - B$ der Addition $A + (\overline{B} + 1)$, wobei $\overline{B}$ das bitweise Komplement von B ist. Auf diese

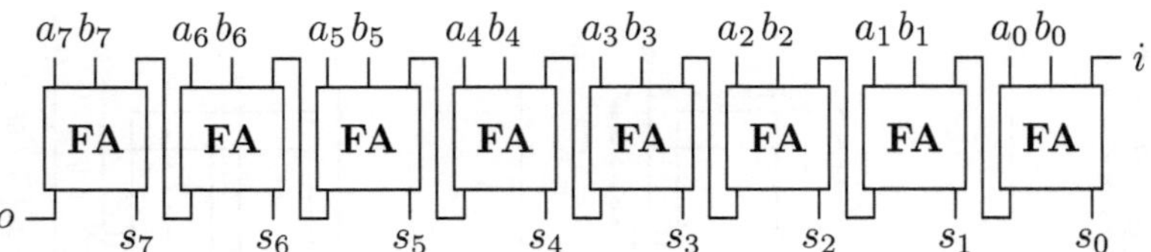

Abbildung 4.6. Der Ripple-Carry-Adder entsteht durch eine Kaskadierung von Volladdierern

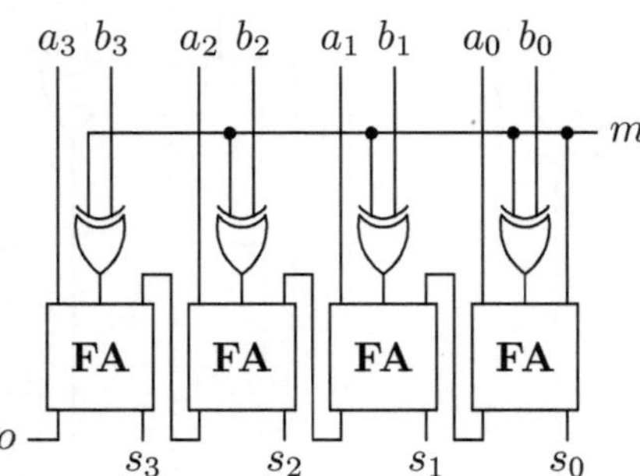

Abbildung 4.7. 4-Bit Addierer/Subtrahierer Schaltung. Bei $m = 0$ wird addiert, bei $m = 1$ subtrahiert

Weise kann der Addierer in Abbildung 4.6 sehr einfach zu einem Subtrahierer umgebaut werden: Es ist lediglich notwendig, alle Bits von B zu invertieren (hierfür benötigen wir 8 Invertergatter) und den Eingang i auf 1 zu setzen. Wenn man einen Prozessor baut, der Addition und Subtraktion beherrschen soll, ist es nicht notwendig, diese zwei Operationen mithilfe zweier verschiedener Schaltungen zu implementieren. Mit Exklusiv-Oder-Gattern ist es möglich, eine *bedingte* Invertierung von B zu erwirken. Der Exklusiv-Oder-Operator hat die Eigenschaft, dass $b_i \oplus 0 = b_i$ und $b_i \oplus 1 = \neg b_i$. In der Schaltung in Abbildung 4.7 legt der Eingang m fest, ob B bitweise invertiert werden soll oder nicht. Des Weiteren dient m als *Carry in* für den Ripple-Carry-Addierer, das heißt, immer wenn B invertiert wird, wird das Endergebnis um 1 inkrementiert.

Somit erhalten wir eine Schaltung, die A und das 2er-Komplement von B addiert, wenn $m = 1$. Für vorzeichenlose Binärzahlen entspricht das Ergebnis $A - B$, wenn $A \geq B$, oder dem 2er-Komplement von $(B - A)$, wenn $A < B$. Für Zahlen in 2er-Komplement-Darstellung berechnet die Schaltung $A - B$ (unter der Voraussetzung, dass kein Overflow auftritt).

In einem Prozessor würde man nun das Bit m verwenden, um die Schaltung entsprechend anzusteuern: Im Fall $m = 0$ wird eine Addition durchgeführt, andernfalls eine Subtraktion. Der Wert von m legt also fest, welche Operation auf den Daten A und B ausgeführt wird. Wir bezeichnen m daher als *Opcode*.

4.4 Carry-Look-Ahead Addierer

4.4.1 Aufbau

Falls Sie sich bereits mit Aufgabe 4.4 beschäftigt haben, so haben Sie festgestellt, dass es sich beim Ripple-Carry-Addierer um keine besonders effiziente Schaltung handelt. Um die Laufzeit des Addierers zu verbessern, kann man stattdessen einen *Carry-Look-Ahead-Addierer* (CLA-Addierer) verwenden. Wie der Name schon sagt, ist es das Prinzip dieser Schaltung, die Überträge *vorausschauend* zu berechnen. Dazu ist es notwendig, die Übertrage *schneller* zu berechnen als die Schaltung in Abbildung 4.6. Das funktioniert nur mit zusätzlichem Hardwareaufwand (sprich, mehr Gattern). Die Produktion der Schaltung wird somit teurer. Außerdem benötigt man mehr Platz, und im Betrieb konsumiert die Schaltung auch Energie. Man spricht hier von einem *Trade-off:* Je nach Einsatzzweck muss man sich entscheiden, ob man Performanz, geringe Kosten oder einen geringen Energieverbrauch bevorzugt.

Die Carry-Look-Ahead-Schaltung basiert auf folgender Beobachtung: Ein Volladdierer *generiert* einen Übertrag, wenn die beiden Bits der Summanden an der entsprechenden Stelle 1 sind. Ein Übertrag wird *propagiert,* wenn zumindest ein Bit der Summanden gesetzt ist. Wenn in beiden Summanden an der entsprechenden Stelle 0 steht, wird weder ein Übertrag propagiert noch generiert (das heißt ein bestehender Übertrag wird ge*killt*).

Für jeden der Volladdierer in Abbildung 4.6 können wir die Werte g_i und p_i wie folgt berechnen:

$$g_i = a_i \land b_i$$
$$p_i = a_i \lor b_i$$

Hierbei steht g_i für die Aussage „Der i-te Volladdierer generiert einen Übertrag" und p_i für „Der i-te Volladdierer propagiert einen Übertrag". Bei näherer Betrachtung von Abbildung 4.5c werden Sie feststellen, dass diese Signale intern im Volladdierer abgegriffen werden können.

Der Übertrag vom ersten Volladdierer (in Abbildung 4.6 ganz rechts) ergibt sich somit wie folgt (mit $c_0 = i$):

$$c_1 = g_0 \lor (p_0 \land c_0) \tag{1}$$

Dieser Volladdierer liefert genau dann einen Übertrag, wenn ein am Eingang anliegender Übertrag propagiert wird *oder* der Volladdierer selbst einen Übertrag generiert.[2]

---

[2]Bei genauerer Betrachtung erkennen wir, dass p_i eigentlich $a_i \oplus b_i$ sein sollte, da im Falle $a_i = b_i = 1$ genau genommen kein Übertrag propagiert wird. In Gleichung 1 macht das allerdings keinen Unterschied, da $g_0 = 1$, wenn $a_0 = b_0 = 1$.

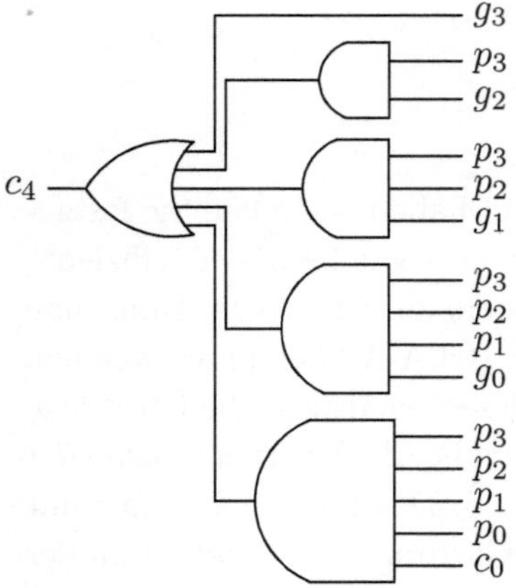

Abbildung 4.8. Eine Carry-Look-Ahead-Einheit für 4 Bits

Die Überträge an den Eingängen der anderen Volladdierer können äquivalent zu Gleichung 1 berechnet werden:

$$c_2 = g_1 \vee (p_1 \wedge c_1)$$
$$c_3 = g_2 \vee (p_2 \wedge c_2)$$
$$c_4 = g_3 \vee (p_3 \wedge c_3)$$
$$\vdots$$

Wir erhalten $c_{i+1} = g_k \vee (p_k \wedge c_k)$ als allgemeine Regel. Bis jetzt haben wir noch nichts gewonnen, da wir für die Berechnung von c_i noch immer den Übertrag des vorgeschalteten Volladdierers benötigen. Allerdings können wir nun die Werte c_1, c_2 und c_3 substituieren und erhalten

$$c_1 = g_0 \vee (p_0 \wedge c_0)$$
$$c_2 = g_1 \vee (g_0 \wedge p_1) \vee (c_0 \wedge p_0 \wedge p_1)$$
$$c_3 = g_2 \vee (g_1 \wedge p_2) \vee (g_0 \wedge p_1 \wedge p_2) \vee (c_0 \wedge p_0 \wedge p_1 \wedge p_2)$$
$$c_4 = g_3 \vee (g_2 \wedge p_3) \vee (g_1 \wedge p_2 \wedge p_3) \vee (g_0 \wedge p_1 \wedge p_2 \wedge p_3)$$
$$\vee (c_0 \wedge p_0 \wedge p_1 \wedge p_2 \wedge p_3)$$
$$\vdots$$

In Abbildung 4.8 sehen Sie eine Schaltung, die c_4 berechnet. Wie Sie entsprechende Schaltungen für c_1, c_2 und c_3 konstruieren können, wissen Sie bereits aus Kapitel 1.

Fügt man diese Schaltungen zusammen, so erhält man eine Carry-Look-Ahead-Einheit. In Abbildung 4.9 sehen Sie, wie diese verwendet werden kann, um einen 4-Bit-CLA-Addierer zu konstruieren. Die Signale p_i und g_i der

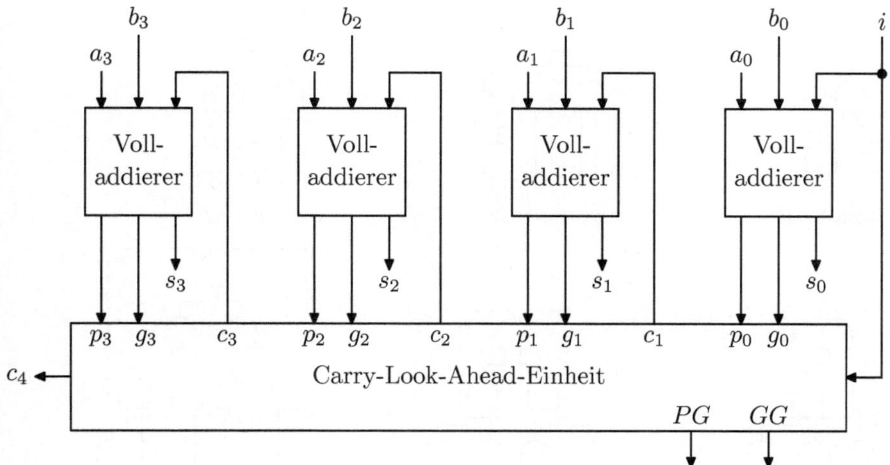

Abbildung 4.9. Ein 4-Bit-Addierer mit Carry-Look-Ahead-Einheit

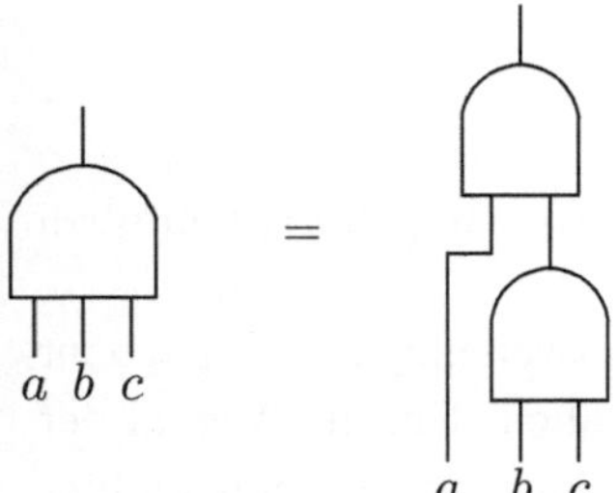

Abbildung 4.10. Ein Und-Gatter mit 3 Eingängen kann aus zwei Und-Gattern mit jeweils zwei Eingängen konstruiert werden

Volladdierer können, wie bereits erwähnt, einfach aus dem Volladdierer in Abbildung 4.5c nach außen geführt werden.

Ist diese Schaltung jedoch tatsächlich schneller als der ursprüngliche Ripple-Carry-Addierer aus Abbildung 4.6? Die Schaltung in Abbildung 4.8 sieht zwar auf den ersten Blick wie eine zweistufige Schaltung aus, wie wir sie aus Abschnitt 1.2.2 kennen. Allerdings benötigen wir zur Konstruktion der Schaltung, wie Sie in Abbildung 4.8 erkennen können, ein Und-Gatter mit vier Eingängen. Ein solches Gatter steht uns zurzeit noch nicht zur Verfügung, wir haben in Kapitel 1 nur ein Und-Gatter mit zwei Eingängen kennengelernt. Wir können jedoch mithilfe dieses Gatters sehr einfach ein Und-Gatter mit beliebig vielen Eingängen konstruieren. Abbildung 4.10 zeigt, wie ein Und-Gatter mit drei Eingängen gebaut werden kann.

Nach dem gleichen Schema können wir verfahren, um Und-Gatter mit beliebig vielen Eingängen zu konstruieren (siehe Abbildung 4.11). In dieser Abbildung sehen Sie den Aufbau eines Und-Gatters mit 4 bis 9 Eingängen. Wie schon in Abbildung 1.1 in Kapitel 1 erhalten wir Schaltungen, die *Bäumen*

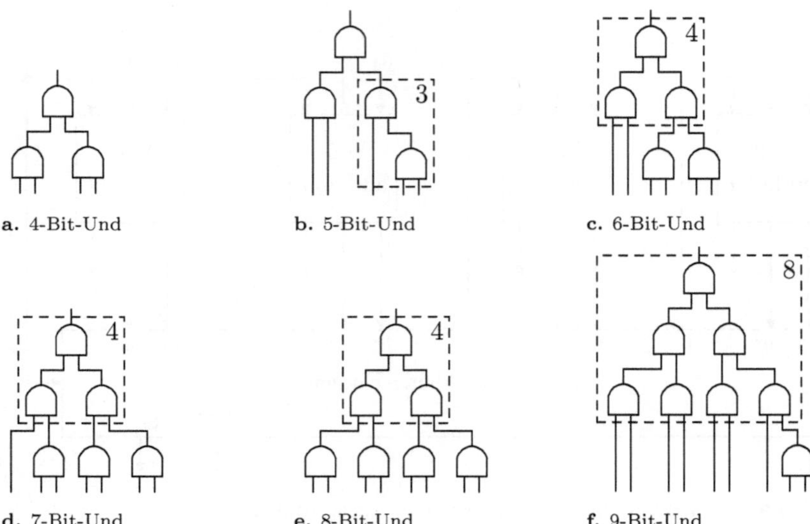

a. 4-Bit-Und   **b.** 5-Bit-Und   **c.** 6-Bit-Und

d. 7-Bit-Und   **e.** 8-Bit-Und   **f.** 9-Bit-Und

Abbildung 4.11. Konstruktion von Und-Gattern mit beliebig vielen Eingängen als Baum von elementaren Und-Gattern

gleichen (welche, wie es sich für Bäume in der Informatik gehört, von oben nach unten wachsen).

Jede Verzweigung des Baumes (wir nennen diese Verzweigungen *Knoten,* oder im Englischen auch *nodes*) kann zwei Nachfolger haben. Um die Anzahl der Eingänge zu erhöhen, fügen wir weitere Und-Gatter mit zwei Eingängen hinzu. Dabei füllen wir immer erst bereits begonnene „Reihen" auf, bevor wir eine neue Reihe beginnen. Damit erreichen wir, dass der Baum nur so hoch wie absolut notwendig wird – solche Bäume bezeichnet man als *balanciert.* Die *Höhe* eines Baumes entspricht dem längsten *Pfad* von einem Eingang der Schaltung zum Ausgang. Die Höhe des Baumes für das Und-Gatter mit drei Eingängen in Abbildung 4.10 ist zum Beispiel 2, da der Pfad vom Eingang b (oder c) zum Ausgang zwei Und-Gatter (bzw. Knoten) besucht. Die Höhe des Baumes für das Und-Gatter mit vier Eingängen ist ebenso zwei, die Höhe der Bäume für die Schaltungen mit 5 bis 8 Eingängen ist drei. Wir sehen schon, dass die Höhe des Baumes immer dann wächst, wenn eine neue „Reihe" begonnen werden muss. In der i-ten Reihe (im Englischen spricht man hier vom i-ten *Level*) können wir 2^i Und-Gatter mit zwei Eingängen unterbringen (wobei wir oben und mit $i = 0$ zu zählen beginnen). Im Und-Gatter mit 8 Eingängen ist die zweite Reihe voll und enthält $2^2 = 4$ Gatter. Für das Und-Gatter mit 9 Eingängen muss eine neue Reihe begonnen werden. Die Höhe des Baumes ist offensichtlich proportional zur Laufzeit der Schaltung, da das Eingangssignal, das den längsten Pfad durch die Schaltung durchlaufen muss, für diese ausschlaggebend ist. Da die Anzahl der elementa-

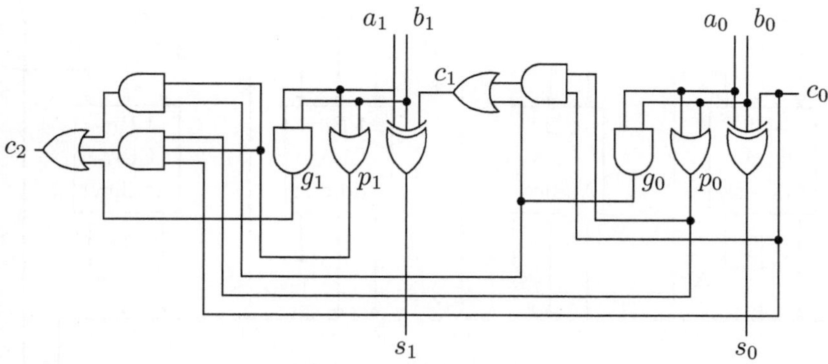

Abbildung 4.12. Ein 2-Bit-Carry-Look-Ahead-Addierer

ren Bauteile, die im i-ten Level untergebracht werden kann, exponentiell mit i wächst, muss die Höhe logarithmisch in der Gesamtanzahl dieser Bauteile sein. Beginnend mit einem Und-Gatter mit zwei Eingängen, erhalten wir in jedem Schritt durch Hinzufügen eines zusätzlichen solchen Gatters einen weiteren Eingang. Für ein Und-Gatter mit n Eingängen benötigen wir $n-1$ elementare Bauteile. Die Höhe des Baumes der Schaltung mit n Eingängen entspricht der kleinsten Ganzzahl, die größer ist als $\log_2(n)$ (die Laufzeit der Und-Schaltung mit 9 Eingängen entspricht der Laufzeit von $\lceil \log_2(9) \rceil = 4$ hintereinander geschalteten Und-Gattern mit zwei Eingängen).

Diese logarithmische Laufzeit der CLA-Einheit ist ausschlaggebend für die Gesamtlaufzeit des CLA-Addierers. Im Gegensatz zur *linearen* Laufzeit des Ripple-Carry-Addierers (siehe Aufgabe 4.4) hat der CLA-Addierer also eine logarithmische Laufzeit ($\mathcal{O}(\log n)$) und ist somit *schneller*.

Bei näherem Hinsehen stellen wir fest, dass es verschwenderisch ist, für jeden Übertrag c_i eine eigene Schaltung zu konstruieren, da die Schaltung, die den Übertrag c_i berechnet, die Schaltungen zur Berechnung aller vorhergehenden Überträge beinhaltet (siehe Abbildung 4.8). Man kann also Gatter sparen, indem man intern in der Schaltung, die den letzten Übertrag berechnet, die entsprechenden Signale abgreift. Eine Schaltung, die diesem Prinzip folgt, ist der *Manchester-Carry-Chain*-Addierer (eine solche Schaltung für zwei Bits sehen Sie in Abbildung 4.12). Allerdings bieten nicht alle Logikfamilien die Möglichkeit, auf diese Signale zuzugreifen (so ist das z. B. bei CMOS nicht möglich). Aus technischen Gründen (die hohe kapazitive Last, die das Abgreifen der internen Signale nach sich zieht, führt zu einer Verlangsamung der Schaltung) werden Manchester-Carry-Chain-Einheiten in der Praxis nur bis zu 4 Bit eingesetzt.

Der in Abbildung 4.9 dargestellte 4-Bit-CLA-Addierer kann nun eingesetzt werden, um Addierer für größere Bitbreiten zu konstruieren. Bei den in Abbil-

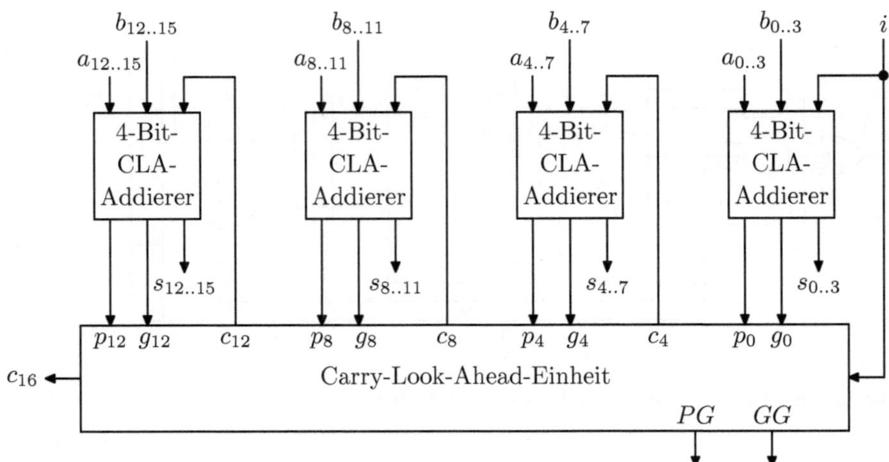

Abbildung 4.13. Ein 16-Bit-CLA-Addierer aufgebaut aus vier 4-Bit-CLA-Addierern

dung 4.9 bereits eingezeichneten Ausgängen PG und GG handelt es sich um das *Group-Propagate*- bzw. *Group-Generate*-Signal des 4-Bit-CLA-Addierers:

$$PG = p_0 \land p_1 \land p_2 \land p_3$$

$$GG = g_3 \lor (g_2 \land p_3) \lor (g_1 \land p_3 \land p_2) \lor (g_0 \land p_3 \land p_2 \land p_1)$$

Diese Ausgänge erlauben uns, aus vier 4-Bit-CLA-Addierern einen 16-Bit CLA Addierer zu bauen, und zwar nach dem selben Prinzip das wir bereits zur Konstruktion des 4-Bit-CLA-Addierers aus Volladdierern angewandt haben. Bevor wir jedoch näher darauf eingehen, denken wir nochmals über die Konstruktion von Und-Gattern mit mehreren Eingängen nach: Um einen Addierer für 16-Bit-Zahlen zu konstruieren, ist es nicht notwendig, von Grund auf eine neue Carry-Look-Ahead-Einheit für 16 Bits zu konstruieren. Wir können auf die Einheit aus Abbildung 4.9 zurückgreifen und müssen lediglich die dort verwendeten Volladdierer durch 4-Bit-Addierer ersetzen (siehe Abbildung 4.13). Der Aufbau der 16-Bit-Carry-Look-Ahead Einheit entspricht hierbei exakt der 4-Bit-Carry-Look-Ahead Einheit.

Wenn man dieses Prinzip entsprechend weiterverfolgt, erhält man im nächsten Schritt einen 64-Bit-Addierer (Überlegen Sie, wie man einen 32-Bit-Addierer konstruieren könnte!). Das entsprechende Blockschaltbild für den 64-Bit-CLA-Addierer finden Sie in Abbildung 4.14.

Anstatt also jedes Mal eine neue CLA-Einheit zu entwerfen, greifen wir auf Vorhandenes zurück und erhalten durch diese Vorgehensweise (wie schon im Fall der Und-Gatter, siehe Abbildung 4.11) einen baumähnlichen Aufbau. Daraus können wir schließen, dass die Laufzeit der CLA Einheit logarithmisch mit der Anzahl der zu verarbeitenden Bits wächst.

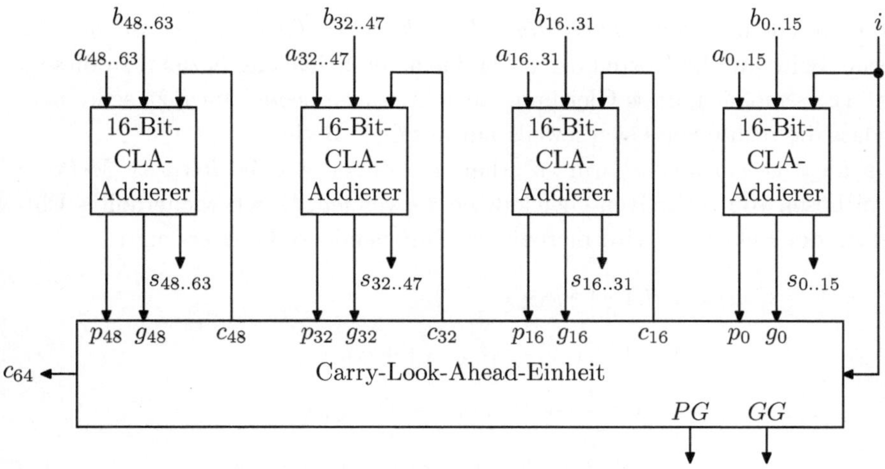

Abbildung 4.14. Ein 64-Bit-CLA-Addierer aufgebaut aus vier 16-Bit-CLA-Addierern

❯ 4.4.2 Kosten des Carry-Look-Ahead-Addierers

Wie können wir nun feststellen, wie viele elementare Bauteile für diese Schaltung benötigt werden? Im Falle des 4-Bit-CLA-Addierers war das noch relativ einfach: Ein Volladdierer enthält zumindest fünf diskrete Bauteile (siehe Abbildung 4.5). Die „Kosten" für den 1-Bit Addierer sind also $C(1) = 5$. Die Anzahl der Bauteile in der CLA-Einheit in Abbildung 4.9 kann je nach Bauweise variieren, lässt sich aber, wenn diese bekannt ist, relativ einfach (durch Abzählen) eruieren. Wir nehmen hier der Einfachheit halber an, dass diese CLA-Einheit c_{CLA} Bauteile verwendet. Das bedeutet, dass die Schaltung in Abbildung 4.9 aus insgesamt $4 \cdot 5 + c_{\mathrm{CLA}}$ Gattern aufgebaut ist. Die Kosten $C(4)$ sind also $C(4) = 4 \cdot C(1) + c_{\mathrm{CLA}}$.

Wenn wir die Schaltung nun weiter rekursiv aufbauen, so erhalten wir im nächsten Schritt einen $4 \cdot 4 = 16$-Bit-Addierer und darauf folgend einen $4 \cdot 16 = 64$-Bit-Addierer. Die Kosten für diese einzelnen Addierer können wir wie folgt berechnen:

$$C(1) = C(4^0) = 5$$
$$C(4) = C(4^1) = 4 \cdot C(1) + c_{\mathrm{CLA}}$$
$$C(16) = C(4^2) = 4 \cdot C(4) + c_{\mathrm{CLA}}$$
$$C(64) = C(4^3) = 4 \cdot C(16) + c_{\mathrm{CLA}}$$

$$\vdots$$

$$C(n) = 4 \cdot C\left(\frac{n}{4}\right) + c_{\mathrm{CLA}}$$

wobei n nur eine Potenz von 4 sein darf (das heißt $n = 4^m$, $m \geq 0$).

Man spricht hier von *rekurrenten* oder *rekursiven* Gleichungen, da sich die rechte Seite auf die Kosten der nächstkleineren Schaltung bezieht. In diesem Fall ist es möglich, diese Gleichung auch in *geschlossener* Form zu schreiben, sodass die rechte Seite sich jeweils nur auf $C(1)$ bezieht.

Um diese geschlossene Form zu erhalten, können wir die *iterative Methode* zum Lösen von rekursiven Gleichungen verwenden. Durch wiederholtes Einsetzen der Rekursion wird hierbei eine Summendarstellung erzeugt:

$$\begin{aligned}
C(n) &= 4 \cdot C(\frac{n}{4}) + c_{\text{CLA}} \\
&= 4 \cdot \left(4 \cdot C(\frac{n}{4 \cdot 4}) + c_{\text{CLA}} \right) + c_{\text{CLA}} \\
&= 4^2 \cdot C(\frac{n}{4^2}) + 4^1 \cdot c_{\text{CLA}} + 4^0 \cdot c_{\text{CLA}} \\
&= 4 \cdot \left(4^2 \cdot C(\frac{n}{4^2}) + 4^1 \cdot c_{\text{CLA}} + 4^0 \cdot c_{\text{CLA}} \right) + c_{\text{CLA}} \\
&= 4^3 \cdot C(\frac{n}{4^3}) + 4^2 \cdot c_{\text{CLA}} + 4^1 \cdot c_{\text{CLA}} + 4^0 \cdot c_{\text{CLA}} \\
&= \ldots
\end{aligned}$$

Die Schwierigkeit bei der iterativen Methode liegt darin, das Schema zu erraten, welches sich durch wiederholtes Einsetzen ergibt. In unserem Fall ist dies noch relativ einfach. Nach $k - 1$-maligem Einsetzen der Rekursion erhalten wir

$$C(n) = 4^k \cdot C(\frac{n}{4^k}) + \sum_{i=0}^{k-1} 4^i \cdot c_{\text{CLA}} \ .$$

Wie oft müssen wir die Rekursion einsetzen, sprich: wie groß soll unser k sein? Da sich die geschlossene Form auf $C(1)$ beziehen soll, setzen wir $\frac{n}{4^k} = 1$. Somit erhalten wir $k = \log_4(n)$, wobei $\log_4(n) = \frac{\log_2(n)}{\log_2(4)} = \frac{1}{2} \cdot \mathrm{ld}(n)$. Eingesetzt ergibt das die Kosten eines n-Bit-CLA-Addierers in geschlossener Form:

$$\begin{aligned}
C(n) &= 4^{\log_4(n)} \cdot 5 + \sum_{i=0}^{\frac{1}{2} \cdot \mathrm{ld}(n) - 1} 4^i \cdot c_{\text{CLA}} \\
&= n \cdot 5 + c_{\text{CLA}} \cdot \sum_{i=0}^{\frac{1}{2} \cdot \mathrm{ld}(n) - 1} 4^i \\
&= n \cdot 5 + c_{\text{CLA}} \cdot \sum_{i=1}^{\frac{1}{2} \cdot \mathrm{ld}(n)} 4^{i-1}
\end{aligned}$$

Beim zweiten Term der Summe handelt es sich offensichtlich um die Summe einer geometrischen Folge $(a_k) = (a_1 \cdot q^{k-1})$ mit $q \neq 1$. Von dieser wissen wir (oder können zumindest aus einer Formelsammlung entnehmen), dass

$$s_n = \sum_{k=1}^{n} a_1 \cdot q^{k-1} = \frac{a_1 - a_n \cdot q}{1 - q} \; .$$

In unserem Fall entspricht diesem letzten Element a_n der Term $4^{(\log_4 n)-1}$, welcher von der Ordnung $\mathcal{O}(n)$ ist. Somit ist auch insgesamt die Anzahl der Bauteile in einem n-Bit-CLA-Addierer der Ordnung $\mathcal{O}(n)$.

Wenn Sie überprüfen wollen, ob das oben berechnete Ergebnis

$$C(n) = n \cdot 5 + c_{\text{CLA}} \cdot \sum_{i=0}^{\frac{1}{2} \cdot \text{ld}(n)-1} 4^i \tag{2}$$

tatsächlich die geschlossene Form von $C(n) = 4 \cdot C(\frac{n}{4}) + c_{\text{CLA}}$ ist, können Sie dies mithilfe des Induktionsverfahrens tun.

Der erste Schritt eines Induktionsbeweises ist es, zu beweisen, dass der Basisfall korrekt ist. In unserem Fall ist dies $C(1) = 5$. Wir setzen also $n = 1$ und erhalten

$$C(1) = 1 \cdot 5 + c_{\text{CLA}} \cdot \sum_{i=0}^{\frac{1}{2} \cdot \text{ld}(1)-1} 4^i = 5 + c_{\text{CLA}} \cdot 0 = 5 \; \checkmark$$

(da die Summe $\sum_{i=0}^{-1}(\dots)$ immer 0 ergibt). Dieser Schritt wird als *Verankerung* bezeichnet.

Im Induktionsschritt nehmen wir nun an, dass unsere Induktionsannahme (2) für n bereits gilt und beweisen, dass daraus folgt, dass sie auch für $4 \cdot n$ gilt (Erinnern Sie sich daran, dass wir angenommen haben, dass n nur eine Potenz von 4 sein darf). Wir gehen von unserer rekursiven Gleichung aus und setzen die Induktionsannahme ein:

$$C(4 \cdot n) = 4 \cdot C(n) + c_{\text{CLA}}$$
$$\overset{(2)}{=} 4 \cdot \left(n \cdot 5 + c_{\text{CLA}} \cdot \sum_{i=0}^{\log_4(n)-1} 4^i \right) + c_{\text{CLA}}$$

Mithilfe der nächsten Umformungsschritte werden wir zeigen, dass daraus folgt, dass unsere Induktionsannahme auch für $4 \cdot n$ gilt:

$$C(4 \cdot n) = (4 \cdot n) \cdot 5 + c_{\text{CLA}} \cdot \sum_{i=0}^{\log_4(n)-1} 4 \cdot 4^i + c_{\text{CLA}}$$
$$= (4 \cdot n) \cdot 5 + c_{\text{CLA}} \cdot \sum_{i=0}^{\log_4(n)-1} 4^{i+1} + c_{\text{CLA}}$$

▶ Beweis mittels vollständiger Induktion

Im Zusammenhang mit rekursiv aufgebauten Schaltungen stehen wir oft vor dem Problem, beweisen zu müssen, dass eine bestimmte Aussage für beliebig große Schaltungen gilt. Die Größe der Schaltung ist in diesem Kontext üblicherweise über die Anzahl der Ein- oder Ausgänge definiert. Für eine konkrete Instanz einer Schaltung mit n Eingängen ist die Gültigkeit einer Aussage wie „die Anzahl der Bauteile beträgt $5 \cdot n$" einfach zu verifizieren. Um die Aussage für eine beliebige natürliche Zahl n zu verallgemeinern, bedient man sich der *vollständigen Induktion*.

Jeder Beweis durch vollständige Induktion besteht aus drei Schritten:

1. *Induktionsanfang (Verankerung).* In diesem Schritt beweist man die Aussage für einen konkreten *Basisfall* (z. B. $n = 0$ oder $n = 1$).
2. Nun nimmt man an, dass die Aussage für eine beliebige natürliche Zahl n gilt. Dies bezeichnet man als die *Induktionsannahme*.
3. *Induktionsschluss.* Unter Zuhilfenahme der Induktionsannahme beweist man, dass die Aussage auch für $n + 1$ gilt. Daraus lässt sich folgern, dass die Behauptung für *alle* natürlichen Zahlen gilt, die größer bzw. gleich der Zahl im Basisfall sind.

Welche Zahl man als Basisfall wählt, hängt üblicherweise von der Aufgabenstellung ab. Der Basisfall ist jedoch keinesfalls beliebig oder immer eins; wählt man als Basisfall eins, so folgt daraus nicht, dass die mittels vollständiger Induktion bewiesene Aussage auch für null gilt. Des weiteren kann dieses Beweisverfahren auch für beliebige, zu den natürlichen Zahlen isomorphe Zahlenmengen angewandt werden. Tatsächlich genügt es, wenn auf der Menge eine partielle Ordnung definiert ist und es keine unendlich lange absteigende Kette von Elementen dieser Menge gibt – eine derartige Menge bezeichnet man als *fundierte Menge*. Im Carry-Look-Ahead-Addierer Beispiel betrachten wir die Menge der Zahlen, die eine Potenz der Zahl Vier sind ($\{1, 4, 16, \dots\}$). Aus diesem Beweis darf man aber keine Schlüsse über die Gültigkeit der Aussage für die nicht in dieser Menge enthaltenen Zahlen ziehen.

$$= (4 \cdot n) \cdot 5 + c_{\text{CLA}} \cdot \sum_{i=1}^{\log_4(n)} 4^i + c_{\text{CLA}}$$

Im der letzten Zeile haben wir in der Summe eine *Indexverschiebung* vorgenommen: Man darf $i+1$ im Summenterm durch i ersetzen, wenn man dafür anstatt von 0 bis $\log_4(n) - 1$ von 1 bis $\log_4(n)$ summiert. Wir fahren wie folgt fort:

$$(4 \cdot n) \cdot 5 + c_{\text{CLA}} \cdot \sum_{i=1}^{\log_4(n)} 4^i + 4^0 \cdot c_{\text{CLA}}$$

$$= (4 \cdot n) \cdot 5 + c_{\text{CLA}} \cdot \sum_{i=0}^{\log_4(n)} 4^i$$

Der Term $4^0 \cdot c_{\text{CLA}}$ darf in die Summe gezogen werden, wenn man diese so erweitert, dass wieder von 0 bis $\log_4(n)$ summiert wird. Schlussendlich müssen wir noch einmal unser Wissen über Logarithmen strapazieren: $\log_4(n)$ ist äquivalent zu $\log_4(4 \cdot n) - 1$, da $\log_4(4 \cdot n) = \log_4(n) + 1$. Diese Erkenntnis wenden wir nun an:

$$C(4 \cdot n) = (4 \cdot n) \cdot 5 + c_{\text{CLA}} \cdot \sum_{i=0}^{\log_4(4 \cdot n) - 1} 4^i \tag{3}$$

Die Gleichung (3) entspricht nun genau der Gleichung (2), nur dass n durch $4 \cdot n$ ersetzt wurde. Somit haben wir bewiesen, dass unsere Induktionsannahme für alle n (mit $n = 4^m$, $m \geq 0$) gilt.

4.5 Carry-Save-Addierer

Wir haben festgestellt, dass eine n-Bit-Addition mit einem Ripple-Carry-Addierer die Zeit der Ordnung $\mathcal{O}(n)$, und mit einem Carry-Look-Ahead-Addierer die Zeit $\mathcal{O}(\log n)$ benötigt. Mit Hilfe des Carry-Select-Addierers kann die Addition in der Zeit $\mathcal{O}(\sqrt{n})$ Zeit durchgeführt werden.

Der Carry-Save-Addierer kann im Prinzip eine n-Bit-Addition in der Zeit $\mathcal{O}(n)$ durchführen, allerdings verwendet er eine andere Binärdarstellung als die uns bis jetzt bekannten Addierer. Bei der Carry-Save-Addition werden *drei* (oder mehr) Summanden zu *zwei* Ergebnissen zusammengezählt, wobei ein Ergebnis den Summenbits entspricht und als *partial sum (ps)* bezeichnet wird und das zweite den während der Addition gebildeten Übertragsbits (*shift carry, sc*). Betrachten wir folgendes Beispiel:

Beispiel 39

	1				1	0	1
	1				0	1	1
	1				1	0	1
ps	1			ps		0	1	1
sc	1			sc		1	0	1

Auf der linken Seite in Beispiel 39 sehen wir, wie drei Bits zu einem Summenbit und einem Übertragsbit addiert werden; rechts eine Addition dreier 3-Bit Zahlen. Der n-Bit-Carry-Save-Addierer besteht aus n Volladdierern, welche jeweils eine einzelne Summe und einen Übertrag aus den Bits *einer* Stelle der drei Zahlen berechnet. Sind drei n-Bit-Zahlen a, b und c gegeben, generiert der Carry-Save-Addierer die einzelnen Bits der Ergebnisse wie folgt:

$$ps_i = a_i \oplus b_i \oplus c_i$$
$$sc_i = (a_i \wedge b_i) \vee (a_i \wedge c_i) \vee (b_i \wedge c_i)$$

Der Carry-Save-Addierer berechnet also die einzelnen Bits der Summe *parallel*, ohne auf die Berechnung von Übertragen warten zu müssen. Allerdings benötigen wir einen weiteren Addierer (z. B. einen Ripple-Carry-Addierer oder einen CLA-Addierer), um das Ergebnis des Carry-Save-Addierers wieder in eine einfache Binärzahl umzuwandeln. Hierzu gehen wir wie folgt vor:

1. Wir *schieben* die Übertragsbits um eins nach links (wie im oben angeführten Beispiel schon angedeutet).
2. Die dadurch entstehende Lücke ganz rechts wird mit einer 0 aufgefüllt (sprich: der Übertrag ganz rechts ist immer 0).
3. Wir verwenden einen „normalen" Addierer, um aus der partiellen Summe und den Übertragsbits eine Zahl mit $n + 1$ Bits zu berechnen.

Verwendet man einen Ripple-Carry-Adder, so ist dies in der Zeit $\mathcal{O}(n)$ möglich. Der Vorteil der Carry-Save-Addition kommt erst dann zum Tragen, wenn mehrere Zahlen summiert werden sollen. Dies ist zum Beispiel bei einer Multiplikation der Fall, wie wir im nächsten Kapitel feststellen werden.

4.6 Multiplizierer

Die Multiplikation kann, wie wir aus der Schule wissen, mithilfe mehrerer Additionen durchgeführt werden. Im Dezimalsystem kann beispielsweise das Produkt der Zahlen 18 und 25 wie folgt berechnet werden:

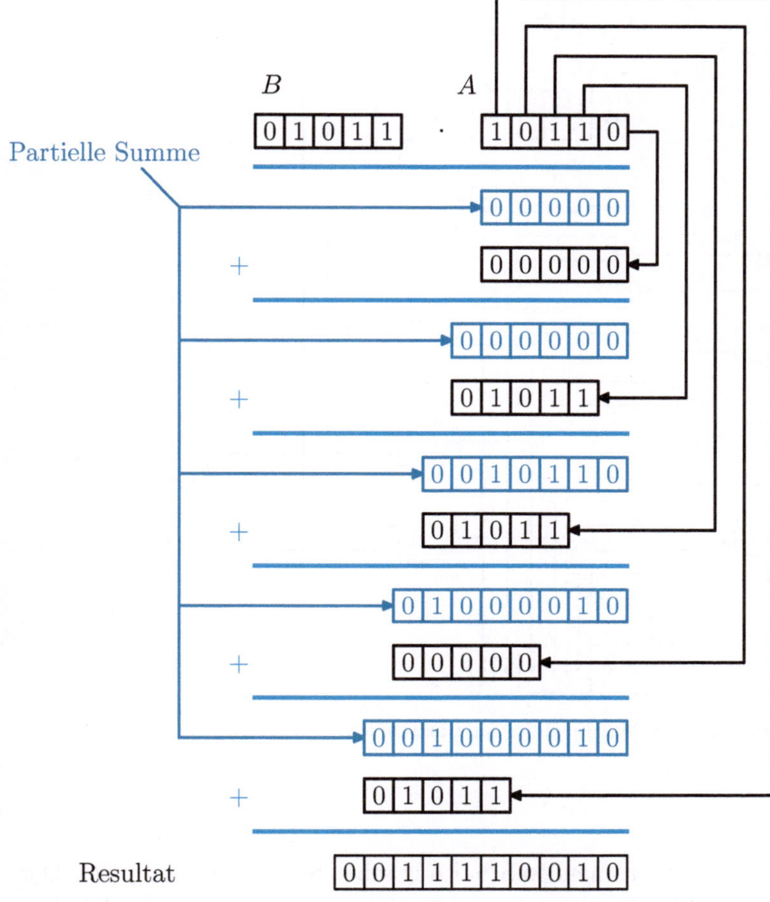

Abbildung 4.15. Multiplikation von Binärzahlen nach der Schulmethode

$$
\begin{array}{r}
1 \quad 8 \;\cdot\; 2 \quad 5 \\
\hline
3 \quad 6 \qquad\qquad \\
9 \quad 0 \\
\hline
0 \quad 4 \quad 5 \quad 0
\end{array}
$$

Hierbei wird erst 18 mit 2 multipliziert, das Ergebnis (36) mit 10 multipliziert
(das heißt nach links „verschoben") und zu $18 \cdot 5$ addiert. Analog dazu kann
man auch bei der Multiplikation von Binärzahlen verfahren. Ein Beispiel
dafür sehen Sie in Abbildung 4.15.

Die einzelnen Schritte sind relativ einfach: Die Multiplikation mit einer Stelle
(entweder 0 oder 1) kann mit Und-Gattern realisiert werden. Das Schieben
nach links kann durch entsprechende Verdrahtung erreicht werden. Die ab-
schließende Addition führt man idealerweise mit einem Carry-Save-Addierer
durch, da dieser sehr gut geeignet ist, um mehrere Binärzahlen zu addieren.

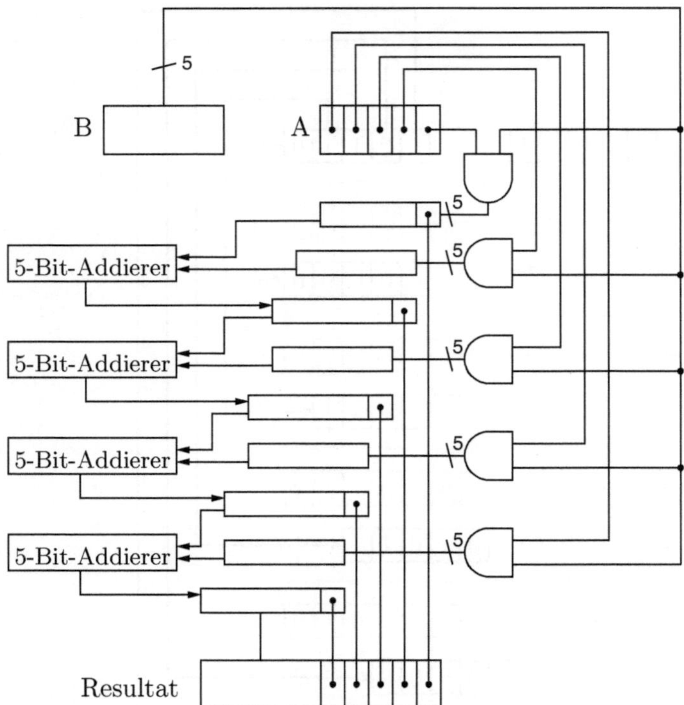

Abbildung 4.16. Trivialer Multiplizierer für Binärzahlen

Das Prinzip einer entsprechenden Schaltung sehen Sie in Abbildung 4.16. Der Hardwareaufwand für diese Schaltung ist allerdings relativ hoch: n Additionen mit jeweils n Bits resultieren in quadratischem Aufwand ($\mathcal{O}(n^2)$).

Alternativ kann man einen Multiplizierer auch *sequenziell* aufbauen (siehe auch Kaptitel 3). Für zwei n-Bit-Zahlen A und B benötigen wir n Schritte: In jedem Schritt addieren wir abhängig von der jeweiligen Stelle von A den Wert B (entsprechend verschoben bzw. *geshiftet*) zum Zwischenergebnis, welches mit 0 initialisiert wurde.

Betrachten Sie das Schema in Abbildung 4.17. Die Werte von C, P und A werden in einem Schieberegister gespeichert, wobei C und P anfänglich mit 0 besetzt sind. B wird in einem eigenen Register gespeichert. Nun werden folgende Schritte n-mal iteriert:

1. Ist das niederwertigste (äußerst rechte) Bit von A gleich 1, so wird B zu P addiert. Der Übertrag der Addition wird in C gespeichert.

2. Der Inhalt (C, P, A) des Schieberegisters wird um eine Stelle nach rechts verschoben. Dieser Schiebevorgang garantiert, dass B im Ergebnis die korrekte Wertigkeit hat.

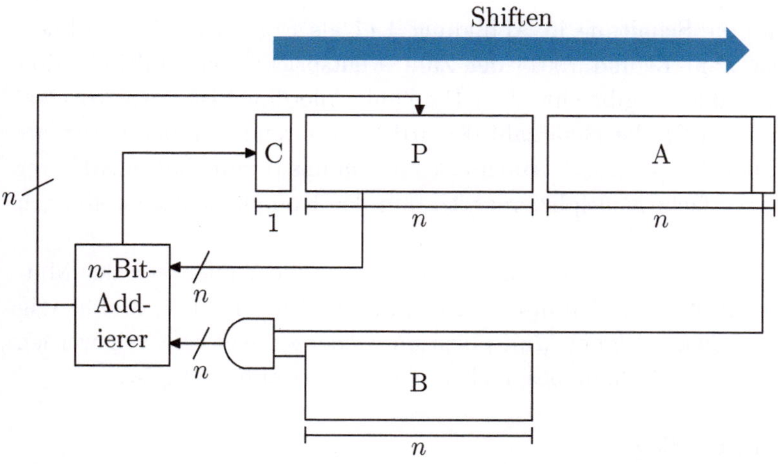

Abbildung 4.17. Schema für die sequenzielle Multiplikation zweier Zahlen ($A \cdot B$)

Das Resultat setzt sich dann aus (P, A) zusammen.

Beispiel 40 Wir betrachten als Beispiel die Addition von 7 ($= 111_2$) und 5   **40**
($= 101_2$):

$$
\begin{array}{lll}
C\ P & A & \\
000\ \ 101 & & \text{Schreibe } 7 = 111_2 \text{ nach } B \text{ und } 5 = 101_2 \text{ nach } A \\
+\quad 111 & & A_0 = 1, \text{ also addiere } B = 111_2 \\
\hline
0111\ \ 101 & & \\
\rightarrow\ \ 011 & 110 & \text{Shiften } (A_0 \text{ gebraucht, fällt also raus}) \\
+\quad 000 & & A_1 = 0, \text{ also addiere } 0 \\
\hline
0011\ \ 110 & & \\
\rightarrow\ \ 001 & 111 & \text{Shiften } (A_1 \text{ gebraucht, fällt also raus}) \\
+\quad 111 & & A_2 = 1, \text{ also addiere } B = 111_2 \\
\hline
1000\ \ 111 & & \\
\rightarrow\ \ 100 & 011 & \text{Shiften, Resultat ist } 100011_2 = 35
\end{array}
$$

Ein Problem dieser Schaltung ist, dass sie in dieser Form nur mit vorzei-
chenlosen Zahlen umgehen kann. Die Multiplikation von -3 und -7 müsste
21 ergeben. Verwenden wir allerdings die entsprechende 4-Bit-Darstellung
im 2er-Komplement (-3 entspricht 1101_2, -7 entspricht 1001_2), so stellen

wir fest, dass die Schaltung in Abbildung 4.17 als Ergebnis 117 berechnet, da 1101_2 der Zahl 13 und 1001_2 der Zahl 9 entspricht. Die Multiplikation zweier n-Bit-Zahlen ergibt eine $2 \cdot n$-Bit-Zahl. Allerdings ist das 8-Bit-2er-Komplement von 21 die Binärzahl 00010101_2, während 117 der Binärdarstellung 01110101_2 entspricht. Anders als die von uns besprochenen Addierer kann also der einfache Multiplizierer nicht mit den Komplementdarstellungen umgehen.

Eine einfache Möglichkeit, dies zu beheben, wäre, die Zahlen *vor* der Multiplikation in positive Zahlen umzuwandeln, zu multiplizieren und abhängig von den Vorzeichen *nach* der Multiplikation wieder zu negieren. Wir werden nun allerdings eine Methode besprechen, die weniger aufwändig ist.

4.6.1 Booth Recoding

Wir werden in diesem Kapitel zuerst besprechen, *wie* die Multiplikation mit der *Booth-Recoding*-Methode funktioniert, und danach erklären, warum dieses Verfahren korrekt ist.

Betrachten Sie nochmals Abbildung 4.17: Wir können (P, A) auch als vorzeichenbehaftete Zahl interpretieren. Dann ist es allerdings notwendig, anstatt der logischen Shift-Operation eine arithmetische Shift-Operation durchzuführen: Anstatt des Übertrags wird das Vorzeichen nachgeschoben.

Die Addition im i-ten Schritt (wobei wir bei 0 zu zählen beginnen) wird nun in Abhängigkeit von der i-ten und $(i-1)$-ten Stelle von A (bezeichnet durch A_i und A_{i-1}, wobei A_{-1} immer 0 ist) nach folgenden Regeln durchgeführt:

1. Wenn $A_i = A_{i-1}$, dann lasse P unverändert (Addition von 0)
2. Wenn $A_i \neq A_{i-1}$ unterscheide folgende Fälle:
   (a) wenn $A_i = 0$ und $A_{i-1} = 1$, dann addiere B zu P
   (b) wenn $A_i = 1$ und $A_{i-1} = 0$, dann subtrahiere B von P

Das Ergebnis der Multiplikation kann nun einfach berechnet werden, indem man strikt nach diesen Regeln vorgeht, sprich: abhängig von A_i und A_{i-1} entweder B zu P addiert, B von Q subtrahiert oder 0 zu P addiert. Das Verfahren ist einfacher anhand eines Beispiels zu demonstrieren:

---

41   **Beispiel 41** Als Beispiel betrachten wir die Multiplikation von -6 und -5 (siehe Abbildung 4.18):
   – Im ersten Schritt ist $i = 0$, daher $A_0 = A_{-1} = 0$, und P bleibt unverändert.
   – Nun wird (A, P) nach rechts geschoben. Da das Vorzeichen positiv ist, wird die linkeste Stelle mit einer 0 aufgefüllt.

P	A	
0000	1010	Schreibe $-6 = 1010_2$ nach A und $-5 = 1011$ nach B
0000	1010	$A_0 = A_{-1} = 0$: Regel 1 $\rightarrow$ Addition von 0
0000	0101	Shiften
-1011		$A_1 = 1,\ A_0 = 0$: Regel 2(b) $\rightarrow$ Subtraktion von B
$+0101$		Zweierkomplement von 1011_2 ist 0101_2
$\overline{0101}$	0101	
0010	1010	Shiften
$+1011$		$A_2 = 0,\ A_1 = 1$: Regel 2(a) $\rightarrow$ Addition von B
$\overline{1101}$	1010	
1110	1101	Shiften (arithmetisch!)
-1011		$A_3 = 1,\ A_2 = 0$: Regel 2(b) $\rightarrow$ Subtraktion von B
$+0101$		Zweierkomplement von 1011_2 ist 0101_2
$\overline{0011}$	1101	Shiften (arithmetisch!)
0001	1110	Resultat ist $00011110_2 = 30$

Abbildung 4.18. Multiplikation der Zahlen -6 und -5 durch Booth-Recoding

- Im zweiten Schritt ist $i = 1$, und $A_1 = 1$, $A_0 = 0$. Wir subtrahieren
  entsprechend Regel 2(b) B von P. Da B bereits negativ ist, muss es zuerst komplementiert werden (in der Schaltung erledigt das natürlich eine
  entsprechende Addierer/Subtrahierer-Einheit). Das Ergebnis in P ist nun
  0101_2, und (P, A) wird weiter nach rechts geschoben.
- Im dritten Schritt ist $i = 2$, daher $A_2 = 0$ und $A_1 = 1$. Wir wenden Regel
  2(a) an und addieren B zu P. Das Ergebnis ist 1101_2. Wir schieben (P, A)
  nach rechts und füllen die linkeste Stelle entsprechend dem Vorzeichen mit
  1 auf.
- Im letzten Schritt ist $i = 3$ und $A_3 = 1$ und $A_2 = 0$. Wir wenden nochmals Regel 2(b) an und erhalten $P = 0011$. Schlussendlich muss noch
  einmal arithmetisch geshiftet werden, und das Endergebnis steht danach
  in (P, A).

Achten Sie bei diesem Verfahren immer darauf, das Vorzeichen nicht „zu ver-
lieren", das heißt führen Sie immer eine *arithmetische* Shift-Operation durch!
Sollte eine Addition oder Subtraktion einen Übertrag ergeben, so ist dieser,
wie bei der Addition von Zahlen in 2er-Komplement-Darstellung üblich, zu
ignorieren! Erweitern Sie auf keinen Fall das Ergebnis um eine Stelle (das

Ergebnis einer Multiplikation zweier n-Bit-Zahlen hat *immer* in $2 \cdot n$ Bits Platz)!

Wie versprochen stellen wir nun Überlegungen an, warum diese Methode das korrekte Ergebnis liefert. Bei genauerer Betrachtung der Regeln stellen wir fest, dass in jedem Schritt

$$B \cdot (A_{i-1} - A_i)$$

zum partiellen Produkt addiert wird. Schreibt man alle n Additionen als Summe, so erhält man die Teleskopsumme

$$\sum_{i=0}^{n-1} B \cdot (A_{i-1} - A_i) \cdot 2^i =$$

$$B \cdot \left(\sum_{i=0}^{n-1} A_{i-1} \cdot 2^i - \sum_{i=0}^{n-1} A_i \cdot 2^i \right) = B \cdot \left(\sum_{i=-1}^{n-2} A_i \cdot 2^{i+1} - \sum_{i=0}^{n-1} A_i \cdot 2^i \right) =$$

$$B \cdot \left(-A_{n-1} \cdot 2^{n-1} + A_{-1} \cdot 2^0 + \sum_{i=0}^{n-2} A_i \cdot (2^{i+1} - 2^i) \right) =$$

$$B \cdot \left(-A_{n-1} \cdot 2^{n-1} + A_{-1} + \sum_{i=0}^{n-2} A_i \cdot 2^i \right) \stackrel{A_{-1}=0}{=}$$

$$B \cdot \left(-A_{n-1} \cdot 2^{n-1} + \sum_{i=0}^{n-2} A_i \cdot 2^i \right) \; .$$

Der rechte Multiplikand ist jedoch genau der Wert (in Dezimaldarstellung) einer n-Bit-Zahl A im Zweierkomplement (siehe Abschnitt 4.1.4).

Wie Sie vielleicht schon festgestellt haben, ist es nicht leicht, eine Schaltung so zu bauen, dass sie immer das korrekte Ergebnis liefert. Im nächsten Kapitel werden wir uns daher mit Methoden beschäftigen, die die Korrektheit einer Schaltung nachweisen können.

4.7 Aufgaben

Aufgabe 4.1 Berechnen Sie die 1er-Komplement- und 2er-Komplement-Darstellungen der Zahlen -13, -99 und -127. Verwenden Sie 8 Bit zur Darstellung dieser Zahlen. Was fällt Ihnen auf, wenn Sie versuchen das 1er- und 2er-Komplement für -128 zu berechnen?

Aufgabe 4.2 Zeichnen Sie den Zahlenbereich, der mit 8-Bit-Zahlen im 2er-Komplement dargestellt werden kann, als Kreis (analog zu Abbildung 4.3) auf und erklären Sie, warum beim Auftreten eines Übertrags aus dem Vorzeichenbit keine Korrektur vorgenommen werden muss. Wie groß ist der darstellbare Zahlenbereich?

4.2

Aufgabe 4.3 Führen Sie folgende Additionen in 1er-Komplementdarstellung durch:

- $125 + 3 =$
- $-87 - 55 =$
- $-11 - 21 =$

4.3

Aufgabe 4.4 Nehmen Sie an, dass die Eingänge a_0 bis a_7 und der Eingang i des in Abbildung 4.6 gezeigten Addierers gleich 0 sind und alle übrigen, also die Eingänge b_0 bis b_7, gleich 1. Dementsprechend sind alle Bits s_0 bis s_7 der Summe gleich 1 (siehe Tabelle 4.1), und der Ausgang o ist 0.

Nehmen Sie des Weiteren an, dass ein Volladdierer genau 10 Nanosekunden benötigt, um ein korrektes Ergebnis zu berechnen. Zum Zeitpunkt t wird nun der Eingang i von 0 auf 1 geändert. Wie lange dauert es, bis der 8-Bit-Addierer in Abbildung 4.6 ein korrektes Ergebnis liefert, und wie verändern sich die Ausgänge s_0 bis s_7 bis zu diesem Zeitpunkt?

4.4

Aufgabe 4.5 Erweitern Sie die Schaltung in Abbildung 4.7 so, dass es (zusätzlich zur Addition und Subtraktion) möglich ist, zwischen folgenden Operationen auszuwählen:

- Inkrement von A (das heißt $A + 1$)
- Dekrement von A (das heißt $A - 1$)
- Addition mit Übertrag am Eingang
- Bitweise Invertierung von B
- „Durchreichen" von A (A liegt unverändert am Ausgang an)

Geben Sie für jede dieser Operationen den *Op-Code* an! Wie viele Bits benötigen Sie, um die Op-Codes darzustellen?

4.5

Aufgabe 4.6 Erklären Sie, wie ein Und-Gatter mit 16 Eingängen aus mehreren (wie vielen?) Und-Gattern mit 4 Eingängen konstruiert werden kann. Können Sie diese Vorgehensweise verallgemeinern, sodass sie zur Konstruktion von Und-Gattern mit 4^i Eingängen (für ein beliebiges $i > 0$) verwendet werden kann?

4.6

4.7

Aufgabe 4.7 In Ihrer Lösung zu Aufgabe 4.6 haben Sie erklärt, wie man aus mehreren 4-Bit-Und-Gattern ein Und-Gatter mit 4^i Eingängen bauen kann. Ist ein Und-Gatter mit sehr vielen Eingängen gewünscht, kann eine derartige Konstruktion sehr schnell mühsam werden. Wie viele 4-Bit-Und-Gatter müssen Sie z. B. zusammenfügen, um 256 Eingänge zu erreichen? Im ersten Schritt erhalten wir 16 Eingänge mit fünf 4-Bit-Gatter, danach 64 Eingänge mit 16 weiteren 4-Bit-Gattern, und schließlich müssen wir nochmals weitere 64 Gatter hinzufügen, um die gewünschte Anzahl von Eingängen zu erhalten. Einfacher wäre es, das Und-Gatter mit 256 Eingängen aus mehreren der im zweiten Schritt generierten 16-Bit-Gatter zusammenzusetzen (wie viele dieser Gatter sind notwendig?). Verallgemeinern Sie dieses Prinzip und erklären Sie, wie man derartige Schaltungen *rekursiv* aufbauen kann!

4.8

Aufgabe 4.8 Will man sich die komplizierten Berechnungen mit Logarithmen ersparen, so kann man bei der Aufstellung der Kosten anstatt n, welches immer eine Potenz von 4 sein muss, $m = \log_4(n)$ verwenden:

$$
\begin{aligned}
C(1) &= 5 \\
C(2) &= 4 \cdot C(1) + c_{\mathrm{CLA}} \\
C(3) &= 4 \cdot C(2) + c_{\mathrm{CLA}} \\
C(4) &= 4 \cdot C(3) + c_{\mathrm{CLA}} \\
&\;\;\vdots \\
C(m) &= 4 \cdot C(m-1) + c_{\mathrm{CLA}}
\end{aligned}
$$

Mithilfe des iterativen Verfahrens (Versuchen Sie, das nachzuvollziehen!) erhalten wir die geschlossene Form

$$
C(m) = 4^{m-1} \cdot 5 + c_{\mathrm{CLA}} \cdot \sum_{i=0}^{m-2} 4^i
$$

Beweisen Sie mittels des Induktionsverfahrens, dass dies tatsächlich die korrekte geschlossene Form ist!

4.9

Aufgabe 4.9 Der *Carry-Select-Addierer* beschleunigt die Addition, indem er, anstatt die Überträge vorausschauend zu berechnen, immer die Ergebnisse der Addition für *beide* Fälle berechnet (sprich, Übertrag oder kein Übertrag aus der Addition der niederwertigeren Bits):
Dazu geht man folgendermaßen vor: Die zu addierenden Bits

$$
\bar{a} = (a_n, a_{n-1}, \dots, a_2, a_1)
$$

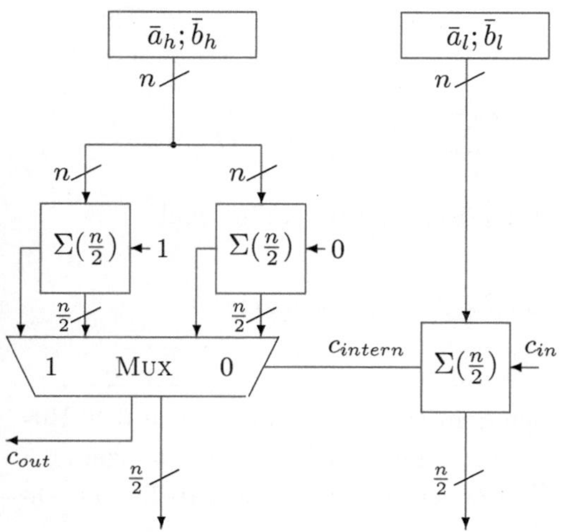

Abbildung 4.19. Der Carry-Select-Addierer

$$\bar{b} = (b_n, b_{n-1}, \ldots, b_2, b_1)$$

werden in jeweils zwei Teile

$$\bar{a}_h = (a_n, a_{n-1}, \ldots, a_{\frac{n}{2}+1}), \qquad \bar{a}_l = (a_{\frac{n}{2}}, \ldots, a_2, a_1),$$
$$\bar{b}_h = (b_n, b_{n-1}, \ldots, b_{\frac{n}{2}+1}) \quad \text{und} \quad \bar{b}_l = (b_{\frac{n}{2}}, \ldots, b_2, b_1)$$

aufgeteilt. Danach werden $\bar{a}_h$, $\bar{b}_h$ und $\bar{a}_l$, $\bar{b}_l$ separat von $\frac{n}{2}$-Bit-Addierern aufsummiert. Da das Carry-Bit der höherwertigen Bits vom Ergebnis der Summierung der niederwertigeren Bits abhängt (c_{intern}), wird die Summe von $\bar{a}_h$ und $\bar{b}_h$ sowohl mit gesetztem als auch mit nicht gesetztem Carry-Bit berechnet. Sobald das Ergebnis von $\bar{a}_l + \bar{b}_l$ feststeht, wird das entsprechende Ergebnis von $\bar{a}_h + \bar{b}_h$ mithilfe eines Multiplexers ausgewählt.

Aus dieser Vorgehensweise lässt sich nun leicht ein rekursiver Aufbau ableiten. Basierend auf $\frac{n}{2}$-Bit-Addierern (welche wir als $\Sigma(\frac{n}{2})$ bezeichnen), konstruiert man die Schaltung für $\Sigma(n)$ nach dem Schema in Abbildung 4.19.

Hierbei steht c_{in} für das Carry-in-Bit des $\Sigma(n)$ Addierers, und c_{out} für das korrespondierende Carry-out-Bit. Nehmen Sie an, dass der Multiplexer 4 Gatter pro Ausgangsbit benötigt. Beachten Sie hierbei, dass auch c_{out} am Ausgang des Multiplexers abgegriffen wird. Der „1-Bit-Addierer" (ein Input + Carry-Bit) wird als Halb-Addierer realisiert. Dazu werden 2 Bauelemente benötigt.

- Geben Sie die Formeln für die Kosten $C(1)$, $C(2)$, $C(4)$ und $C(8)$ an, und leiten Sie eine rekursive Formel für $C(n)$ unter Verwendung von $C(\frac{n}{2})$ her (nehmen Sie an, dass n nur eine 2er Potenz sein darf)!

— Die geschlossene Form für $C(n)$ lautet:

$$C(n) = 2 \cdot 3^{\log_2 n} + \sum_{i=0}^{\log_2(n)-1} 3^i \cdot \left(\frac{n}{2^{i-1}} + 4\right)$$

Beweisen Sie die Korrektheit dieser Lösung mittels Induktion!
Hinweis:

$$x^{\log_2(y)} = y^{\log_2(x)} \text{ und } \log_2(2 \cdot x) = \log_2(x) + 1$$

4.10   **Aufgabe 4.10** Führen Sie die einzelnen Schritte einer sequenziellen $6 \cdot 6$-Bit-Multiplikationsschaltung mit Booth-Recoding bei der Multiplikation von $11 = 001011_2$ mit $-9 = 110111_2$ durch. Verwenden Sie dazu eine Tabelle, die folgendermaßen aussieht:

P	A	Beschreibung des Schrittes
000000	001011	Initialisierung, B =
+		$a_{-1} < a_0 \quad \Rightarrow \quad -B =$

4.8

4.8 Literatur

Eine detaillierte Referenz für das Thema Computerarithmetik ist das Buch von Parhami [Par00]. Es behandelt optimierte Schaltungen für die Multiplikation und die Division von Ganzzahlen und Fließkommazahlen. Eine gute Übersicht liefert auch Anhang A von David Goldberg in der zweiten Ausgabe von [HP96]. Die Semantik der Fließkommaoperationen ist in einem IEEE-Standard definiert [IEE85].
Müller und Paul beschreiben eine Vielzahl von kombinatorischen Schaltungen in [MP95, MP00]. Die Definitionen der Schaltungen werden von Kosten- und Delayanalysen und von Korrektheitsbeweisen begleitet.
Der Carry-Look-Ahead-Addierer basiert auf einer Parallel-Prefix-Berechnung. Ladner beschreibt Methoden, solche Parallel-Prefix-Berechnungen zu analysieren [LF80].
Mehr Informationen über rekursive Gleichungen finden Sie zum Beispiel in dem Standardwerk [GKP94].

Kapitel 5

Verifikation

5

5 Verifikation

5 Verifikation

5.1 Motivation

Designfehler sind das Hauptproblem bei der Erstellung digitaler Schaltungen. Aufgrund der hohen Parallelität von Hardware sind Fehlerberichte oftmals schwer zu reproduzieren. Die Kosten eines Hardwarefehlers sind in der Regel um ein Vielfaches höher als bei reinen Softwaredesigns, da einmal ausgelieferte Produkte teuer ersetzt werden müssen.[1] Die Qualitätskontrolle ist daher ein Hauptaspekt bei dem Design digitaler Schaltungen.

Einer der bekanntesten Fälle eines Designfehlers ist der *Pentium-FDIV-Fehler*. Das Design des Intel Pentiums hat in der Originalversion einen Fehler in einer Tabelle, die zur Berechnung der Inversen einer Zahl verwendet wird.[2] Als Konsequenz dieses Fehlers liefern bestimmte Instruktionen, darunter die Instruktion FDIV, falsche Ergebnisse bei bestimmten Werten der Operanden. Der Fehler tritt nur bei wenigen Operanden auf und ist daher bei den bei Intel angewendeten Qualitätskontrollen nicht aufgefallen.[3]

⊙ Qualität

Fehler sind lästig und möglicherweise teuer für Ihre zukünftigen Arbeitgeber. Als angehender, qualitätsbewusster Ingenieur machen Sie selbstverständlich so gut wie nie einen Fehler. Nichtsdestotrotz sollten Sie sich mit der systematischen Fehlersuche anfreunden: Nur durch einen systematischen und nachvollziehbaren *Verifikationsprozess* können Sie gegenüber Dritten belegen, dass Ihr Produkt bestimmten Qualitätsanforderungen genügt. Für einzelne Produktbereiche sind Maßnahmen zur Qualitätssicherung sogar durch Industriestandards oder den Gesetzgeber vorgeschrieben.

Insbesondere wenn der Einsatz der Schaltung das Risiko der Verletzung oder Schädigung der Gesundheit von Menschen in sich birgt, ist es notwendig, das Produkt *zertifizieren* zu lassen. Je nach Einsatzzweck gibt es hier verschiedene

---

[1] Mikroprozessoren, wie beispielsweise von Intel, verwenden daher oft ein kleines Softwareprogramm (Microcode), das zusammen mit dem Betriebssystem des Rechners zum Zwecke der Fehlerbehebung aktualisiert werden kann.

[2] `http://support.intel.com/support/processors/pentium/fdiv/wp/`

[3] Der Fehler wurde schlussendlich publik und war Gegenstand eines Berichts bei CNN. Intel hat allen Besitzern eines betroffenen Chips einen kostenlosen Austausch angeboten. Dieses Angebot hat allerdings nur ein Bruchteil der betroffenen Anwender angenommen.

Standards, die Empfehlungen oder Vorschriften für den Entwicklungsprozess enthalten. Diese Standards bezeichnet man als *Safety-Standards*.[4]

Diese Standards decken nicht nur den Verifikationsprozess, sondern auch den gesamten Entwicklungsprozess (und auch Wartungsprozess) ab. Einer der wichtigsten Aspekte in all diesen Standards ist die Verfolgbarkeit (tracability) der Anforderungen aus dem Anforderungskatalog – alle dort angeführten Behauptungen müssen auch entsprechend verifiziert werden und belegbar sein.

Um diese Verifizierbarkeit zu gewährleisten, müssen Sie die Eigenschaften des Systems klar und eindeutig beschreiben. Im nächsten Abschnitt werden wir uns daher mit *Spezifikationen* beschäftigen. Ohne Spezifikation kann ein System nicht zertifiziert werden – eine informale Spezifikation ist in jedem Standard zwingend vorgeschrieben. Eine formale Spezifikation ist für hochzuverlässige Systeme sehr empfehlenswert.

5.2 Spezifikation

5.2.1 Formal vs. informal

Der erste Schritt, um ein korrektes Design zu erhalten, ist das Erstellen einer Definition, die das Verhalten eines „korrekt funktionierenden" Designs beschreibt. Eine solche Definition wird als *Spezifikation* bezeichnet. Spezifikationen können auf vielfältige Weise erstellt werden:

– Eine Spezifikation kann *partiell* oder *vollständig* sein. Eine partielle Spezifikation beschreibt nur einen Teilaspekt des Designs.
– Eine Spezifikation kann *formal* oder *informal* sein.

Als Beispiele für partielle Spezifikationen seien Sicherheitsanforderungen genannt (*„Die Tür schließt nicht, wenn jemand auf dem Trittbrett steht"*). Partielle Spezifikationen können aber auch nichtfunktionale Aspekte betreffen (*„Der durchschnittliche Stromverbrauch beträgt 10 mA pro Stunde"*). Die Frage, ob eine gegebene Menge von partiellen Spezifikationen ausreicht, um insgesamt eine vollständige Spezifikation zu bekommen, wird als *Coverage-Problem* bezeichnet. In der Praxis können Spezifikationen einer gewünschten Funktionalität in der Regel dadurch vollständig gemacht werden, dass ein zweites (einfacheres) Design angegeben wird, dessen Funktionalität der gewünschten entspricht.

---

[4]Wir verwenden hier die englische Bezeichnung, da die deutsche Übersetzung „Sicherheit" nicht eindeutig ist und auch für *Security* stehen könnte.

Informale Spezifikationen sind üblicherweise als Texte verfasst und haben den Nachteil, dass verschiedene Leser denselben Text unterschiedlich interpretieren. Dies soll durch eine *formale* Spezifikation verhindert werden. Es gibt verschiedene Methoden, Spezifikationen zu formalisieren. Dabei wird eine Beschreibungssprache definiert (eine Syntax), der eine bestimmte Bedeutung zugewiesen wird (eine *Semantik*). Wir verwenden eine Untermenge der *System Verilog Assertions*.

5.2.2 System Verilog Assertions

Assertions sind spezielle Befehle, die selbst keinen Einfluss auf die Ausführung des Programms haben und nur zur Fehlersuche oder Fehlererkennung verwendet werden. Im Hardwarekontext bedeutet dies, dass keine Hardware für die Assertions generiert wird. Die Assertions haben nur während der Simulation und Verifikation eine Bedeutung, nicht für die Synthese.

Wir haben in Kapitel 3 das **always**-Konstrukt kennengelernt. Der darauf folgende Befehl wird ähnlich wie in einer Endlosschleife unbegrenzt oft ausgeführt. Betrachten Sie zunächst das folgende Programmfragment:

```
reg [31:0] x;


always @(posedge clk) begin
   x<=1;
end
```

Das Programm entspricht einer Schaltung, in der ein 32-Bit-Register x bei jeder positiven Flanke des Clocksignals mit dem Wert 1 beschrieben wird. Ähnlich wie in C oder JAVA können System Verilog *Immediate Assertions* an denselben Stellen wie Zuweisungen eingefügt werden. Die folgende Assertion schlägt jedoch fehl:

```
always @(posedge clk) begin
   x<=1;
   assert (x==1);
end
```

Das Problem ist, dass bei einer Zuweisung mit $<=$ der neue Wert erst beim *nächsten* Clocktick am Ausgang der Flipflops für x sichtbar ist. Im allerersten Clockzyklus hat x daher noch einen undefinierten Wert. Wir können die Flipflops mit dem **initial**-Konstrukt mit einem Initialwert belegen wie im folgenden Programmfragment:[5]

```
reg [31:0] x;
```

---

[5] Man beachte den Unterschied zwischen der verzögerten Zuweisung und dem binären Vergleichsoperator $\leq$: Für beide schreibt man in Verilog $<=$.

```verilog
   initial  x<=0;

5  always @(posedge clk) begin
      if (x!=10)  x<=x+1;
      assert (x<=10);
   end
```

Das Programm initialisiert das Register x zunächst mit dem Wert 0. Solange x noch nicht den Wert 10 erreicht hat, wird x um eins erhöht. Es ist zu beachten, dass viele Synthesetools das **initial**-Konstrukt beim Erzeugen der Hardware ignorieren; statt dessen ist der initiale Wert mit der Hilfe eines Reset-Signals zu berechnen. Das **initial**-Konstrukt wird daher oft nur für die Simulation eingesetzt.

---

42   **Beispiel 42** Das folgende Beispiel illustriert, wie sich die Korrektheit eines Addierer-Schaltkreises überprüfen lässt:

```verilog
   wire [31:0] a, b, s;
   my_adder add(a, b, s);

   always @(posedge clk)  assert (a+b==s);
```

System Verilog Assertions können noch viele weitere Konstrukte enthalten, um beispielsweise Werte aus verschiedenen Taktzyklen zu vergleichen („auf ein Request-Signal folgt spätestens nach drei Zyklen ein Acknowledge-Signal"). Diese Erweiterungen betrachten wir hier jedoch nicht.

5.3 Fehlersuche mit Simulation

Die erste Herangehensweise bei der Fehlersuche ist die *Simulation*. Dabei wird das Modell wie beim Debuggen von Programmen durch einen Simulator ausgeführt. Die ersten Simulatoren haben die Verilog-Modelle noch interpretiert; moderne Simulatoren (auch z. B. ModelSim in der kommerziellen Version) übersetzen das Verilog-Modell in Maschinensprache und kommen so auf eine deutlich höhere Simulationsgeschwindigkeit.

Das Modell, das wir verifizieren möchten, wird englisch als „Design under Test" (DUT) bezeichnet. Wie auch beim Debuggen von Programmen, müssen die Eingaben bereitgestellt werden (Abbildung 5.1). Diese Eingaben werden als *Stimulus* bezeichnet. Der Stimulus wird oft durch ein weiteres Verilog-Modul generiert. Die Eingabedaten können durch Schleifen systematisch erzeugt werden. Da dies in der Regel zu lange dauert, werden in der Praxis

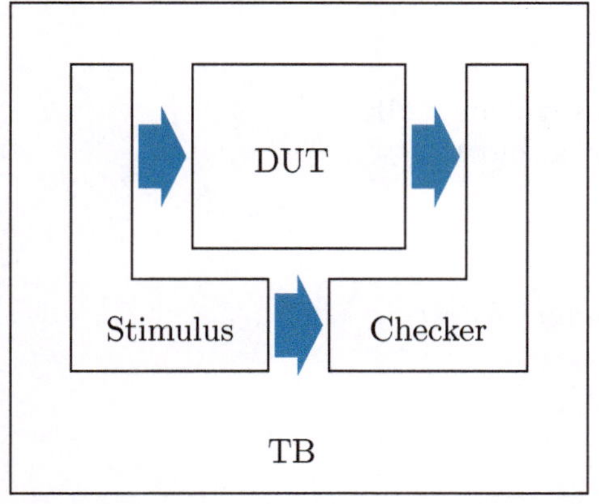

Abbildung 5.1. Die Eingaben des „Designs under Test" (DUT) werden durch den „Stimulus" erzeugt. Die Ausgaben überprüft der Checker

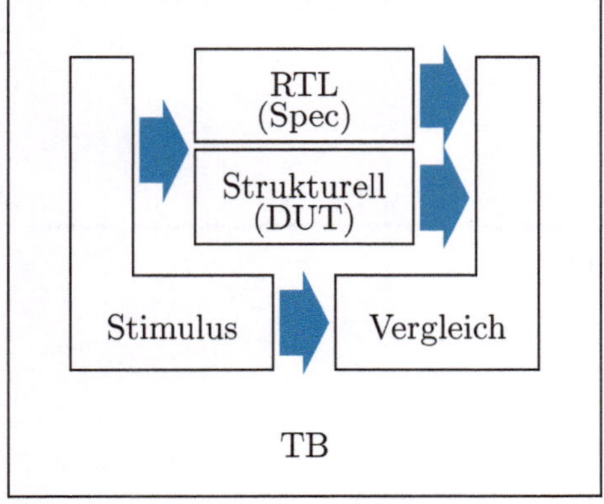

Abbildung 5.2. Spezialfall von Abbildung 5.1: Zwei Designs werden verglichen

oft nur wenige ausgesuchte Testeingaben simuliert, die beispielsweise auch in einer externen Datei abgelegt sein können.

Wir müssen noch prüfen, ob die durch das DUT errechneten Ausgaben auch unseren Anforderungen entsprechen. Dies manuell durchzuführen ist einerseits zu arbeitsintensiv und erfüllt andererseits nicht die Ansprüche an eine durch Dritte nachvollziehbare Qualitätskontrolle.[6]

Die Überprüfung der Ausgabe des DUTs wird daher ebenfalls automatisch durch einen *Checker* durchgeführt. Im einfachsten Fall können dies Assertions (siehe 5.2.2) sein, die zum Abbruch der Simulation führen, sobald ein Fehler gefunden wird.

---

[6]Wer sagt denn, dass Sie beim Inspizieren der Testergebnisse nicht eingeschlafen sind?

5.1 Programm 5.1 (2-Bit Schieberegister)

```verilog
module shift_register(input reset , in , clk ,
                              output reg out );
   reg [7:0] buffer ;

5  always @(posedge clk ) begin
     if(reset ) begin // synchroner Reset
       buffer =0;
       out=1'b0;
     end else begin
10     buffer = buffer >> 1;
       buffer [7] = in ;
       out=buffer [0];
     end
   end
15 endmodule
```

5.2 Programm 5.2 (Schieberegister-Testbench)

```verilog
module testbench ();
     reg reset , in , clk ;
     wire out ;

5    shift_register DUT(reset , in , clk , out );

     always #1 clk = !clk ;

     initial begin
10     reset =1; clk =0;
       @(posedge clk );
       @(posedge clk ) reset =1'b0;
                          in =1'b0;
       @(posedge clk ) in =1'b1;
15     @(posedge clk ); @(posedge clk );
       @(posedge clk ); @(posedge clk );
       @(posedge clk ); @(posedge clk );
       @(posedge clk ) assert (out==1'b0);
       @(posedge clk ) assert (out==1'b1);
20     $stop ;
     end
endmodule
```

Beispiel 43 Programm 5.1 zeigt ein 2-Bit-Schieberegister, das von der Test-   **43**
bench in Programm 5.2 getestet werden soll. Es werden dazu zuerst Initi-
alwerte gesetzt. Anschließend werden einige Testvektoren angelegt und die
entsprechenden Ausgaben mit den Sollwerten verglichen. In diesem Beispiel
liefert die Testbench keine Fehler, allerdings werden auch nicht alle möglichen
Eingabekombinationen getestet.

Ein Spezialfall eines Checkers ist der Vergleich von zwei Designs (siehe Abbildung 5.2): Beide Designs erhalten dieselben Eingaben. Der Checker vergleicht
die Ausgaben: Wenn unterschiedliche Werte berechnet wurden, bricht die Simulation mit einem Fehler ab.
Dieses Verfahren wird oft auf zwei Versionen desselben Designs angewendet
(z. B. nach einer Optimierung) oder auf zwei Designs auf unterschiedlichen
Abstraktionsebenen. Ein Beispiel dafür ist eine Version des Designs auf Register Transfer Level (RTL) und eine zweite auf Gatterebene. In der industriellen
Praxis werden oft auch sequenzielle Programme (oft in ANSI-C) zur Modellierung eingesetzt, da sich solche Programme sehr effizient testen lassen. Die
üblichen Simulatoren für Verilog haben Schnittstellen, die die Anbindung
eines C-Programms zulassen.

5.4 Event-Queue-Semantik   **5.4**

Wir haben bisher noch keine *Semantik* für Verilog angegeben, also noch nicht
definiert, wie Verilog ausgeführt wird. Die Semantik, die zur Simulation verwendet wird, basiert auf Ereignissen (Events), die in einer bestimmten Reihenfolge in eine Warteschlange (Queue) eingereiht werden.

Definition 5.1 (Event) Ein *Ereignis* (oder *Event*) ist die Änderung des Wertes   **5.1**
einer Variable oder eines Signals. Zu jedem Ereignis gehört ein *Signal*, ein
Wert und ein *Zeitpunkt*.

Die Zeitpunkte werden wie folgt bestimmt: Die „Uhr" des Simulators wird zu
Beginn der Simulation auf 0 gesetzt und nach Ausführung eines Befehls, der
#t enthält, um t erhöht. Die Events werden in einer Datenstruktur abgelegt,
die *Event-Queue* genannt wird. Die Event-Queue (Abbildung 5.3) wird als
Liste von Listen abgelegt, wobei die Ereignisse nach ihrem Zeitstempel in
aufsteigender Reihenfolge sortiert werden.

⊘ Simulation mit ModelSim

Um in ModelSim Entwürfe zu testen, sollte als erstes, sofern noch nicht
vorhanden, eine neue Bibliothek angelegt werden, mit der danach gearbeitet
werden kann (oft einfach „work" genannt). Unter File → New → Library
können wir dies bewerkstelligen.

Die Verilog-Dateien, die wir testen wollen, müssen zuerst kompiliert werden,
was unter Compile → Compile gemacht werden kann: Wir wählen einfach
alle Verilog-Files, die kompiliert werden sollen, achten darauf, dass die
richtige Bibliothek eingestellt ist und bestätigen mit „Compile". Daraufhin
erscheinen alle Module, die in den Verilog-Dateien definiert wurden, in der
Bibliotheksliste. Wir können mit einem Rechtsklick auf das Modul, das wir
simulieren wollen, und darauffolgendem Klick auf „Simulate" die Simulation
starten. Nun müssen wir noch die Signale, die wir in der Simulationsgrafik
sehen möchten, in ein Wave-Fenster einfügen; dazu markieren wir die
Signale, klicken rechts darauf und wählen Add to Wave → Selected Signals.

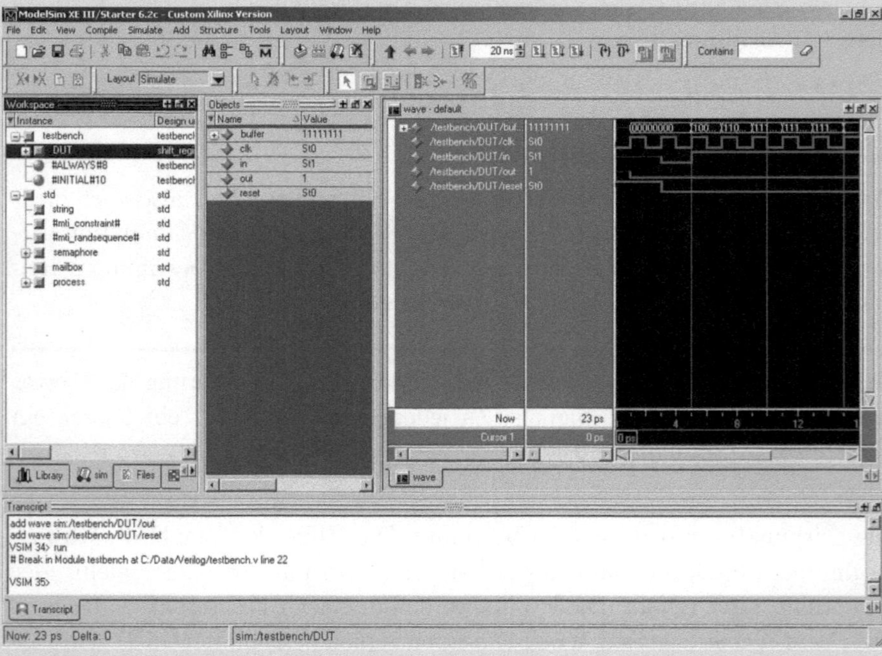

Nun muss nur noch die gewünschte Simulationszeit eingestellt werden (in der
Werkzeugleiste). Dann kann die Simulation mit dem Run-Knopf gestartet
werden. Im Wave-Fenster werden alle ausgewählten Signale dargestellt und
man kann mit der Fehlersuche beginnen.

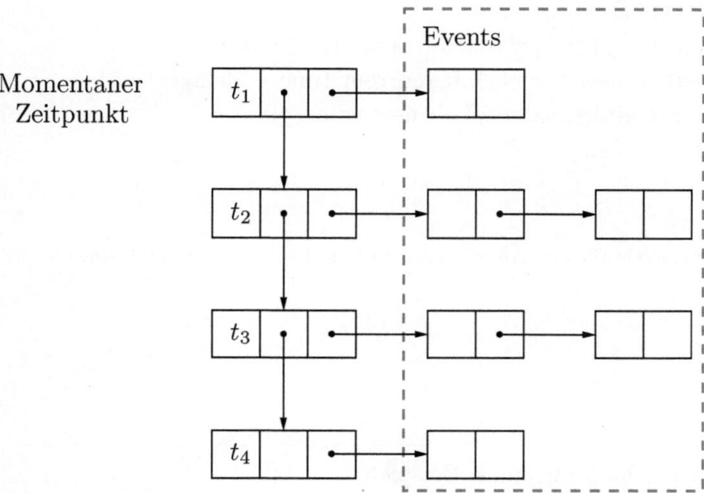

Abbildung 5.3. Datenstruktur zur Speicherung einer Event-Queue

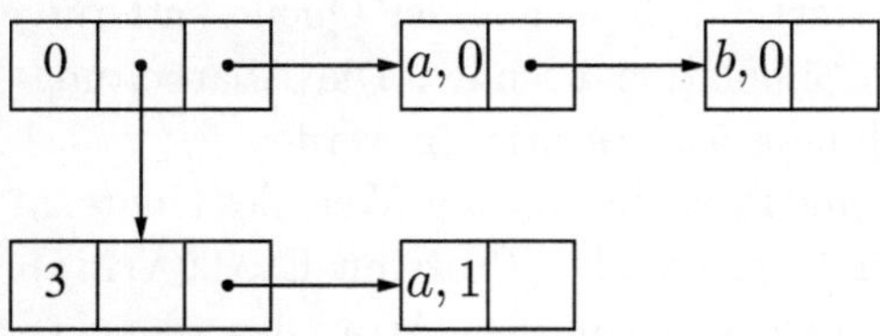

Abbildung 5.4. Beispiel für die Belegung einer Event-Queue

```
 1: for e = each event at current_time do
 2:     UPDATE_NODE(e);
 3:
 4:     for j = each gate on the fanout list of e do
 5:         update input values of j;
 6:         EVALUATE(j);
 7:         if new_value(j) ≠ last_scheduled_value(j) then
 8:             schedule new_value(j) at (current_time + delay(j));
 9:             last_scheduled_value(j) := new_value(j);
10:         end if
11:     end for
12: end for
```

Abbildung 5.5. Pseudocode für den Algorithmus, der die Ereignisse in der Event-Queue abarbeitet

---

44 **Beispiel 44** Wir betrachten folgendes Beispiel:

```
reg a;

initial begin
  a<=0;
  b<=0;
  #3;
  a<=1;
end
```

Die Event-Queue, die für dieses Verilog-Fragment generiert wird, ist in Abbildung 5.4 dargestellt.

Die Event-Queue wird nun in der Reihenfolge der Events abgearbeitet, das heißt das erste Event wird ausgewertet und dann aus der Queue entfernt. Sobald die Queue leer ist, wird die Simulation beendet. Die Abarbeitung kann durch den Pseudocode in Abbildung 5.5 beschrieben werden.

Dabei bezeichnet UPDATE_NODE(e) eine Prozedur, die den Wert des Knotens aktualisiert, der zum Signal des Events e gehört. Die Prozedur EVALUATE(j) berechnet den neuen Wert eines Knotens j, der in dem Array new_value(j) abgelegt wird.

Was passiert, wenn zwei Events einen gegenteiligen Effekt haben, das Modell aber keine Delays enthält? Der Verilog-Standard schreibt für diesen Fall keine bestimmte Reihenfolge vor. Die Ergebnisse können von Simulator zu Simulator verschieden sein.

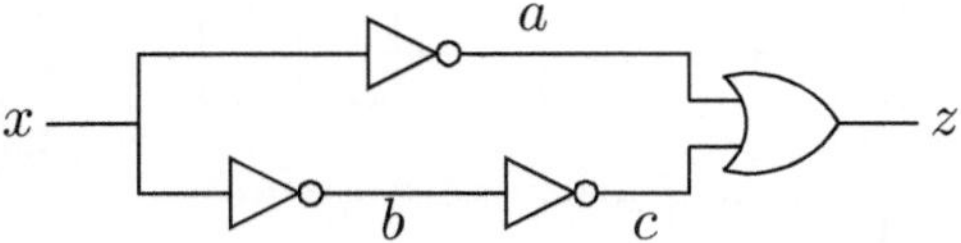

Abbildung 5.6. Beispiel für einen Schaltkreis ohne explizite Delays

Dies kann in einigen Fällen sehr überraschend sein, insbesondere, wenn es eine „intuitive" Reihenfolge gibt wie in dem Beispiel in Abbildung 5.6: Eine Änderung von x erreicht das ODER-Gatter über a genauso schnell wie über b und c.

Um dennoch vorhersagbare Simulationsergebnisse zu bekommen, fügt der Simulator für jedes Gatter und jeden Befehl eine künstliche (da nicht im Modell vorhandene) Zeitverzögerung ein, die unendlich kleiner als jede angegebene Verzögerung ist (vgl. ϵ-Umgebung in der Analysis). Diese Verzögerung wird *Delta-Delay* genannt. Für die Schaltung in Abbildung 5.6 erhalten wir folgendes Simulationsergebnis bei Verwendung der Delta-Delays:

Zeit	(x,a,b,c,z)	Event-Queue	
t	$(0,1,1,0,1)$	$(x,\,1,\,t)$	Externer Event für x
t	$(1,1,1,0,1)$	$(a,\,0,\,t+\delta)\ (b,\,0,\,t+\delta)$	Zwei neue Events
$t+\delta$	$(1,0,1,0,1)$	$(b,\,0,\,t+\delta)\ (z,\,0,\,t+2\delta)$	
$t+\delta$	$(1,0,0,0,1)$	$(z,\,0,\,t+2\delta)\ (c,\,1,\,t+2\delta)$	
$t+2\delta$	$(1,0,0,0,0)$	$(c,\,1,\,t+2\delta)$	
$t+2\delta$	$(1,0,0,1,0)$	$(z,\,1,\,t+3\delta)$	
$t+3\delta$	$(1,0,0,1,1)$		

Beachten Sie, dass wir als Ergebnis einen Impuls (von 1 auf 0 und wieder auf 1) am Ausgang z beobachten. Ohne Delta-Delays kann dieser Impuls verloren gehen:

Zeit	$(x,a,b,c,z$	Event-Queue	
t	$(0,1,1,0,1)$	$(x,\,1,\,t)$	Externer Event für x
t	$(1,1,1,0,1)$	$(a,\,0,\,t)\ (b,\,0,\,t)$	Zwei neue Events
t	$(1,1,0,0,1)$	$(a,\,0,\,t)\ (c,\,1,\,t)$	z. B. b-Event zuerst
t	$(1,1,0,1,1)$	$(a,\,0,\,t)$	z. B. c-Event zuerst
t	$(1,0,0,1,1)$		Schließlich a-Event

Die Delta-Delays werden in der Event-Queue einfach als zusätzlicher Sortierschlüssel verwendet (siehe Abb. 5.7). Events mit gleichem Zeitstempel, aber kleinerem Delta, werden bevorzugt abgearbeitet.

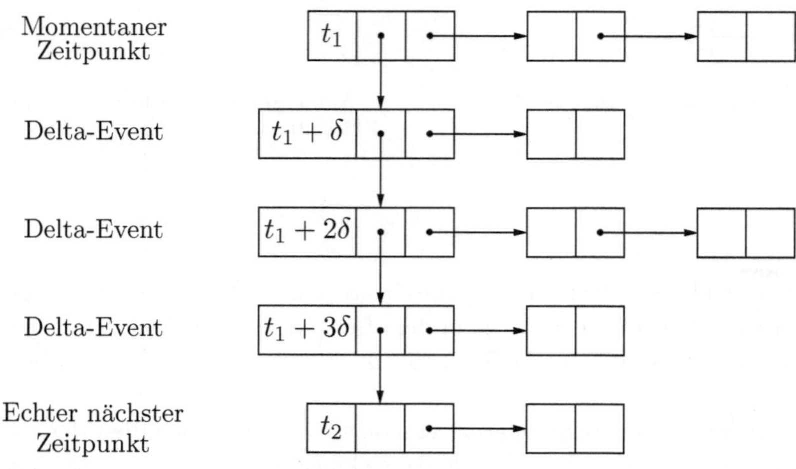

Abbildung 5.7. Event-Queue mit Delta-Delays

5.5 Formale Methoden

5.5.1 Combinational Equivalence Checking

Combinational Equivalence Checking entscheidet folgendes Problem: Gegeben zwei kombinatorische Schaltungen, ist das Verhalten der Schaltungen äquivalent? Da sich kombinatorische Schaltungen als Boole'sche Funktionen modellieren lassen, wird also die Frage entschieden, ob zwei Boole'sche Funktionen f und g logisch äquivalent sind. Combinational Equivalence Checking wird oft zum Vergleich von zwei verschiedenen Implementierungen derselben Funktionalität eingesetzt. Die beiden Schaltungen sind sich oft sehr ähnlich, wie beispielsweise eine optimierte und eine unoptimierte Variante derselben Schaltung.

Eine Möglichkeit, zwei Boole'sche Funktionen f und g zu vergleichen, besteht darin, je eine Funktionstabelle für f und g zu generieren. Zwei äquivalente Boole'sche Formeln haben dieselbe Funktionstabelle. Ein Vergleich der Tabellen ist linear in der Größe der Tabellen. Da die Tabellen jedoch bei n Variablen 2^n Zeilen haben, ist diese Methode nicht schneller als die Verwendung von Testvektoren.

Ebenfalls nicht geeignet ist die Umwandlung in äquivalente DNF oder KNF (siehe Kapitel 1). Abb. 5.8 zeigt das Karnaugh-Diagramm für die Parity-Funktion

$$a \oplus b \oplus c \oplus d \,.$$

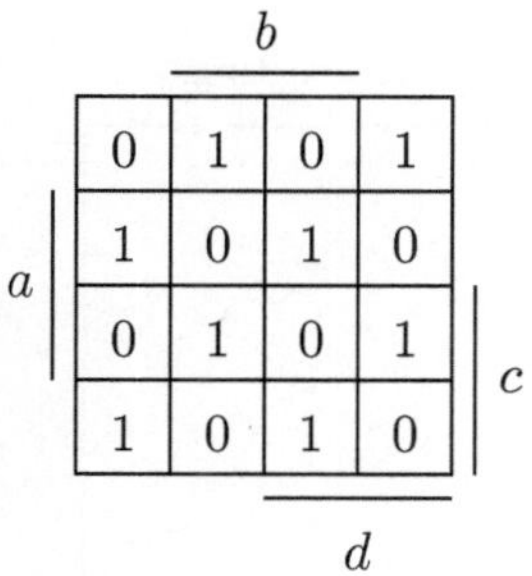

Abbildung 5.8. Exponentielle DNF für Parity

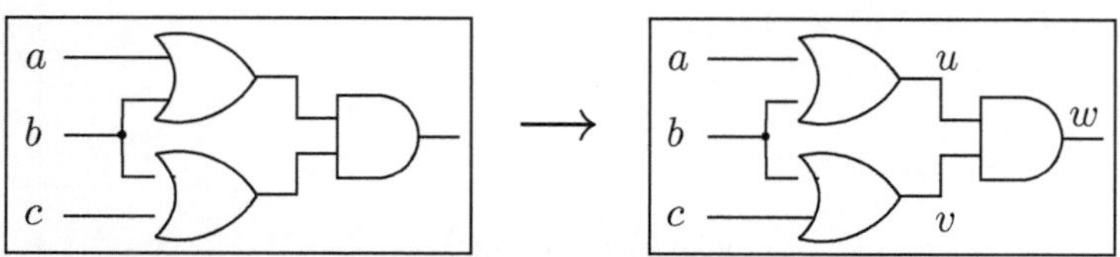

Abbildung 5.9. Tseitin-Transformation in KNF

Da offensichtlich keine Blöcke gebildet werden können, hat eine DNF-Darstellung (und auch die KNF-Darstellung) der Parity-Funktion exponentielle Größe.

Es gibt jedoch eine Möglichkeit, eine beliebige Boole'sche Funktion in KNF (und auch DNF) umzuwandeln, so dass die Größe der KNF linear in der Größe der ursprünglichen Formel ist. Dazu muss man bereit sei, zusätzliche Variablen einzuführen. Diese Transformation wird als *Tseitin-Transformation* bezeichnet.

Wir dürfen annehmen, dass die Boole'sche Funktion f als Schaltkreis gegeben ist. Die Transformation hat drei Schritte:

Tseitin-Transformation

① Alle inneren Knoten des Schaltkreises werden mit einem neuen Namen versehen (siehe Abbildung 5.9).

② Für jedes Gatter des Schaltkreises werden passende Constraints in Form von Klauseln generiert. Die Constraints sind in Tabelle 5.1 angegeben.

③ Die KNF für f setzt sich aus den Klauseln aus Schritt 2 zusammen.

Wir illustrieren die Constraints, die für die Gatter generiert werden, anhand des Beispiels in Abbildung 5.9:

$$(u \leftrightarrow a \vee b) \wedge$$
$$(v \leftrightarrow b \vee c) \wedge$$
$$(w \leftrightarrow u \wedge v)$$

Tabelle 5.1. Constraints der Gatter für die Tseitin-Transformation mit Herleitung

Negation:
$$x \leftrightarrow \overline{y} \Leftrightarrow (x \rightarrow \overline{y}) \wedge (\overline{y} \rightarrow x)$$
$$\Leftrightarrow (\overline{x} \vee \overline{y}) \wedge (y \vee x)$$

Disjunktion:
$$x \leftrightarrow (y \vee z) \Leftrightarrow (y \rightarrow x) \wedge (z \rightarrow x) \wedge (x \rightarrow (y \vee z))$$
$$\Leftrightarrow (\overline{y} \vee x) \wedge (\overline{z} \vee x) \wedge (\overline{x} \vee y \vee z)$$

Konjunktion:
$$x \leftrightarrow (y \wedge z) \Leftrightarrow (x \rightarrow y) \wedge (x \rightarrow z) \wedge ((y \wedge z) \rightarrow x)$$
$$\Leftrightarrow (\overline{x} \vee y) \wedge (\overline{x} \vee \dot{z}) \wedge (\overline{(y \wedge z)} \vee x)$$
$$\Leftrightarrow (\overline{x} \vee y) \wedge (\overline{x} \vee z) \wedge (\overline{y} \vee \overline{z} \vee x)$$

Äquivalenz:
$$x \leftrightarrow (y \leftrightarrow z) \Leftrightarrow (x \rightarrow (y \leftrightarrow z)) \wedge ((y \leftrightarrow z) \rightarrow x)$$
$$\Leftrightarrow (x \rightarrow ((y \rightarrow z) \wedge (z \rightarrow y)) \wedge ((y \leftrightarrow z) \rightarrow x)$$
$$\Leftrightarrow (x \rightarrow (y \rightarrow z)) \wedge (x \rightarrow (z \rightarrow y)) \wedge ((y \leftrightarrow z) \rightarrow x)$$
$$\Leftrightarrow (\overline{x} \vee \overline{y} \vee z) \wedge (\overline{x} \vee \overline{z} \vee y) \wedge ((y \leftrightarrow z) \rightarrow x)$$
$$\Leftrightarrow (\overline{x} \vee \overline{y} \vee z) \wedge (\overline{x} \vee \overline{z} \vee y) \wedge (((y \wedge z) \vee (\overline{y} \wedge \overline{z})) \rightarrow x)$$
$$\Leftrightarrow (\overline{x} \vee \overline{y} \vee z) \wedge (\overline{x} \vee \overline{z} \vee y) \wedge ((y \wedge z) \rightarrow x) \wedge ((\overline{y} \wedge \overline{z}) \rightarrow x)$$
$$\Leftrightarrow (\overline{x} \vee \overline{y} \vee z) \wedge (\overline{x} \vee \overline{z} \vee y) \wedge (\overline{y} \vee \overline{z} \vee x) \wedge (y \vee z \vee x)$$

Die Transformation erhält Erfüllbarkeit, das heißt das Ergebnis der Transformation ist erfüllbar genau dann, wenn die ursprüngliche Formel erfüllbar ist. Die Formeln sind *nicht* äquivalent, da die transformierte Formel neue, zusätzliche Variablen enthält.

Die KNF, die auf diese Weise generiert worden ist, kann im DIMACS-Format an einen *SAT-Algorithmus* übergeben werden. SAT steht für Satisfiability, also Erfüllbarkeit. Die Erfüllbarkeit Boole'scher Funktionen in KNF ist das „klassische" NP-vollständige Problem.[7] Wir gehen nicht auf die Details dieser Algorithmen ein. Wichtig für uns ist, dass es viele schnelle Implementierungen gibt, obwohl alle bekannten SAT-Algorithmen schlimmstenfalls exponentielle Laufzeit haben. Aufgrund der guten Effizienz in der Praxis sind SAT-Solver

---

[7]Siehe theoretische Informatik und Komplexitätstheorie.

inzwischen zu einem Standardtool in der Industrie geworden und sind Teil vieler kommerzieller Designtools.

Wie können wir nun einen SAT-Algorithmus einsetzen, um zwei Funktionen f und g auf Äquivalenz zu testen? Wir bauen zunächst eine neue Funktion eq wie folgt:

$$eq := f \oplus g \tag{4}$$

Anschließend transformieren wir eq in KNF, wie oben beschrieben. Die KNF von eq ist erfüllbar genau dann, wenn f und g *nicht* äquivalent sind. Eine solche Konstruktion wird als *Miter* bezeichnet.

5.5.2 Formale Beweise

Die Korrektheit von Hardware kann auch mithilfe mathematischer Definitionen und Beweise gezeigt werden. Diese Technik gilt als arbeitsintensiv und erfordert eine hohe Qualifikation und ist daher in der Praxis den großen Chipherstellern (Intel, IBM, AMD) vorbehalten. Die Beweise wurden ursprünglich per Hand (auf Papier) erstellt und lediglich als zusätzliche Dokumentation verwendet. Inzwischen werden computerimplementierte Theorembeweiser wie z. B. PVS, HOL oder ACL2 für diesen Zweck eingesetzt, die einerseits einen manuell erstellten Beweis überprüfen, und andererseits die Erstellung der Beweise zumindest teilautomatisieren.

Wir haben bereits formale Spezifikationen für einfache kombinatorische Schaltungen kennengelernt, wie beispielsweise die eines Addierers für Binärzahlen. Zur Definition der Addition zweier Binärzahlen haben wir die Funktion $\langle x \rangle$ (Kapitel 4) verwendet. Wir schreiben $\langle x \rangle$ für die natürliche Zahl, die durch den Bit-Vektor x dargestellt wird.

Definition 5.2 (Korrektheit Addierer) Es sei $add : \{0,1\}^n \times \{0,1\}^n \longrightarrow \{0,1\}^n$ eine Schaltfunktion. Die Funktion add implementiert einen n-Bit-Addierer für Binärzahlen, wenn sie folgende Eigenschaft hat:

$$\langle x \rangle + \langle y \rangle = \langle add(x,y) \rangle \mod 2^n \tag{5}$$

5.2

Als Beispiel für einen formalen Beweis zeigen wir die Korrektheit des Ripple-Carry-Addierers (RCA) aus Kapitel 4. Wir zeigen, dass die Schaltung die oben genannte Eigenschaft hat.

Der RCA besteht aus einer Kette von Volladdierern. Das Summenbit und das Carry-out-Bit eines Volladdierers sind wie folgt definiert, wobei a, b und cin Bits sind:

$$sum(a,b,cin) := a \oplus b \oplus c_{in} \tag{6}$$

$$cout(a, b, cin) := (a \wedge b) \vee (a \wedge cin) \vee (b \wedge cin) \tag{7}$$

5.1 **Theorem 5.1** Die Korrektheit des Volladdierers kann leicht wie folgt formalisiert werden:

$$\langle cout(a, b, cin) \; sum(a, b, cin) \rangle = \langle a \rangle + \langle b \rangle + \langle cin \rangle \tag{8}$$

Der Beweis erfolgt per Fallunterscheidung über a, b und cin.

Die Werte der Carry-Bits im RCA werden durch eine rekursive Funktion c_i definiert, wobei i die Nummer des Carry-Bits ist und x, y die Vektoren bezeichnen, die addiert werden sollen.

$$c_0(x, y) := 0 \tag{9}$$
$$c_i(x, y) := cout(x_{i-1}, y_{i-1}, c_{i-1}(x, y)) \quad \text{für } 1 \leq i \leq n \tag{10}$$

Die Summenbits s_i sind dann wie folgt definiert:

$$s_i(x, y) := sum(x_i, y_i, c_i(x, y)) \tag{11}$$

Zum Beweis der Bedingung in Definition 5.2 verwenden wir die Induktion über n. Wir müssen die Behauptung jedoch zunächst verstärken, da Definition 5.2 keinerlei Aussage über die Carry-Bits beinhaltet. Eine derartige Verstärkung ist typisch für Induktionsbeweise.
Wir zeigen daher zunächst das folgende, stärkere Lemma:

5.2 **Theorem 5.2** Die Zahl, die durch die Summen- und Carry-Bits des RCAs dargestellt wird, ist die Summe der Zahlen, die durch die Operanden dargestellt werden:

$$\langle c_n s_{n-1} \ldots s_0 \rangle = \langle x_{n-1} \ldots x_0 \rangle + \langle y_{n-1} \ldots y_0 \rangle \tag{12}$$

Beweis 1 Wir beweisen diese Behauptung per Induktion über n. Für $n = 1$ ergibt sich die Behauptung aus Theorem 5.1. Wir machen den Induktionsschritt von n nach $n + 1$ und müssen daher folgende Induktionsbehauptung zeigen:

$$\langle c_{n+1} s_n \ldots s_0 \rangle = \langle x_n \ldots x_0 \rangle + \langle y_n \ldots y_0 \rangle \tag{13}$$

Wir fahren fort per Fallunterscheidung über x_n und y_n.
1. $x_n = y_n = 0$. In diesem Fall ist $c_{n+1} = 0$, und es ist zu zeigen, dass

$$\langle s_n s_{n-1} \ldots s_0 \rangle = \langle x_n \ldots x_0 \rangle + \langle y_n \ldots y_0 \rangle$$

gilt. Wegen $x_n = y_n = 0$ ist dies äquivalent zu

$$\langle s_n s_{n-1} \ldots s_0 \rangle = \langle x_{n-1} \ldots x_0 \rangle + \langle y_{n-1} \ldots y_0 \rangle \, .$$

Wegen $x_n = y_n = 0$ ist $s_n = c_n$, und wir erhalten die Induktionsvoraussetzung.

2. $x_n = 1$, $y_n = 0$: In diesem Fall ist $c_{n+1} = c_n$, und es ist zu zeigen, dass

$$\langle c_n s_n \ldots s_0 \rangle = \langle x_n \ldots x_0 \rangle + \langle y_n \ldots y_0 \rangle$$

gilt. Wegen $x_n = 1$ und $y_n = 0$ ist dies äquivalent zu

$$\langle c_n s_n \ldots s_0 \rangle = 2^n + \langle x_{n-1} \ldots x_0 \rangle + \langle y_{n-1} \ldots y_0 \rangle \, .$$

Wir können dies unter Verwendung der Induktionsvoraussetzung wie folgt umschreiben:

$$\langle c_n s_n \ldots s_0 \rangle = 2^n + \langle c_n s_{n-1} \ldots s_0 \rangle \, .$$

Wir wenden die Definition der $\langle \ldots \rangle$-Funktion (Kapitel 4) an und erhalten folgende Restterme:

$$c_n \cdot 2^{n+1} + s_n \cdot 2^n = 2^n + c_n \cdot 2^n \, .$$

Wegen $x_n = 1$ und $y_n = 0$ ist $s_n = \neg c_n$, und daher ist dies äquivalent zu

$$c_n \cdot 2^{n+1} + (1 - c_n) \cdot 2^n = 2^n + c_n \cdot 2^n \, .$$

3. $x_n = 0$, $y_n = 1$: analog wie der vorhergehende Fall.
4. $x_n = y_n = 1$: In diesem Fall ist $c_{n+1} = 1$, und es ist zu zeigen, dass

$$\langle 1 s_n \ldots s_0 \rangle = \langle x_n \ldots x_0 \rangle + \langle y_n \ldots y_0 \rangle$$

gilt. Wegen $x_n = y_n = 1$ ist dies äquivalent zu

$$2^{n+1} + \langle s_n \ldots s_0 \rangle = 2^n + \langle x_{n-1} \ldots x_0 \rangle + 2^n + \langle y_{n-1} \ldots y_0 \rangle \, .$$

Wir vereinfachen diese Behauptung zu

$$\langle s_n s_{n-1} \ldots s_0 \rangle = \langle x_{n-1} \ldots x_0 \rangle + \langle y_{n-1} \ldots y_0 \rangle \, .$$

Wegen $x_n = y_n = 1$ gilt $s_n = c_n$, und damit erhalten wir die Induktionsvoraussetzung.

Wir folgern nun die eigentliche Korrektheitsaussage aus unserer verstärkten induktiven Behauptung:

5.3   **Theorem 5.3** Die Summenbits des RCAs sind korrekt, also

$$\langle s \rangle = \langle x \rangle + \langle y \rangle \quad \mathrm{mod}\ 2^n .$$

Beweis 2 Wir zeigen diese Behauptung per Fallunterscheidung. Falls $c_n = 0$, dann gilt $\langle 0s_{n-1} \ldots s_0 \rangle = \langle x \rangle + \langle y \rangle$, und die Behauptung gilt offensichtlich. Falls $c_n = 1$, dann gilt $\langle 1s_{n-1} \ldots s_0 \rangle = \langle x \rangle + \langle y \rangle$. Wir können die Behauptung wie folgt vereinfachen:

$$\begin{aligned}
\langle s \rangle &= \langle 1s_{n-1} \ldots s_0 \rangle \quad \mathrm{mod}\ 2^n \\
&= 2^n + \langle s_{n-1} \ldots s_0 \rangle \quad \mathrm{mod}\ 2^n
\end{aligned}$$

Da $2^n \bmod 2^n = 0$, ist auch hier die Behauptung gezeigt.

5.5.3 Model Checking

Model Checking arbeitet auf endlichen Modellen von Protokollen, Programmen oder sequentiellen Schaltungen. Im Wesentlichen lässt sich Model Checking als *Zustandsexploration* deuten. Ein Model Checker durchläuft alle erreichbaren Zustände ausgehend von den Anfangs- bzw. Reset-Zuständen und sucht nach Fehlerzuständen oder fehlerhaften Verhalten. Typischerweise wird zur Spezifikation temporale Logik herangezogen. In temporaler Logik lassen sich einfache *Sicherheitseigenschaften* beschreiben, wie Invarianten oder eben Fehlerzustände. Darüberhinaus bedeutet die Gültigkeit von *Lebendigkeitseigenschaften*, dass bestimme Dinge geschehen müssen und z. B. nicht für immer hinausgeschoben werden können.

In diesem Abschnitt betrachten wir nur einfachste Sicherheitseigenschaften der Form $p(s)$, wobei p ein Prädikat über Zustände darstellt. Zum Beispiel soll $p(s)$ bedeuten, dass mindestens eines der Zustandsbits, die den Zustand s kodieren, Null sein muss. Der Model Checker überprüft, ob in allen erreichbaren Zuständen $s \in S$ das Prädikat p wahr ist, also $p(s)$ gilt. Falls dies nicht der Fall ist, wird eine Zustandsabfolge s_0, ..., s_k generiert, wobei $\neg p$ im letzten Zustand s_k gilt, geschrieben $\neg p(s_k)$ und der erste Zustand s_0 ein Anfangszustand ist. Dazu muss der Model Checker sicherstellen, dass s_{i+1} in einem Schritt von s_i erreicht werden kann.

Als Beispiel diene ein Modulo-4-Zähler mit einem *enable*-Eingang und einem synchronen *reset*-Eingang. Das Transitionssystem des Zählers wird durch folgende Formeln kodiert, welche sich aus einer Schaltkreis- oder Verilog-Implementierung ablesen lassen:

$$I(s) \equiv \neg u \wedge \neg v \qquad T(s, s') \equiv (v' \leftrightarrow \neg r \wedge (v \oplus e)) \wedge (u' \leftrightarrow \neg r \wedge (u \oplus (x \wedge e)))$$

Dabei ist $s = (u, v, r, e)$ mit höherwertigem Bit u, niederwertigen Bit v, r als synchroner *reset*-Eingang und e als *enable*-Eingang zu verstehen. Man beachte, dass durch T die Folgewerte von r und e nicht eingeschränkt werden. Deshalb modellieren r und e wie gewünscht Eingabe-Signale.

Man könnte der „dummen Idee" verfallen, solch einen Modulo-4-Zähler zu missbrauchen, um den Zugriff auf eine gemeinsame Ressource zu regeln, z. B. auf einen Bus. Das höherwertige Bit u würde der ersten Komponente den Zugriff erlauben, das niederwertige Bit v der zweiten Komponente. Als Spezifikation für den gegenseitigen Ausschluss kommt $p(s) \equiv \neg(u \wedge v)$ in Betracht.

Ein Model Checker wird für dieses Beispiel eine Zustandsabfolge ausgeben, die von einem bzw. hier *dem* einen Anfangszustand zu einem Zustand führt, in dem der gegenseitige Ausschluss verletzt wird, also beide Zustandsbits Eins sind. Ein solches Gegenbeispiel zur Spezifikation erleichtert im Allgemeinen die Fehlersuche beträchtlich.

Der Ansatz des *Bounded Model Checking* besteht darin, nach solchen Gegenbeispielen *symbolisch* zu suchen. Zunächst werden Gegenbeispiele der Länge $k = 0$ gesucht, dann $k = 1$, etc. Für ein festes k wird folgende Boole'sche Formel erzeugt:

$$I(s_0) \wedge T(s_0, s_1) \wedge \ldots \wedge T(s_{k-1}, s_k) \wedge p(s_k)$$

Diese Formel charakterisiert *alle* Gegenbeispiele der Länge k für die Invariante p, welche p im letzten Zustand verletzen. Setzt man die Definitionen von I, T und p ein, so erhält man z. B. für $k = 3$:

$$\neg u_0 \wedge \neg v_0 \; \wedge$$
$$(v_1 \leftrightarrow \neg r_0 \wedge (v_0 \oplus e_0)) \wedge (u_1 \leftrightarrow \neg r_0 \wedge (u_0 \oplus (x_0 \wedge e_0))) \; \wedge$$
$$(v_2 \leftrightarrow \neg r_1 \wedge (v_1 \oplus e_1)) \wedge (u_2 \leftrightarrow \neg r_1 \wedge (u_1 \oplus (x_1 \wedge e_1))) \; \wedge$$
$$(v_3 \leftrightarrow \neg r_2 \wedge (v_2 \oplus e_2)) \wedge (u_3 \leftrightarrow \neg r_2 \wedge (u_2 \oplus (x_2 \wedge e_2))) \; \wedge$$
$$\neg(\neg(u_3 \wedge v_3))$$

Nach der Tseitin-Transformation kann die erzeugte KNF von einem SAT-Solver gelöst werden. Aus der erfüllenden Belegung kann ein konkretes Gegenbeispiel durch Projektion auf die Zustandsvariablen gewonnen werden:

$$\underbrace{(0, 0, 0, 1)}_{s_0} \underbrace{(0, 1, 0, 1)}_{s_1} \underbrace{(1, 0, 0, 1)}_{s_2} \underbrace{(1, 1, 0, 1)}_{s_3}$$

Ist ein Fehlerzustand erreichbar, so findet dieser Ansatz den Fehler. Es bleibt zu klären, wie Bounded Model Checking auch feststellen kann, dass eine Invariante gültig ist. Eine einfache Methode besteht darin, zu überprüfen, ob ab einem gewissen k die Formel

$$I(s_0) \wedge T(s_0, s_1) \wedge \ldots \wedge T(s_{k-1}, s_k) \wedge \bigwedge_{0 \leq i < j \leq k} s_i \neq s_j$$

unerfüllbar ist. Trifft dieser Fall zu, so kann man alle Zustände in höchstens $k-1$ Schritten erreichen. Sollte man also kein Gegenbeispiel der Länge kleiner k gefunden haben, so muss die Invariante gelten. In der Theorie liefert diese Vorgehensweise einen vollständigen Model Checking Algorithmus. In der Praxis bedarf es jedoch einiger raffinierter Verbesserungen die den Algorithmus effizienter machen.

5.6 Aufgaben

Aufgabe 5.1 Erweitern Sie die Definition 5.2 um Carry-in und Carry-out.

Aufgabe 5.2 Erweitern Sie den Korrektheitsbeweis für den RCA um Carry-in.

Aufgabe 5.3 Zeigen Sie formal, dass sich ein korrekter Addierer für Binärzahlen auch für Zahlen im Zweierkomplement eignet!

Aufgabe 5.4 Wie lauten I und T für einen Modulo-3-Zähler? Verwenden Sie zunächst eine Binäkodierung mit zwei Zustandsbits. Welche illegalen Zustände gibt es? Geben Sie eine aussagenlogische Formel an, welche für $k = 2$ alle Pfade mit drei Zuständen repräsentiert, deren letzter Zustand illegal ist.

Aufgabe 5.5 Geben Sie nun für Ihren Modulo-3-Zähler eine aussagenlogische Formel an, deren Unerfüllbarkeit zeigt, dass nur Gegenbeispiele mit der maximalen Länge $k = 2$ untersucht werden müssen.

Aufgabe 5.6 Verwenden Sie nun eine One-Hot-Kodierung für Ihren Modulo-3-Zähler, wobei jeder Zustand mit einem Zustandsbit repräsentiert wird.

5.7 Literatur

Die Qualitätssicherung dominiert den Designprozess komplexer digitaler Schaltungen. Einen Überblick über formale, das heißt vollständige Techniken zur Verifikation kombinatorischer Schaltungen geben Jain et al. [JNFSV97].

Formale Techniken werden auch zur Verifikation sequenzieller Schaltungen eingesetzt. Müller und Paul beschreiben die Implementierung einer typischen DLX-Pipeline einschließlich einer Floating-Point-Einheit [MP00]. Die Korrektheit des Prozessors wird formal bewiesen. Maschinenverifizierte Beweise der Korrektheit von Prozessoren finden sich bei Camilleri et al. [CGM86], Joyce [Joy88], Cyrluk et al. [Cyr93, CRSS94], Hunt [Hun94] und Sawada [SH99]. Abrials B-Methode ist als formale Verfeinerungstechnik für Software bekannt. Börger und Mazzanti beschreiben eine Variante der B-Methode für Hardware [BM96]. Eine Hardwarespezifikation wird schrittweise solange verfeinert, bis eine synthetisierbare Schaltung entsteht. VDM [FL98] und Z [WD96] sind weitere Methoden, die Verfeinerung einsetzen.

Diese manuellen Techniken erfordern einen immensen Arbeitsaufwand; automatisierte Techniken basierten zunächst auf symbolischer Analyse mit BDDs von Bryant [Bry86]. *Symbolisches Model Checking* [McM93, CGP99] ist eine vollständige Technik zur Überprüfung gegebener Eigenschaften (z. B. System Verilog Assertions). Da BDDs nur schlecht in der Anzahl der Variablen skalieren, wird heutzutage oft ein SAT-Algorithmus zum Model Checking eingesetzt. SAT-basiertes Bounded Model Checking (BMC) ist zu einer Standardtechnik in der Industrie geworden [BCRZ99].

Der Pentium-FDIV-Fehler wurde als Beispiel für viele automatische formale Methoden eingesetzt [Coe95, CKZ96]. Burch und Dill haben mit dem *Pipeline-Flushing* die bekannteste automatische Verifikationstechnik für Prozessorpipelines vorgestellt [BD94].

Kapitel 6

Speicherelemente

6

6 Speicherelemente

6 Speicherelemente

In diesem Kapitel werden einige ausgewählte Themen aus dem Bereich der Speichertechnologie behandelt. Zuerst werden ROM und RAM, inklusive einiger Details über deren Implementierung, diskutiert. Es folgen kurze Übersichten über Datenbusse sowie Caches.

6.1 Adressen

Wir haben bereits in Kapitel 2 Latches und Flipflops kennengelernt, welche aus Gattern aufgebaut sind. Natürlich eignen sich diese Elemente hervorragend, um Werte für längere Zeit zu speichern, doch gegen deren Verwendung, um große Mengen von Daten zu speichern, sprechen zwei Argumente: Geschwindigkeit und Preis. Hier wollen wir uns nun mit Speicherbauteilen beschäftigen, die mehr Daten aufbewahren können und dabei gleichzeitig weniger kosten.

Wir wollen zuerst auf einer abstrakten Ebene verstehen, wie diese funktionieren. In der Regel ist Speicher in Form einer Matrix von einzelnen Speicherzellen angeordnet. Wir können die Adressleitungen eines Speicherchips mit Werten belegen, welche eine dieser Speicherzellen eindeutig identifiziert. Über separate Datenleitungen können wir dann den Wert, der in die Speicherzelle geschrieben werden soll, anlegen. Daraufhin signalisiert man dem Chip über eine Kommandoleitung (WE in Abbildung 6.1a), dass alles für den Schreibvorgang vorbereitet wurde. Beim Lesevorgang werden allerdings keine separaten Leitungen verwendet. Stattdessen werden die Datenleitungen mit Hilfe von Threestate-Buffern auf Ausgabeleitungen umgeschaltet.

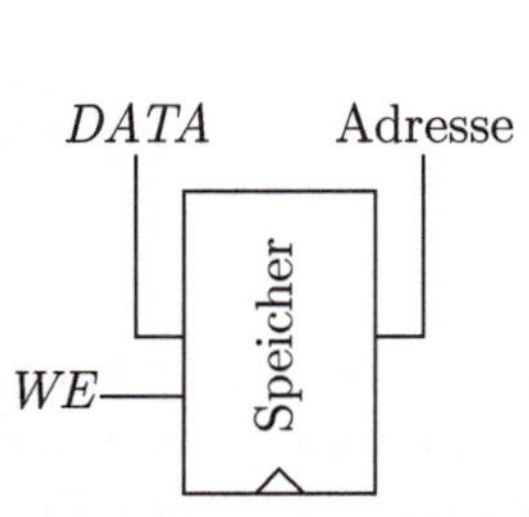

a. Abstrakter Speicherchip

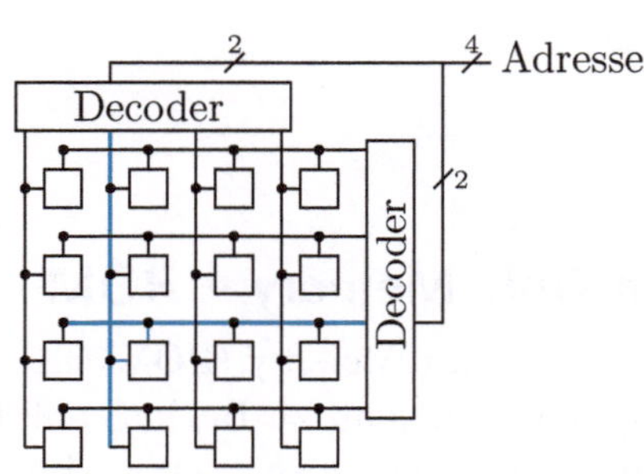

b. Speicher-Matrix

Abbildung 6.1. Abstrahierter Speicher

Jede Speicherzelle ist im Speicherchip innerhalb der Matrix mit einer eindeutigen Adresse ansprechbar (vgl. Abbildung 6.1b). Dazu wird üblicherweise eine binärkodierte Adresse in zwei Teile aufgespalten und an Decoder übergeben, welche eine Zeilen- bzw. Spaltenleitung mit der entsprechenden Nummer aktivieren. Ein Decoder besitzt dazu n Eingänge und 2^n Ausgangsleitungen, die durchnummeriert sind. Legt man nun eine binärkodierte Zahl an die Eingänge, so wird die Leitung mit der entsprechenden Nummer auf 1 gesetzt und alle anderen auf 0 (siehe auch Programm 6.1).

Jede Speicherzelle kann damit anhand ihrer Position innerhalb der Matrix angesprochen werden, indem man die entsprechende Adresse setzt. Eine Speicherzelle „weiß" also, dass sie ausgewählt ist, wenn ihre Zeilen- *und* ihre Spaltenleitung aktiv ist; dies kann natürlich über ein UND-Gatter realisiert werden. Wenn wir nur eine einzige Speicherzelle betrachten, dann bezeichnen wir diese „Identifikationsleitung" oft auch einfach als *die* Adressleitung der Zelle.

In einer solchen Speichermatrix können wir prinzipiell zwei verschiedene Arten von Speicherzellen verwenden: Read-Only Memory (ROM), also Speicher, der nur gelesen werden kann, und Random Access Memory (RAM), der sowohl ausgelesen als auch beschrieben werden kann. Wir wollen uns zuerst mit diesen beiden Arten von Speichern und ihren Unterschieden beschäftigen, bevor wir noch einen Blick auf die Organisation des Speichers auf Datenbussen und in Caches werfen.

6.1　　**Programm 6.1 (Decoder in Verilog)**

```
module decoder (input [1:0] in , output [3:0] out );
   assign out = ( in == 2'b00 ) ? 4'b0001 :
                ( in == 2'b01 ) ? 4'b0010 :
                ( in == 2'b10 ) ? 4'b0100 :
                ( in == 2'b11 ) ? 4'b1000 :
                                  4'h0000;
   endmodule
```

6.2 Read-Only Memory – ROM

Auch wenn Read-Only Memory (ROM) eigentlich nur gelesen werden kann, muss er zumindest einmal, zu Beginn, mit Daten beschrieben werden, die später dann nur noch ausgelesen werden. Beispiele dafür sind CD- und DVD-ROMs oder in früheren Zeiten auch Lochkarten. Hier wollen wir uns jedoch auf Halbleiter-ROMs konzentrieren. Erste Implementierungen dieses Kon-

zepts waren Diodenmatrizen[1] (engl. *diode matrix ROMs*). Diese bestanden
einfach aus einem Raster von Leiterbahnen, wobei an den entsprechenden
Stellen Dioden verbaut wurden, was eine logische 1 bedeutete. Diese Art von
Speichern ist tatsächlich nur auszulesen, aber nicht veränderbar.

Spätere Ausführungen sind elektronisch programmierbar. Am Anfang der
ROM-Hierarchie steht dabei das PROM *(programmable ROM)*, welches auch
aus einer Diodenmatrix bestand. Die Anschlussbeine der Dioden waren allerdings so dünn, dass sie bei großem Stromdurchfluss durchbrannten. Dadurch
war es möglich, das PROM so herzustellen, dass alle Bits im Speicher auf
1 gesetzt waren, man aber nachträglich noch auf elektronischem Wege die
0-Stellen „einbrennen" konnte.

Eine modernere Variante des PROMs ist das EPROM *(electronically programmable ROM)*, welches aus einem Raster von speziellen Floating-Gate-
Transistoren besteht, die neben dem Steuer-Gate auch noch ein Floating-
Gate besitzen. Das Floating-Gate ist komplett von Substrat umgeben und
kann für längere Zeit eine Ladung speichern. Dieser Speichereffekt wird erzielt, indem man an Source, Gate und Drain eine Spannung anlegt und damit das Floating-Gate in der Mitte „auflädt". Dadurch verschiebt sich die
Durchschaltspannung des Transistors und es sind unterscheidbare Zustände
geschaffen. Wenn diese Ladung allerdings einmal auf dem Floating-Gate aufgebracht ist, kann man sie nicht mehr auf elektronischem Wege entfernen –
dazu benötigt man ultraviolettes Licht. Diese Art von EPROM kann man
manchmal noch in älteren PCs finden: Wenn man den Aufkleber vom Chip
entfernt, der das BIOS (engl. für *Basic Input Output System*) enthält, wird
ein Sichtfenster freigegeben, das dafür gedacht ist, das ultraviolette Licht zum
Löschen ins Innere des Chips zu leiten.

Die dritte Generation von ROM-Speichern nennt sich EEPROM *(electronically erasable PROM)*. Diese Technologie baut auf demselben Prinzip wie das
EPROM auf. Der Speicher kann aber auch auf elektronischem Wege gelöscht
werden. Dies wird durch ein besonders dünnes Floating-Gate erreicht, das,
nachdem es aufgeladen wurde, mit einem Impuls hoher Spannung wieder
in den Ursprungszustand versetzt werden kann. Löschvorgänge sind jedoch
langsam und setzen dem Material zu: Nach etwa 1.000.000 Schreibzyklen ist
das Material zu sehr ermüdet und der Chip wird unbrauchbar. EEPROMs
werden also dort eingesetzt, wo das Löschen nur selten gebraucht wird, wie
etwa beim BIOS eines PCs, das während der Lebenszeit des Rechners nur
einige Male aktualisiert wird.

Die neueste Generation von PROMs ist der *Flash-Speicher* oder auch *Flash-
EEPROM*. Bei dieser Art von ROMs können Bits auf dem Chip nicht einzeln,

---

[1]Auch Implementierungen mit Widerständen oder Kondensatoren hat es gegeben.

sondern nur in Blöcken gelöscht werden. Dies benötigt weniger Strom und ist billiger herzustellen. Allerdings leidet darunter die Lebensdauer: Etwa 10.000 Schreibzyklen verträgt ein Block, bevor er unzuverlässig wird. Flash-Speicher erfreuen sich großer Beliebtheit (in Digitalkameras, als USB-Sticks etc.) und werden auch in PCs als Speicher für das BIOS verwendet.

6.3 Random Access Memory – RAM

Beim ROM wird davon ausgegangen, dass die Daten im Speicher gar nicht bis selten verändert werden müssen. Will man einen Speicher, der gleichermaßen auslesbar und veränderbar ist, nimmt man einen RAM-Baustein. Im Gegenzug wird davon ausgegangen, dass die Daten im RAM nur für begrenzte Zeit benötigt werden und deshalb verloren gehen dürfen, wenn keine Spannung mehr anliegt. Zur dauerhaften Speicherung müssen die Daten im RAM auf eine Festplatte oder in ein Flash-ROM kopiert werden.

6.3.1 Statisches RAM

Koppelt man zwei Inverter gegeneinander, wie etwa in Abbildung 6.2 angedeutet, so ergibt sich ein Speichereffekt: Legt man eine 0 an die Datenleitung *(DATA)* sowie auch an die Adressleitung an, stabilisieren sich die Inverter in der Weise, dass an der gegenüberliegenden Leitung $(\overline{DATA})$ eine 1 anliegt. Dieser gespeicherte Wert bleibt auch erhalten, wenn sich der Wert auf der Adressleitung ändert. Ein solcher RAM-Speicher wird *statisches RAM (SRAM)* genannt.

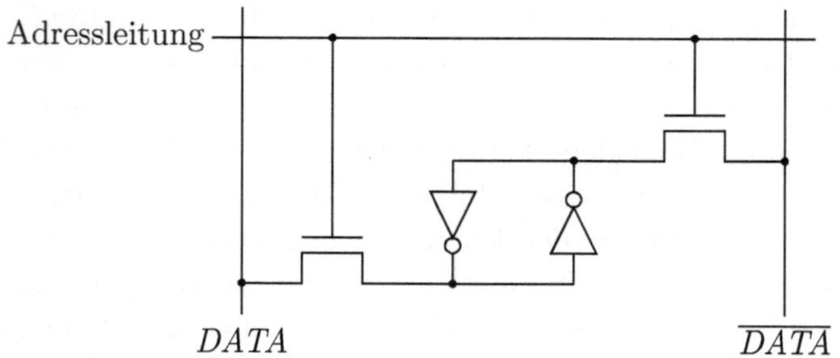

Abbildung 6.2. Statische RAM-Zelle

Der gespeicherte Wert bleibt allerdings nur so lange erhalten, wie auch die Inverter eine Versorgungsspannung erhalten. Da wir einen Inverter bereits mit zwei Transistoren aufbauen können (siehe Abschnitt 2.2.4), benötigen wir für die gesamte Zelle nur sechs Transistoren (Abbildung 6.3).

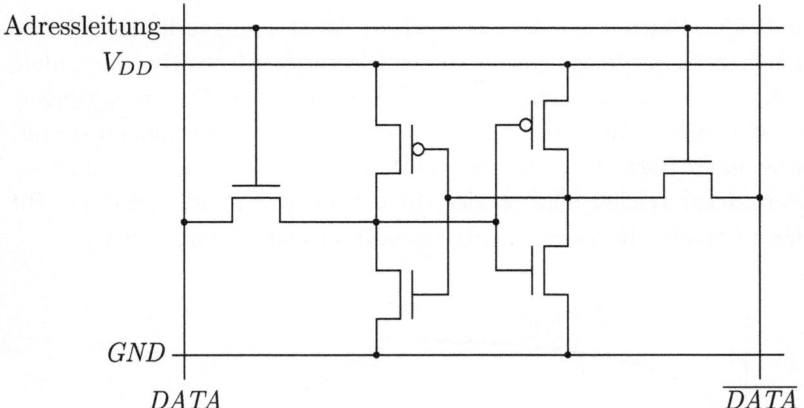

Abbildung 6.3. Statische RAM-Zelle in CMOS-Technologie

SRAM ist schnell, aber vergleichsweise teuer. Aus diesem Grund wird es oft als Zwischenspeicher innerhalb von Prozessoren eingesetzt. Dort ist auch die benötigte Speichermenge erheblich geringer als außerhalb eines Prozessors.

6.3.2 Dynamisches RAM

Speicherbausteine kann man auch aus etwas anderem als Gattern bauen: Mit Hilfe von Kondensatoren kann man das sogar auf erheblich billigerem Wege machen, denn man benötigt lediglich einen Kondensator und einen Transistor pro Speicherzelle (Abbildung 6.4).

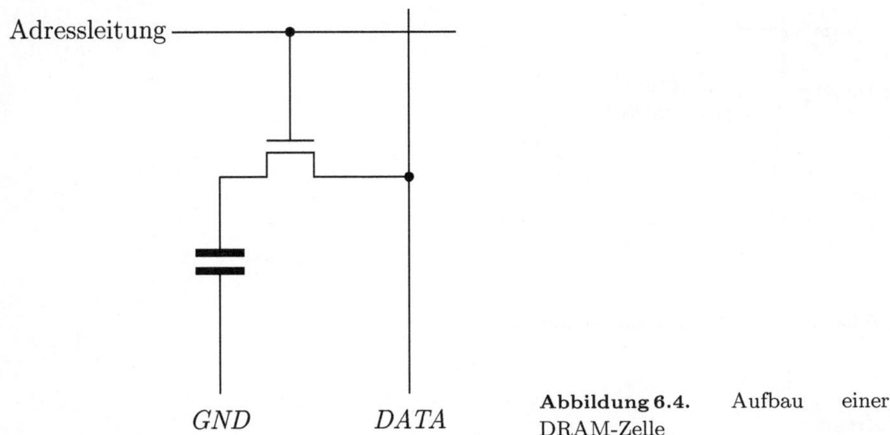

Abbildung 6.4. Aufbau einer DRAM-Zelle

Wir wollen also einen Blick auf die Eigenschaften eines Kondensators werfen. Wird eine Spannung an zwei gegenüberliegende Metallplatten angelegt, welche durch einen Isolator (das *Dielektrikum*) getrennt sind, so entsteht zwischen den beiden Platten ein elektrisches Feld. Die Ladungen in den Platten werden dabei getrennt, das heißt, eine der Platten wird positiv, die andere negativ geladen. Trennt man nun die Metallplatten von der Spannungsquelle, so bleiben die vorher aufgebrachten Ladungen getrennt und können später, wie etwa bei einer Batterie, abgeleitet werden. Dies ist das Funktionsprinzip des Kondensators, welcher im Falle des DRAM dazu verwendet wird, ein Bit zu speichern (geladen bedeutet 1, ungeladen 0 oder auch umgekehrt).

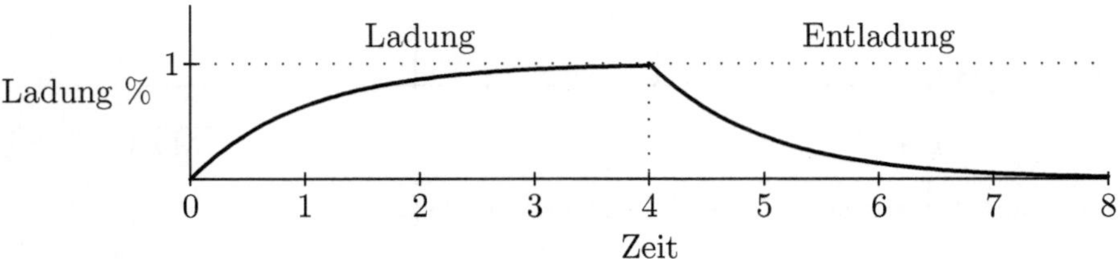

Abbildung 6.5. Ladekurve eines Kondensators

Allerdings lassen sich Kondensatoren nicht beliebig schnell laden und entladen. Die (abstrakte) Kurve in Abbildung 6.5 zeigt die Form dieser Kurven. Die tatsächlichen Ladungs- und Entladungszeiten ergeben sich aus der Kapazität und dem Material des Kondensators. Ein zu beachtender Punkt ist allerdings, dass ein vollständig geladener Kondensator dennoch über die Zeit die gespeicherte Ladung verliert (über den so genannten Innen- bzw. Isolationswiderstand des Kondensators).

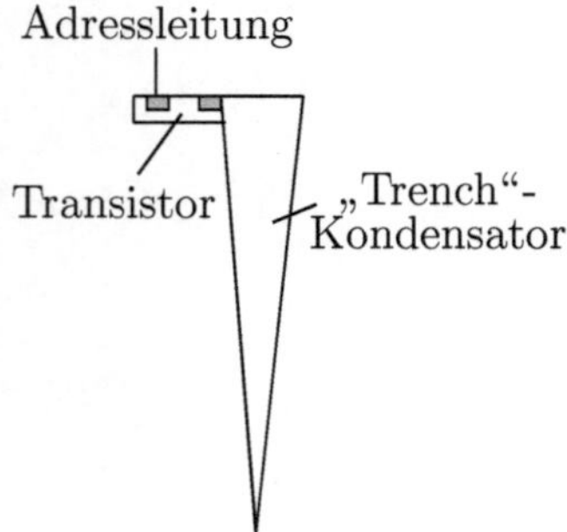

Abbildung 6.6. DRAM Implementierung

⊙ Refresh

Wie bereits angesprochen, können Kondensatoren eine einmal aufgebrachte Ladung aufgrund des nicht unendlich großen Isolationswiderstandes nicht für immer halten. Wenn wir etwas in einer DRAM-Zelle speichern, geht es also nach einiger Zeit verloren. Um dies zu verhindern, können wir in periodischen Abständen alle Speicherzellen auslesen und neu auf ihren bereits gespeicherten Wert setzen.

Die Abstände zwischen diesen *Refreshes* müssen dazu nur klein genug sein, um sicherzustellen, dass in der Zwischenzeit kein Kondensator so viel Ladung verloren haben kann, dass die logische Interpretation des Ladungsstandes falsch wäre. Da die in der Praxis verwendeten Kondensatoren sehr klein sind, können sie auch nur wenig Ladung speichern. Dies bedeutet wiederum relativ hohe Refreshfrequenzen; ein typischer Minimalwert hierfür ist etwa ein Refresh alle 64 ms, also eine Frequenz von etwa 15 Hz. Die *Refresh-Logik* kann dazu auf dem Speichermodul selbst angebracht sein oder vom System zur Verfügung gestellt werden. Wenn diese Logik auch eine zusätzliche Investition darstellt, ist DRAM so viel billiger als SRAM, dass DRAM im Endeffekt immer noch erheblich kostengünstiger bleibt, auch wenn er mit Refresh-Logik ausgeliefert wird.

6.4 Datenbusse

Will man den Arbeitsspeicher eines Prozessors nicht direkt auf dem Chip selbst unterbringen (z. B. weil das zu groß oder zu teuer wäre bzw. zu warm würde), so kann man eigene Speicherbauteile auf separaten Chips unterbringen und diese über externe Anschlüsse des Prozessors mit demselben verbinden.

Üblicherweise werden jedoch viele verschiedene Geräte (diverse Controller für Festplatten, CD-Laufwerke, USB-Geräte, Speichermodule etc.) angeschlossen. Daher müsste der Prozessor über eine enorme Anzahl von externen Anschlüssen verfügen. Um dieses Problem zu umgehen, kann man einen *Bus* entwerfen, der mehrere Geräte über dieselben Leitungen mit dem Prozessor verbindet. An dieser Stelle wollen wir uns speziell mit Speicherbussen beschäftigen, das heißt mit Bussen, die mehrere (evtl. verschiedene) Speichermodule mit einem Prozessor verbinden. Im Allgemeinen kann man aber auch

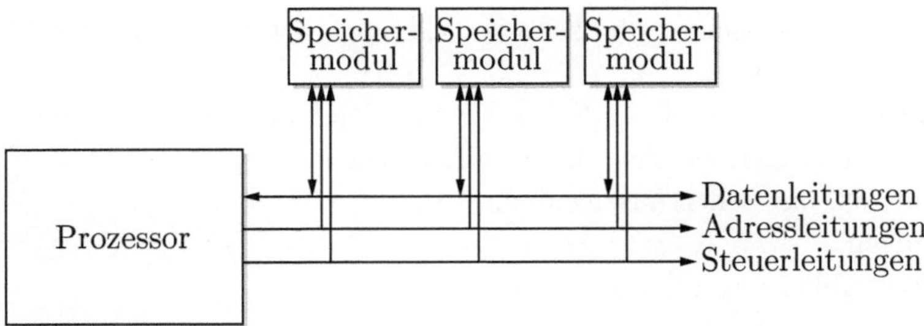

Abbildung 6.7. Speicherbus

von andersartigen Geräten abstrahieren und sie ebenso als Speichermodule behandeln – schließlich werden immer entweder Daten gesendet (gespeichert) oder empfangen (gelesen).

Wenn wir einen Blick auf Abbildung 6.7 werfen, wird uns sofort klar, dass hier ein Problem entstehen muss: Was passiert, wenn mehrere Speichermodule gleichzeitig aktiv sind und verschiedene Datenwerte auf die Datenleitungen legen? Wie wir bereits in Kapitel 2 gesehen haben, können wir Signale mit Hilfe eines Threestate-Buffers (bzw. Transmissionsgatters) abkoppeln. Solche Puffer werden wir also bei der Speicherimplementation immer wieder benötigen. In Verilog sind diese sehr einfach zu implementieren (siehe Programm 6.2). Verilog bietet uns diese Bauelemente allerdings auch bereits vorgefertigt unter dem Namen **bufif1** an.

Wir können nun also anhand von Steuerleitungen eines der Speichermodule am Bus aktivieren, sodass nur noch dieses Modul mit den Datenleitungen verbunden ist. Was aber passiert, wenn sich ein Fehler in unserem Entwurf eingeschlichen hat und deshalb, trotz der Threestate-Buffer, zwei Bausteine gleichzeitig verschiedene Werte auf die Datenleitungen legen? In einer Verilog-Simulation werden solche Vorfälle mit einem X gekennzeichnet, weil der endgültige Wert unbekannt ist. Wir sollten also bei Tests unserer Speicherbausteine darauf achten, dass dies nicht geschieht.

6.2   **Programm 6.2 (Threestate-Buffer)**

```
module threestate (input enable, in, output out);
   assign out = enable ? in : 'bZ;
endmodule
```

❯ 6.4.1 Speicherbus-Protokolle

Wollen wir einen Speicherbaustein verwenden, so müssen wir wissen, auf welche Art mit dem Baustein zu kommunizieren ist. Die Art der Kommunikation wird als *Busprotokoll* bezeichnet und kann je nach Speichertyp (oder teilweise auch Hersteller) variieren.

Exemplarisch wollen wir hier ein einfaches Protokoll anhand von SRAM untersuchen. Dazu benötigen wir die folgenden Leitungen:
— Adressleitungen, um Zellen auszuwählen,
— Datenleitungen,
— eine Chipauswahlleitung $\overline{CS}$ (engl. *chip select*),
— eine Schreibleitung $\overline{WE}$ (engl. *write enable*) und
— eine Leseleitung $\overline{OE}$ (engl. *output enable*).

Die letzten drei Signale sind dabei meist als active-low ausgeführt (angedeutet durch die Negierung der Signalnamen), das heißt, der Chip, das Lesen und das Schreiben werden aktiviert, wenn eine dieser Leitungen auf logisch 0 fällt. Solange ein Chip nicht ausgewählt ist (das heißt $\overline{CS}$ ist auf 1), sind seine Ausgabeleitungen *(DATA)* stets hochohmig; der Baustein ist also von den Datenleitungen abgekoppelt. Will der Prozessor nun Daten in einer Speicherzelle ablegen, so setzt er $\overline{WE}$, legt die Adresse der Speicherzelle auf die Adressleitungen sowie die Daten, die er schreiben möchte, auf die Datenleitungen. Nach einer Aktivierung von $\overline{CS}$ werden die Daten endgültig gespeichert (vgl. Abbildung 6.8a).

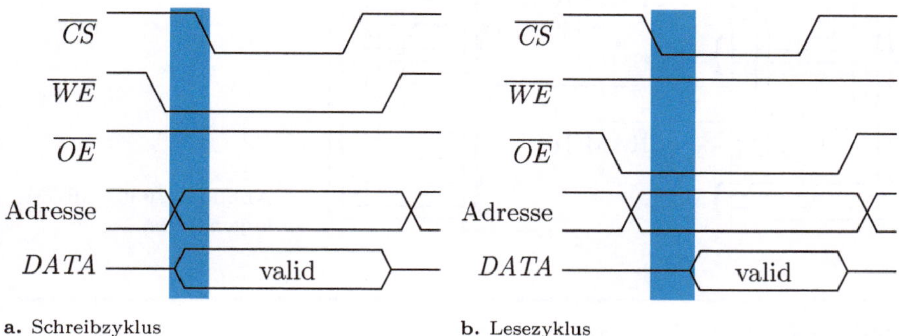

a. Schreibzyklus   **b.** Lesezyklus

Abbildung 6.8. SRAM: Schreib- und Lesezyklen

Zum Auslesen einer Speicherzelle wird nicht das $\overline{WE}$-Signal gesetzt, sondern das $\overline{OE}$-Signal, welches die gespeicherten Werte auf die Datenleitungen schaltet. Abbildung 6.8b sowie auch Abbildung 6.8a zeigen die kleinen Verzögerungen, mit denen beim Lesen und Schreiben von Daten gerechnet werden muss, weil die Gatterlaufzeiten im Speicher beachtet werden müssen.

Abbildung 6.9 dagegen zeigt, wie man mehrere Speichermodule als eine größere Einheit miteinander verdrahten kann: Bei 2^n Modulen werden n Adressbits dazu verwendet, das entsprechende $\overline{CS}$-Signal zu erzeugen. Dadurch wird bereits durch die Speicheradressen ein Modul ausgewählt, und die restlichen Adressbits zeigen nur noch in eine Subadresse im entsprechenden Modul.

Die Bezeichnung „SRAM 16×8" bedeutet übrigens, dass in diesem Chip 16 Zellen zu je 8 Bit vorhanden sind. Eine 4-Bit-Adresse ($= 2^4 = 16$ Zellen) zeigt also auf einen 8-Bit-Datensatz, welcher über die acht Datenleitungen abgelesen werden kann.

Programm 6.3 verdeutlicht, wie einfach es ist, dieses Protokoll in einem Verilog-Modul zu realisieren.

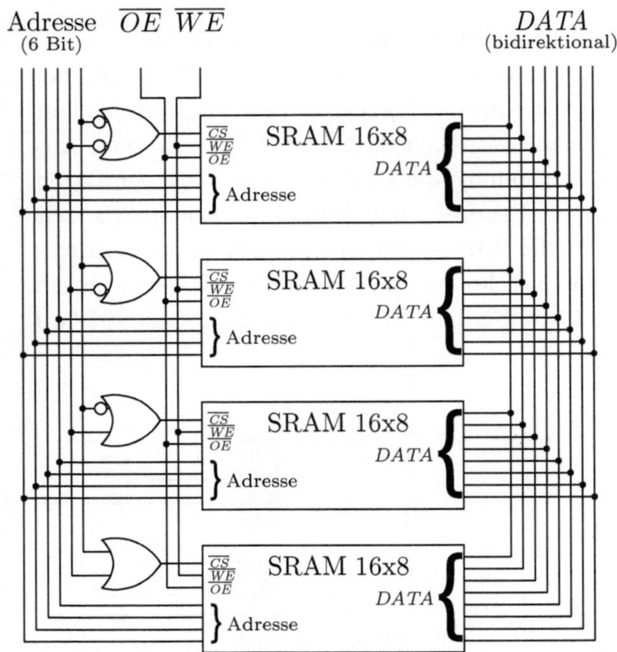

Abbildung 6.9.   SRAM-Organisation

6.3   Programm 6.3 (SRAM in Verilog)

```verilog
module sram(input  [3:0] address , CS, WE, OE,
            inout  [7:0] data);

reg [7:0] memory[15:0];  // 16 Zellen, 8 Bit breit

assign data = (!CS && !OE) ? memory[address] : 8'bZ;

always @(CS or WE)
  if (!CS && !WE) memory[address] = data;

endmodule
```

❯ 6.4.2 Row- und Column-Address-Strobe

Unter Umständen kann es hilfreich sein, die Adressleitungen am Speicherbus in Reihen- und Spaltenadressen aufzuteilen. Wir können Adressdaten dann nacheinander auf denselben Adressleitungen übertragen, wodurch wir die Hälfte der Adressleitungen einsparen. Diese Technik wird z. B. in aktuellen DRAM-Implementierungen verwendet, und wir wollen uns deshalb dieses Protokoll anhand von DRAM-Zellen veranschaulichen.

Wollen wir eine Speicheradresse an einen Speicherchip übertragen, so legen
wir zuerst die Zeilenadresse an die Adressleitungen, worauf ein Übernahme-
signal gesetzt werden muss, das Row-Address-Strobe $(\overline{RAS})$ genannt wird.
Danach wird logischerweise die Spaltenadresse angelegt und der entsprechende Column-Address-Strobe $(\overline{CAS})$ signalisiert. Dieser Vorgang ist in Abbildung 6.10 dargestellt.

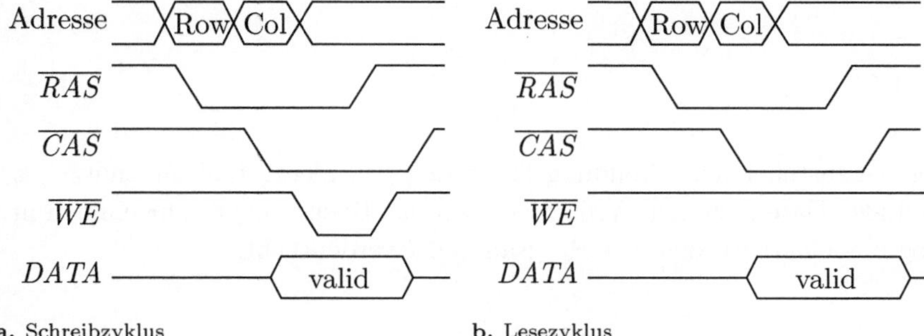

a. Schreibzyklus   **b.** Lesezyklus

Abbildung 6.10. DRAM: Schreib- und Lesezyklen

In Abbildung 6.10a wird im Anschluss zusätzlich das $\overline{WE}$-Signal gesetzt, was
bedeutet, dass die an *DATA* anliegenden Daten in die Zelle übernommen
werden.

Programm 6.4 (DRAM-Modell in Verilog)   **6.4**

```verilog
module dram(input [3:0] address,
            input RAS, CAS, WE, OE,
            inout [7:0] data);

reg [7:0] memory[15:0][15:0]; // 16x16 8-Bit Cells
reg [3:0] row, column;

assign #4 data = (!OE) ? memory[row][column] : 8'bZ;

always @(negedge RAS)
   row = address;

always @(negedge CAS)
   column = address;

always @(negedge WE)
   memory[row][column] = data;

endmodule
```

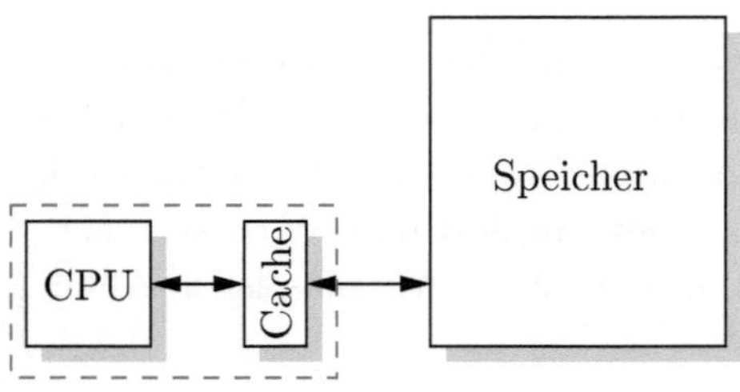

Abbildung 6.11. Cache zwischen CPU und Hauptspeicher

In der nebenstehenden Abbildung 6.10b dagegen bleibt $\overline{WE}$ unbenutzt; es werden also Daten gelesen. Auch hier kann das Busprotokoll sehr einfach in Verilog modelliert werden, wie Programm 6.4 verdeutlicht.

6.5 Caches

Wenn ein Programm ausgeführt wird, dann wird oft dieselbe Speicherzelle wieder und wieder benötigt (z. B. bei der Ausführung einer Schleife). Wird der Inhalt dieser Speicherzelle dabei jedesmal aus dem Hauptspeicher angefordert, dann verbringt der Prozessor viel Zeit damit, auf die Antwort des Speichers zu warten, da der Prozessor normalerweise erheblich schneller als der Speicher arbeitet. Aus diesem Grund wurden Zwischenspeicher (engl. *Caches*) eingeführt, welche oft benötigte Speicherzellen zwischenspeichern und schnell zur Verfügung stellen können. Die Caches arbeiten dabei um einiges schneller als der normale Speicher, was sich andersherum natürlich wieder auf den Preis auswirkt – infolgedessen wird vergleichsweise *viel* billiger Hauptspeicher und *wenig* teurer, aber schneller Cache eingesetzt, der meist direkt in die CPU integriert ist.

Da im Cache nicht der gesamte Inhalt des Speichers gepuffert werden kann, müssen Speicherzellen mitsamt ihrer Adresse gespeichert werden, um sie später wieder identifizieren zu können. Können wir eine angeforderte Adresse finden, so nennen wir das einen Cache-*Hit,* während erfolglose Versuche als Cache-*Miss* bezeichnet werden. Die Struktur der Daten im Cache entspricht der einer *Abbildung* (engl. *mapping*) von Speicheradressen auf Speicherdaten. Eine Anfrage nach einer bestimmten Speicherzelle muss der Cache möglichst schnell beantworten können, das heißt, die Implementierung des Mappings muss effizient sein. Es existieren viele Techniken, den Cache-Speicher zu organisieren, doch hier wollen wir nur einen kurzen Blick auf einen assoziativen Cache werfen; für eine Einführung in die anderen Organisationsarten verweisen wir auf [Man93] und [HP96].

Ein *assoziativer Cache* besteht aus einer Menge von Datensätzen, bei denen auch einen Adresse abgelegt werden kann. Auf diese Weise kann einfach ein Speicherblock mit der Adresse, an der er im Hauptspeicher liegt, zwischengespeichert werden. Fordert der Prozessor nun eine bestimmte Speicheradresse an, so werden die Speicheradressen der gepufferten Speicherzellen mit der angeforderten verglichen und, bei einem Hit, die entsprechenden Daten ausgeliefert. Wird die Adresse nicht gefunden, so muss natürlich wieder der Hauptspeicher bemüht werden. Der Vorgang des Suchens nach der Speicheradresse im Cache wird dabei nicht durch eine Schleife, welche über alle gespeicherten Speicheradressen läuft, realisiert. In Hardware kann dies durch mehrere Komparatoren realisiert werden, sodass gleichzeitig alle Cache-Einträge überprüft werden (siehe Abbildung 6.12).

Wird eine Speicherzelle angefordert, so besteht eine große Wahrscheinlichkeit, dass auch die nachfolgenden Speicherzellen in naher Zukunft gebraucht werden. Aus diesem Grund werden in Caches nicht nur einzelne Speicherzellen zwischengepuffert, sondern gleich mehrere aufeinander folgende Zellen unter einer Adresse abgelegt. Ein Eintrag im Cache heißt dann *Cache-Line*. Einen bestimmten Datenblock findet man, indem man mit der Cache-Line die Adresse des ersten Datenblocks ablegt. Ist die Cache-Line 2^n Blöcke breit, so können wir die letzten n Bits einer Adresse dazu benutzen, einen Datenblock innerhalb der Cache-Line auszuwählen. Wenn wir nun nach einem bestimmten Datenblock suchen, können wir zuerst die letzten n Bit der gesuchten Adresse ignorieren und nach dem entsprechenden Eintrag im Cache suchen. Die richtigen Daten bekommen wir dann, indem wir die letzten Bits der ursprünglichen Adresse zur Auswahl innerhalb der Cache-Line benutzen.

Beispiel 45   Abbildung 6.13 zeigt einen assoziativen Cache, der 32-Bit-Datenblöcke in 64-Bit-Cache-Lines zwischenspeichert. Bei den Datensätzen wird allerdings nur eine 31-Bit-Adresse abgelegt. Benötigt man einen Datenblock, dessen letztes (32.) Bit eine 0 ist, so benutzt man Block 0 im Cache, an-

45

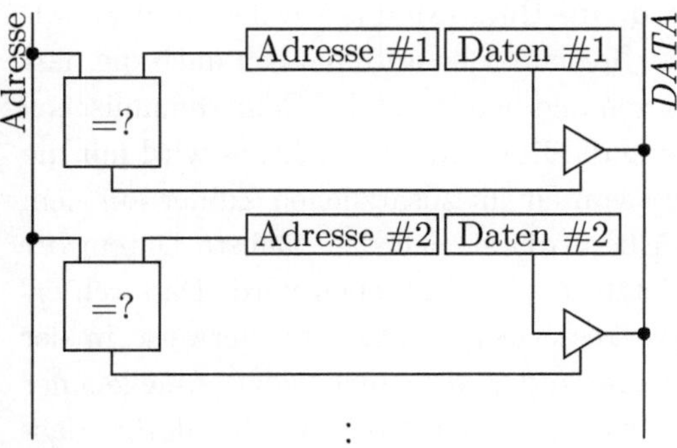

Abbildung 6.12. Abfrage in einem assoziativen Cache

#	Adresse	Block 0	Block 1
0	<31-Bit-Adresse>	<32-Bit-Daten>	<32-Bit-Daten>
1	<31-Bit-Adresse>	<32-Bit-Daten>	<32-Bit-Daten>
⋮	⋮	⋮	⋮

Abbildung 6.13. Beispiel von Cache-Lines in einem assoziativen Cache (32-Bit-Adressen und Speicherzellen).

sonsten Block 1. Dieses Prinzip lässt sich natürlich auf breitere Cache-Lines generalisieren.

Mit den immer schneller werdenden Prozessoren wurden auch immer höhere Anforderungen an die Caches gestellt, das heißt, sie wurden größer und damit auch teurer. Dieses Problem wurde zum Teil dadurch gelöst, dass zusätzliche Cache-Stufen eingeführt wurden, welche nach ihrer Stufe (engl. *Level*) in der Speicherhierarchie von L1 bis L3 benannt werden. Mit steigender Stufenzahl werden die Caches dabei immer langsamer, dafür aber auch größer. Beim Intel Pentium 4 findet sich zum Beispiel ein mengenassoziativer L1-Cache mit einer Größe von 8 KByte (Versionen „Willamette" und „Northwood") bzw. 16 KByte („Prescott") und 64 KByte beim Core2Duo („Conroe"). Die Cache-Lines haben hier alle eine Länge von 64 Byte. Der L2-Cache in denselben Prozessoren ist zwischen 256 KB (Willamette) und 4 MB (Conroe) groß, wobei die Cache-Lines 128 Byte (Willamette) bzw. 64 Byte (Conroe) lang sind.

❯ 6.5.1 Bus-Bursts

Wenn Daten zur Pufferung in einer Cache-Line aus dem Hauptspeicher geladen werden, dann müssen mehrere aufeinander folgende Speicherzellen geladen werden. Aus diesem Grund sind heute die zuerst beim EDO-RAM eingeführten *Burst-Modes* Standard. Im Burst-Modus werden vom RAM-Controller nach dem Auslesen einer Speicherzelle automatisch auch die darauf folgenden Speicherzellen ausgelesen und bereitgestellt. Beim dynamischen RAM ändert sich bei diesem Vorgang die Row-Adresse nicht, es wird nur die Spalte verändert, was üblicherweise von einem zusätzlichen Zähler auf dem Speicherchip bewerkstelligt wird. Ebenso lässt sich das nächste Datenwort bereits vorbereiten, während das letzte noch ausgegeben wird. Dadurch erreicht man eine Geschwindigkeitsverbesserung, welche üblicherweise in der Form der benötigten Taktzyklen vierer (oder auch mehrerer) ausgegebener Worte angegeben wird. So steht etwa ein Burst-Mode 4-1-1-1 dafür, dass das erste Wort noch 4 Taktzyklen benötigt, bis es am Ausgang bereitsteht, während die folgenden drei Worte nur jeweils einen Taktzyklus benötigen.

Beispiel 46 Abbildung 6.14 zeigt das Timing-Diagramm eines Speicherzugriffs in einem 4-1-1-1-Burst-Modus. Zu beachten ist hier das zusätzlich notwendige *CLK*-Signal, zu dessen Flanken, nach anfänglicher Wartezeit von vier Taktzyklen, jeweils ein neues Datenwort zur Verfügung steht.

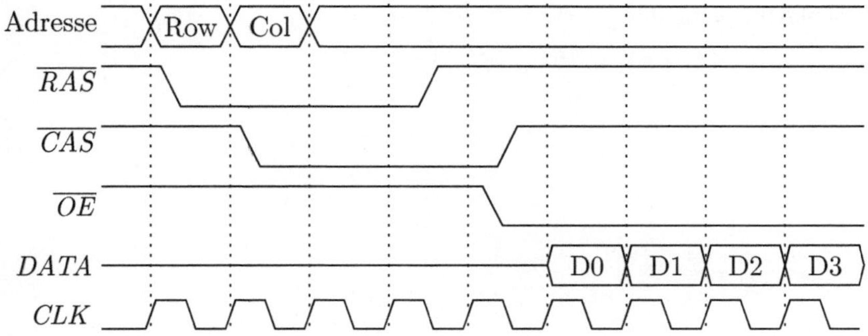

Abbildung 6.14. DRAM-Read im 4-1-1-1-Burst-Modus

6.6 Aufgaben

Aufgabe 6.1 Wie lassen sich Speicherchips mit einer Kapazität von 16 KBit (2048 × 8) so kombinieren, dass Gesamtspeicher der folgenden Größen entstehen?

a) 32 KBit (4096 × 8)
b) 64 KBit (8192 × 8)
c) 32 KBit (2048 × 16)

Zeichnen Sie die entsprechenden Schaltungen!

Aufgabe 6.2 Oft hat man das Gefühl, dass ein großer Cache besser ist, das heißt, im Zweifelsfall würde man sich beim Prozessorkauf für das Modell mit dem größeren Cache entscheiden. Welche Voraussetzungen müssen erfüllt sein, damit der Prozessor mit dem größeren Cache tatsächlich schneller ist?

6.3

Aufgabe 6.3 Modellieren Sie ein Speichermodul in Verilog, welches einen 4-1-1-1-Burst-Modus unterstützt. Als Grundlage können Sie die DRAM-Implementierung in Programm 6.4 auf Seite 185 verwenden.

6.7

6.7 Literatur

Ausführliche Einführungen in die Speicherorganisation werden in [Man93] und [HP96] gegeben, wobei das zweite Buch auch auf Langzeitspeicher, wie etwa Festplatten, eingeht.

Kapitel 7

Ein einfacher CISC-Prozessor

7

7 Ein einfacher CISC-Prozessor

In diesem Kapitel wird ein einfacher Prozessor vorgestellt. Die Architektur, die wir implementieren, wurde von R. Bryant und D. O'Hallaron entworfen und verwendet eine Untermenge der Befehle der IA32-Architektur. Wir geben zunächst eine Architekturspezifikation in Form eines C++ Modells an. Anschließend wird die Architektur in Verilog implementiert.

7.1 Die Y86 Instruction Set Architecture

Frei programmierbare Mikroprozessoren sind sicherlich die wichtigste Anwendung der Digitaltechnik. Sie stellen die Schnittstelle zwischen der Hardware- und der Softwarewelt dar. Es gibt eine Vielzahl an Architekturen und Modellen. Im Server- und Desktopbereich hat sich die 32-Bit Intel Architektur (IA32) durchgesetzt. Entsprechende Prozessoren werden aber auch von anderen Anbietern hergestellt, etwa von AMD.

Bei der IA32-Architektur handelt es sich um eine CISC-Architektur (Complex Instruction Set Computer), was darauf hinweist, dass die Architektur eine große Anzahl von Mikroprozessorbefehlen bietet. In der Tat findet sich in den Handbüchern von Intel eine Liste von etwa 300 Befehlen mit einer Vielzahl an Optionen. Die Architektur, die wir implementieren, wurde von R. Bryant und D. O'Hallaron zu pädagogischen Zwecken entworfen und ist auf eine sehr kleine Auswahl dieser Liste beschränkt. Sie wird als „Y86"-Architektur bezeichnet, in Anlehnung daran, dass die Produktnummern der ersten entsprechenden Intel-Prozessoren auf „86" endeten.

7.1.1 Befehle, Register und Speicher

Wir gehen davon aus, dass der Leser die Grundlagen der sequenziellen Programmierung beherrscht. In höheren Programmiersprachen, wie C oder Java, werden alle Daten in Variablen abgelegt, wobei jeder Variablen eine Speicherzelle zugeordnet ist. Die Speicherzellen sind nummeriert. Die „Nummer" einer Speicherzelle wird als *Adresse* bezeichnet. Wir gehen davon aus, dass jede Speicherzelle genau ein Byte (also 8 Bit) speichert.

Wir schreiben Mem[ea] für den Inhalt der Speicherzelle mit der Adresse ea (ea steht für *effective address*). Sowohl die Befehle als auch die Daten, mit denen das Programm arbeitet, werden im gleichen Speicher hinterlegt (Abbildung 7.1). Eine derartige Architektur wird als *von-Neumann-Architektur* bezeichnet.

Unser Prozessor verwendet einen gemeinsamen *Datenbus*, um auf den Speicher und die I/O-Geräte zuzugreifen (siehe Abschnitt 6.4). Wir nehmen an,

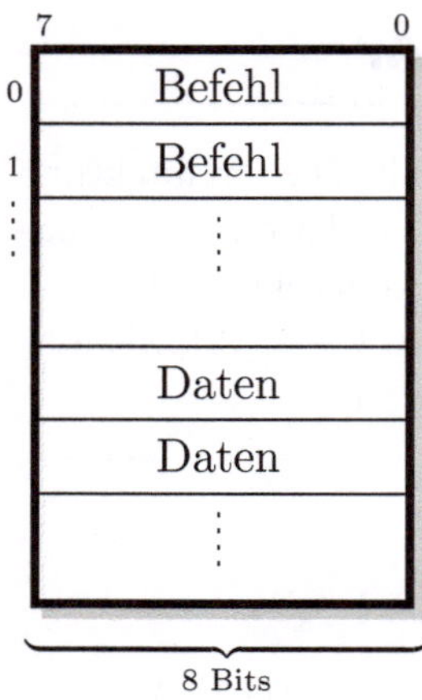

Abbildung 7.1. Schematische Darstellung des Speichers: Die Befehle und Daten werden in einem gemeinsamen Adressraum abgelegt

dass unser Prozessor die einzige Komponente ist, die diesen Bus steuert (Abbildung 7.2). Wir nennen diesen Bus *Systembus* (engl. system bus).

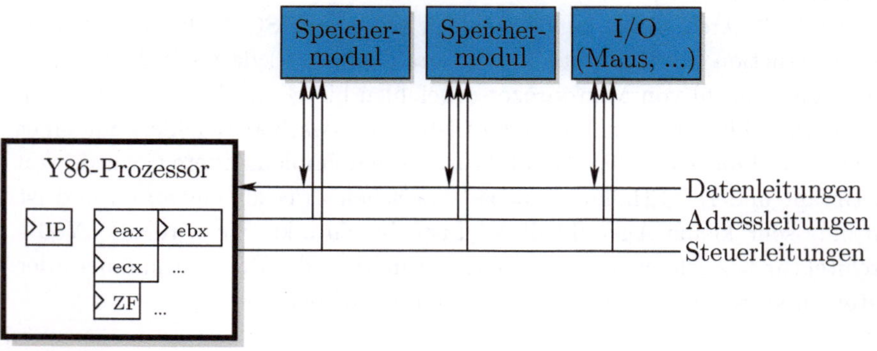

Abbildung 7.2. Der Y86-Prozessor und die anderen Systemkomponenten

Die Register

Da der Zugriff auf den Speicher über den Systembus mehrere Takte dauern kann und somit vergleichsweise langsam ist, können Datenworte im Prozessor in *Registern* zwischengespeichert werden. Diese Register sind in einer höheren Programmiersprache nicht direkt sichtbar. Es ist die Aufgabe des Compilers, die Register bei der Übersetzung des Programms effizient zu nutzen.

Die Y86-Architektur hat acht Datenregister mit jeweils 32 Bit, die wie folgt bezeichnet werden:

Index	0	1	2	3	4	5	6	7
Name	eax	ecx	edx	ebx	esp	ebp	esi	edi

Die ersten vier Register (**eax** bis **ebx**) dienen dazu, Daten zu halten.[1] Die Register **esp** und **ebp** werden im Normalfall verwendet, um einen *Stack* zu implementieren und werden daher *Stackregister* genannt. Da sie üblicherweise eine Adresse enthalten, werden sie auch *Zeigerregister* genannt. Die Register **esi** und **edi** sind für Array-Indizes gedacht.

Der Instruction Pointer (IP)

Damit der Prozessor auch weiß, wo im Speicher der nächste Befehl liegt, den er ausführen soll, gibt es ein weiteres Zeigerregister, das auf die Adresse des nächsten Befehls zeigt. Dieser Zeiger wird *Instruction Pointer* (IP) genannt. Sprunganweisungen verschieben diesen Zeiger, um das Programm an einer anderen Stelle fortzuführen. Befehle, die keine Sprunganweisung sind, ändern den IP ebenfalls: Der Zeiger wird einfach auf die Adresse der nächsten Instruktion des Programms gesetzt.

Die Befehle, die unser einfacher Prozessor ausführen kann, sind in drei Kategorien eingeteilt:

1. Die *arithmetischen und logischen Befehle* führen Berechnungen wie z. B. die Addition aus.
2. Die *Datentransfer-Befehle* ermöglichen es, Daten aus dem Prozessor über den Systembus in einem RAM-Modul abzulegen und wieder einzulesen. Diese Befehle werden auch zur Kommunikation mit den I/O-Geräten verwendet (sog. *Memory-mapped I/O*).
3. Die *Sprungbefehle* steuern den Kontrollfluss. Es handelt sich also um Befehle, die (möglicherweise bedingt) zu anderen Befehlen springen.

Zusätzlich zu den Datenregistern und dem Instruction Pointer verwendet die Y86-Architektur *Flag-Register*. Die Flag-Register speichern weitere Informationen über das Ergebnis des jeweils letzten arithmetischen oder logischen Befehls. Ein Flag-Register ist genau ein Bit breit. Wir betrachten zunächst nur ein einziges Flag-Register: Das Zero-Flag (**ZF**) wird gesetzt, wenn das Ergebnis der letzten arithmetischen Operation null (zero) war. Es wird als Bedingung für Sprungbefehle verwendet.

Die Befehle der Y86-Architektur

Bevor wir die einzelnen Befehle spezifizieren, gehen wir zuerst auf deren Kodierung ein. Jeder Befehl entspricht einer Folge von Bytes. Die Länge dieser Folge hängt von dem jeweiligen Befehl ab – einfachere Befehle benötigen weniger Platz. Dadurch soll erreicht werden, dass der Programmcode insgesamt

---

[1]Man beachte die etwas sonderbare, nicht-alphabetische Reihenfolge der Register.

kleiner wird.[2] Der Befehl, der ausgeführt werden soll, wird durch den Wert des ersten Bytes der Folge bestimmt. Dieses Byte wird daher auch als *Opcode* bezeichnet.

Da Zahlen schwer zu merken sind, wird der Opcode im Assembler-Programm durch ein *Mnemonic* (eine kurze Zeichenfolge) ersetzt. Ein Programm, das eine solche Textdatei wieder in Zahlen (Maschinencode) übersetzt, wird als *Assembler* bezeichnet.

Die Befehle, die wir implementieren, sind in Abbildung 7.3 zusammengefasst. Alle Befehle erhöhen den IP um die Länge des jeweiligen Befehls.

1. Die Befehle **add** und **sub** führen eine Addition bzw. Subtraktion durch. Im Befehl sind zwei Register kodiert, genannt RD (Destination) und RS (Source). Die Summe RD+RS (bzw. die Differenz RD-RS) wird in RD abgelegt. Falls der neue Wert von RD null ist, wird das Flag **ZF** gesetzt, und ansonsten gelöscht.

2. Der Befehl **RRmov** (kurz für Register-Register **mov**)[3] kopiert den Wert des Registers RS in das Register RD.

3. Der Befehl **RMmov** (kurz für Register-Memory **mov**) kopiert den Wert des Registers RS in den Speicher. Die Adresse (`ea`) wird dabei als Summe des Registers **esi** und des 8-Bit *Displacements* (Byte 3) berechnet:

$$ea = esi + Displacement$$

Beachten Sie, dass sich die Befehle **RRmov** und **RMmov** nur durch die oberen Bits des zweiten Bytes unterscheiden lassen. Dieses Feld wird als `mod` (wie Modifier) bezeichnet.

4. Der Befehl **MRmov** (kurz für Memory-Register **mov**) kopiert einen Wert aus dem Speicher in das Register RS. Die Adresse (`ea`) wird dabei genau wie beim Befehl **RMmov** berechnet.

5. Der Befehl **jnz** addiert den im Befehl angegebenen Offset (genannt *Distance*) zum Instruction Pointer, falls das Flag **ZF** nicht gesetzt ist (das Ergebnis der arithmetischen Operation also nicht null war).

6. Der Befehl **hlt** stoppt die Ausführung des Programms.

Die Kodierung und die Bedeutung dieser Befehle ist in Abbildung 7.3 zusammengefasst. Die Notation R1 ← R2 ist wie folgt zu lesen: Der Wert in Register R2 wird in das Register R1 kopiert. Die im rechten Teil der Abbil-

---

[2] Andere Architekturen, wie z. B. die MIPS-Architektur, verwenden Befehlsworte, die immer gleich lang sind, was die Decodierung vereinfacht.

[3] Wir verwenden eine Langform der Befehlsnamen, um die Art der Operation klarzustellen. Ein Assembler kann die Unterscheidung anhand der Operanden durchführen und generiert den passenden Opcode.

Mnemonic	Bedeutung	Opcode

add RD←RD+RS — `01` — `11: RS : RD` (7 6 3 0)

sub RD←RD-RS — `29` — `11: RS : RD`

jnz if(¬ZF) IP←IP+Distance — `75` — Distance

RRmov RD←RS — `89` — `11: RS : RD`

RMmov MEM[ea]←RS — `89` — `01: RS :110` — Displacement

MRmov RS←MEM[ea] — `8b` — `01: RS :110` — Displacement

hlt — `f4`

Abbildung 7.3. Die Befehle unseres Y86-Prozessors

dung dargestellten Opcodes sind in hexadezimaler Schreibweise notiert. Bei den in den Befehlen enthaltenen Offsets ist zu beachten, dass es sich um vorzeichenbehaftete Zahlen handelt (im Zweierkomplement). Im Falle des **jnz** Befehls bewirkt eine negative Zahl einen Rückwärtssprung.

> Der Offset bei Sprungbefehlen bezieht sich auf den Befehl *nach* dem Sprungbefehl, da der IP ja schon um zwei erhöht worden ist.

7.1.2 Ein kleines Assembler-Beispiel

Mit den oben angeführten Befehlen ist es schon möglich, ein erstes Assembler-Programm zu schreiben, das von einem Y86-Prozessor ausgeführt werden kann. Da die Kodierung der Befehle unseres Y86-Prozessors mit denen der Intel-Prozessoren übereinstimmt, können die Programme auch auf jedem IA32-Prozessor ausgeführt werden. Umgekehrt klappt dies in der Regel nicht: Von Compilern generierte IA32-Programme verwenden viele zusätzliche Befehle, die unsere Y86-Architektur nicht kennt.

Ein Assembler-Befehl wie

    sub R1, R2

ist wie folgt zu lesen: Der Inhalt des Registers R2 wird von dem Inhalt des Registers R1 abgezogen. Das Resultat wird schließlich im Zielregister R1 gespeichert.

7.1

Programm 7.1 (Beispiel für Y86-Assembler)

Adresse	Maschinencode	Assembler mit Mnemonics	
00	29 F6		**sub esi, esi**
02	29 C0		**sub eax, eax**
04	29 DB		**sub ebx, ebx**
06	8B 56 17	l	**mov edx, [BYTE one+esi]**
09	01 D0		**add eax, edx**
0B	01 C3		**add ebx, eax**
0D	89 C1		**mov ecx, eax**
0F	8B 56 1B		**mov edx, [BYTE ten+esi]**
12	29 D1		**sub ecx, edx**
14	75 F0		**jnz l**
16	F4		**hlt**
17	01 00 00 00	one	**dd** 1
1B	0A 00 00 00	ten	**dd** 10

Programm 7.1 initialisiert zunächst die drei Register **esi**, **eax** und **ebx** mit null mithilfe des Befehls **sub**. Der folgende Befehl hat eine *Sprungmarke* (engl. *Label*). Die Sprungmarke „l" wird verwendet, um eine Schleife zu implementieren. Der Befehl **dd**, der mit der Marke „one" versehen ist, erzeugt eine Speicherzelle, die mit der Konstante 1 vorbelegt ist. Die folgenden beiden Befehle erhöhen den Wert in **eax** um eins. Anschließend wird der Wert von **eax** und **ebx** addiert und in **ebx** abgelegt.

Die Befehle von Adresse 0D bis 14 vergleichen den Wert in **eax** mit der Konstante 10. Falls **eax** gleich 10 ist, terminiert das Programm mit **hlt**, ansonsten erfolgt ein Rücksprung zur Sprungmarke l. Das Programm berechnet also folgende Summe in **ebx**:

$$\sum_{i=1}^{10} i = 55$$

7.2

7.2 Der Y86 in C++

7.2.1 Die Abstraktionshierarchie

In der Industrie ist es üblich, neue CPU-Architekturen zunächst mit sehr wenig Detail, also *abstrakt*, zu implementieren. Die abstrakten Modelle können dazu eingesetzt werden, Eigenschaften wie die Leistung und Stromaufnahme

❯ Assembler für Linux

Die Y86-Programme lassen sich auf einem IA32-Prozessor auch ohne Simulator ausführen. Dazu müssen die Programme allerdings ein bestimmtes Format haben. Linux, wie viele andere Betriebssysteme, verwendet ELF (Executable and Linking Format) zur Kodierung der Programme.

Mit NASM (Netwide Assembler) können wir ELF-Programme generieren, indem wir den Beginn des Programms mit einer Sprungmarke _start markieren und dieses Symbol mit dem Schlüsselwort global exportieren:

```
  global  _start
  _start  mov eax,4        ; Systemaufruf 'write'
          mov ebx,1        ; stdout
          mov ecx,msg      ; Adresse der Daten
5         mov edx,5        ; Länge
          int 0x80
          mov eax,1        ; Systemaufruf 'exit'
          mov ebx,0        ; Exitcode
          int 0x80
10 msg     db  'Test ',0x0A
```

Der Assembler-Befehl **int** 0x80 bewirkt einen *Systemaufruf*. Bei einem Systemaufruf wird die Kontrolle an das Betriebssystem übergeben, das die gewünschte Funktion ausführt. Die Konstante „vier" in **eax** steht für den „*write*" Systemaufruf, der Daten in ein Dateihandle schreibt, das in **ebx** übergeben wird. Mit dem Befehl **db** wird eine Folge von Bytes generiert. In unserem Beispiel ist dies die Zeichenfolge „Test", gefolgt von dem Kontrollzeichen für eine neue Zeile.

Das Programm sei als my_test.asm abgelegt und wird wie folgt übersetzt:

```
nasm -f elf my_test.asm
ld -s -o my_test my_test.o
```

Der Linker (ld) generiert die ausführbare Datei my_test.

❯ Assembler für Windows

NASM gibt es auch für Windows. Die WIN32-Systemaufrufe unterscheiden sich allerdings deutlich von denen eines UNIX-ähnlichen Betriebssystems. Das folgende Programm sei als `my_test.asm` abgelegt:

```
   extern  _GetStdHandle@4
   extern  _WriteConsoleA@20
   global  _start
   section .text
5  _start  push dword -11
           call _GetStdHandle@4     ; Funktionsaufruf
           push dword 0
           push written             ; Adresse der Variable written
           push dword 5             ; Länge
10         push msg                 ; Adresse der Daten
           push eax                 ; Handle von _GetStdHandle
           call _WriteConsoleA@20   ; Funktionsaufruf
           ret                      ; Beendet das Programm
   section .data
15 msg         db  'Test',0x0A
   written dd 0
```

Zuerst fällt auf, dass die Systemaufrufe als externe Symbole deklariert werden müssen. Dies ist die Funktion der ersten beiden extern-Befehle. Für größere Programme empfiehlt es sich, eine entsprechende Header-Datei mit einer Liste aller benötigten Symbole zu verwenden.

Die Argumente für die Systemaufrufe werden auf dem Stack mit dem Befehl **push** übergeben. Der Aufruf von _GetStdHandle@4 gibt im Register **eax** eine Kennung (Handle) für die Konsole zurück. Das Handle wird dann zur Ausgabe der Nachricht mit _WriteConsoleA@20 verwendet. Das Programm wird wie folgt übersetzt:

```
nasm -f win32 my_test.asm
link /subsystem:console /entry:start my_test.obj
```

Der Linker ist Teil von Microsofts Visual Studio, und ist als Download erhältlich. Der Linker-Aufruf erzeugt eine Datei `my_test.exe`, die sich in einem Konsolen-Fenster ausführen lässt.

eines Prozessors lange vor seiner Fertigstellung abzuschätzen, und ermöglichen so eine Verbesserung des Entwurfs. Die Entwürfe werden dann schrittweise bis hinab zum *Layout* verfeinert. Dadurch ergibt sich eine *Abstrakti-
onshierarchie* (Abbildung 7.4).

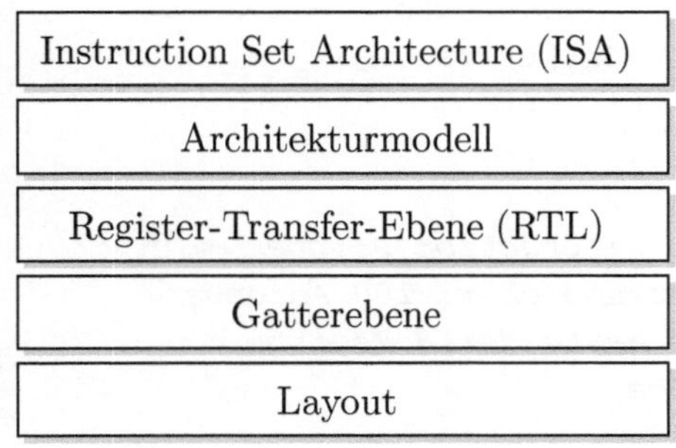

| Instruction Set Architecture (ISA) |
| Architekturmodell |
| Register-Transfer-Ebene (RTL) |
| Gatterebene |
| Layout |

Abbildung 7.4. Die Abstraktionshierar-
chie: Beginnend mit einer abstrakten Implementierung der ISA werden inkremen-
tell Details hinzugefügt

Als erste, abstrakte Implementierung betrachten wir einen *ISA-Simulator*, gegeben als C++ Programm. Der ISA-Simulator bearbeitet einen Befehl nach
dem anderen und gibt dem Benutzer die Möglichkeit, nach jedem Schritt den
Zustand der Y86-Maschine anzeigen zu lassen. Dem Leser wird empfohlen,
selbst geschriebene Assembler-Programme mit dem Simulator auszuprobie-
ren.

Das C++-Programm besteht aus fünf Teilen, die in den nächsten Abschnitten behandelt werden. Zuerst wird die Klasse `cpu_Y86t` definiert, die drei
Methoden besitzt. Die Methode `show` zeigt den Zustand der Maschine an,
`step` führt einen Schritt im Assembler-Programm aus. Die Hauptschleife ist
in der Methode `run` implementiert: `run` zeigt den Zustand mit `show` an und
führt den nächsten Schritt mit `step` aus, solange der Benutzer nicht mit der
Taste „q" den Simulator verlässt.

7.2.2 Die Klasse `cpu_Y86t`

Das unten angeführte Programmstück definiert die Hauptklasse des Simulators. Das Attribut `IP` zeigt auf den nächsten Befehl, das Array `R` beinhaltet
die Werte der acht Register und das `MEM`-Array soll den Hauptspeicher simulieren. Der Konstruktor setzt all diese Attribute auf 0.
Zuletzt werden die drei Methoden `show`, `step` und `run` deklariert. Bevor
wir diese Methoden definieren, ist es hilfreich, Makros zu erstellen, die es
uns ermöglichen, die einzelnen Felder (RD, RS, mod) einer Instruktion zu
extrahieren. Dies wird erreicht, indem eine hexadezimale Zahl als *Bitmaske*
verwendet wird. Das bitweise UND mit solch einer Zahl extrahiert die Bits,
die zum entsprechenden Feld gehören. Anschließend wird die resultierende
Zahl geshiftet, um den Wert des Feldes ohne die folgenden Bits zu erhalten.
Die Makros sind als Programm 7.3 abgebildet.

7.2   **Programm 7.2 (Die Klasse `cpu_Y86t`)**

```
class cpu_Y86t {
public:
  cpu_Y86t():IP(0), ZF(false) { // Konstruktor: alles auf 0
    for(unsigned i=0; i<100; i++) MEM[i]=0;
    for(unsigned j=0; j<8; j++) R[j]=0;
  }

  unsigned IP;              // Der Instruction Pointer
  unsigned char MEM[100];   // Hauptspeicher: 100 Adressen
  unsigned R[8];            // Die Werte der 8 Register
  bool ZF;                  // Flags

  void show(); // Zustand anzeigen
  void step(); // eine Instruktion ausführen
  void run();  // Programm ausführen
};
```

Bei der Verwendung der Distance- und Displacement-Bytes ist zu berücksichtigen, dass das Zweierkomplement verwendet wird – es muss daher eine *Sign-Extension* vorgenommen werden. Dies wird durch das Makro EXTEND8 implementiert.

Wir haben gesehen, wie es möglich ist, Bit-Felder aus einem Instruktionswort zu extrahieren. Jetzt sind wir in der Lage, die Instruktionen zu simulieren. Die Methode `step` (Programm 7.4) führt einen einzelnen Befehl aus. Der Befehl wird zuerst aus dem Hauptspeicher in die drei Variablen I1, I2 und I3 kopiert. Anschließend wird der IP inkrementiert und es wird eine Fallunterscheidung nach dem Opcode durchgeführt.

Die `main`-Prozedur erzeugt zuerst eine Instanz der Klasse `cpu_Y86t`. Die nachfolgenden Zeilen initialisieren den Hauptspeicher MEM mit einem Programm. Die `main`-Prozedur ruft die Funktion `run` auf und startet somit die Simulation.

7.3

7.3 Eine sequenzielle Y86-Implementierung

Wir erstellen nun eine erste Y86-Implementierung in Verilog. Dazu beschreiben wir die Register (Flipflops) der Schaltung und wie der neue Wert der Register zu berechnen ist. Die Beschreibung ist daher auf Register-Transfer-

---

Programm 7.3 (Präprozessormakros zur Extraktion der Bitfelder)   **7.3**

```
#define RD(I)        (I&0x07)
#define RS(I)        ((I&0x38)>>3)
#define mod(I)       ((I&0xc0)>>6)
#define EXTEND8(x)   ((signed int)(signed char)(x))
```

Ebene (RTL). Sie lässt sich mithilfe eines Synthesetools auf Gatter-Ebene übersetzen.

7.3.1 Aufteilung in Befehlsphasen

Die sequenzielle Implementierung des Y86 führt einen Befehl nach dem anderen aus. Die Ausführung eines Befehls dauert fünf Taktzyklen, die folgenden Phasen oder Stufen entsprechen:[4]

Stufe 1: IF (engl. *Instruction Fetch*): Der auszuführende Befehl wird aus dem Arbeitsspeicher in das Register IR (Instruction Register) geladen. Als Adresse für den Speicherzugriff wird der Wert im Register IP (Instruction Pointer) verwendet.

Stufe 2: ID (engl. *Instruction Decode*): Der Befehl wird in seine Einzelteile zerlegt und die Operanden werden aus den Datenregistern ausgelesen. Im Falle eines Sprungbefehls wird der Instruction Pointer (IP) entsprechend angepasst und ansonsten nur um die Länge des Befehls erhöht.

Stufe 3: EX (engl. *EXecute*): Die Operation, die durch den Opcode spezifiziert wird, wird mithilfe der ALU (Arithmetic Logical Unit) ausgeführt. Für die Befehle **MRmov** und **RMmov** wird die effektive Adresse ea berechnet.

Stufe 4: MEM (engl. *MEMory access*): Im Falle eines **MRmov**- oder **RMmov**-Befehls wird die entsprechende Lese- oder Schreiboperation über den Systembus durchgeführt. Andernfalls ist dieser Zyklus inaktiv.

Stufe 5: WB (engl. *Write Back*): Das Resultat der durchgeführten Operation wird in das entsprechende Zielregister geschrieben. Falls es kein Resultat gibt, bleibt dieser Zyklus inaktiv.

---

[4]Diese Art der Aufteilung wurde in den ersten RISC (Reduced Instruction Set Computer) Prozessoren implementiert, wie z. B. in der DLX oder der MIPS-Architektur.

7.4   **Programm 7.4 (Die Funktion step)**

```
   void cpu_Y86t::step() {
     unsigned ea;
     unsigned I0=MEM[IP], I1=MEM[IP+1], I2=MEM[IP+2];
     IP=IP+1;
 5
     switch(I0) {
     case MRmov:
       if(mod(I1)==1) { // Memory zu Register
         IP+=2;
10       ea=R[6]+EXTEND8(I2);
         R[RS(I1)]=mem32(ea);
       }
       break;

15   case RMmov:
       if(mod(I1)==1) // Register zu Memory
       {
         IP+=2;
         ea=R[6]+EXTEND8(I2);
20       MEM[ea+0]=(R[RS(I1)]&0xff);
         MEM[ea+1]=(R[RS(I1)]&0xff00)>>8;
         MEM[ea+2]=(R[RS(I1)]&0xff0000)>>16;
         MEM[ea+3]=(R[RS(I1)]&0xff000000)>>24;
       }
25     else if(mod(I1)==3) { // Register zu Register
         IP+=1;
         R[RD(I1)]=R[RS(I1)];
       }
       break;
30
     case add:
       IP+=1; R[RD(I1)]+=R[RS(I1)]; ZF=(R[RD(I1)]==0); break;
     case sub:
       IP+=1; R[RD(I1)]-=R[RS(I1)]; ZF=(R[RD(I1)]==0); break;
35   case jnz:
       IP+=1; if(!ZF) IP+=EXTEND8(I1); break;

     default:;
     }
40 }
```

Wir verwenden folgende Konvention zur Zuordnung von Registern, die in mehreren Stufen gebraucht werden: Register werden der Stufe zugeordnet, die das Register *beschreibt*. Beispielsweise werden die Register **eax**, ..., **edi** in Stufe 2 gelesen, aber in Stufe 5 beschrieben. Sie sind daher der Stufe 5 (WB) zugeordnet. Das Flag-Register ZF ist der Stufe 3 (EX) zugeordnet. Analog dazu benennen wir die Signale nach der Stufe, aus der die Register stammen, mit deren Hilfe das Signal berechnet wird.

7.3.2 Die Kontrolleinheit der sequenziellen Maschine

Die sequenzielle Bearbeitung der Befehle ist in Abbildung 7.5 schematisiert: Der erste Befehl (I_1) betritt zur Zeit $t = 0$ die Stufe IF, zur Zeit $t = 1$ die Stufe EX und so weiter. I_1 wird erst vollständig abgearbeitet, bevor mit der Ausführung des zweiten Befehls (I_2) begonnen wird. Eine Stufe, die gerade eine Berechnung durchführt, wird als *voll* bezeichnet, wohingegen Stufen, die nichts machen, *leer* genannt werden.

Zeit	0	1	2	3	4	5	6	7	8
IF	I_1					I_2			
ID		I_1					I_2		
EX			I_1					I_2	
MEM				I_1					I_2
WB					I_1				

Abbildung 7.5. Die sequenzielle Bearbeitung der Befehle

Wir verwenden 5 Flipflops, um ein Shift-Register zu implementieren, das anzeigt, in welcher Stufe sich die Instruktion gerade befindet (Abbildung 7.6). Unserer Namenskonvention folgend, bezeichnen wir das Flipflop, das anzeigt, dass die Instruktion in den Registern der Stufe i ist, mit $full_i$.

In jeder Phase werden die Register der jeweils *nächsten* Stufe aktualisiert. Wir führen dazu je ein Kontrollsignal pro Stufe ein. Das Signal ue_i ist genau dann wahr, wenn die Register der Stufe $i + 1$ mit dem nächsten Clock-Tick aktualisiert werden:

Stufe	1 (IF)	2 (ID)	3 (EX)	4 (MEM)	5 (WB)
Full-Bit	$full_1$	$full_2$	$full_3$	$full_4$	$full_5$
Kontrollsignal	ue_0	ue_1	ue_2	ue_3	ue_4

Als Beispiel sei im Takt $t - 1$ gerade die Decode-Phase abgeschlossen worden. Die Instruktion ist dann im Takt t in der Execute-Stufe, und daher ist im Takt t das Full-Bit $full_2$ gesetzt und ue_2 ist aktiv. Wir definieren daher $ue_i = full_i$ für $1 \leq i \leq 4$. Da auf Stufe 5 wieder Stufe 1 folgt, definieren wir $ue_0 = full_5$.

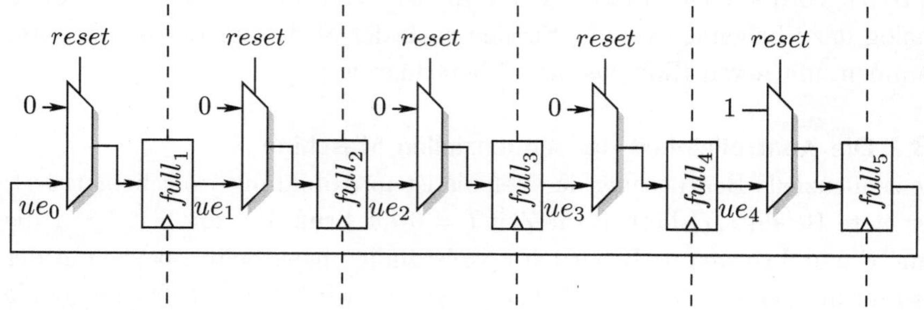

Abbildung 7.6. Kontrolleinheit der sequenziellen Implementierung

---

7.5   **Programm 7.5 (Modellierung der Kontrolleinheit der sequenziellen Implementierung)**

```
reg  [5:1]  full;
wire  [4:0]  ue={ full[4:1],  full[5]  };

always @(posedge  clk)
    full={ ue[4],  ue[3],  ue[2],  ue[1],  ue[0]  };

initial  full='b10000;
```

Eine Möglichkeit, die Schaltung in Abbildung 7.6 in Verilog zu modellieren, ist in Programm 7.5 gegeben. Die Notation {a, b, c} wird für die Konkatenation (das „Aneinanderhängen") der Bits oder Vektoren a, b und c verwendet. Der synchrone Reset in der Schaltung in Abbildung 7.6 wird mithilfe des **initial**-Konstrukts modelliert.

7.3.3 Die Hardware der einzelnen Stufen

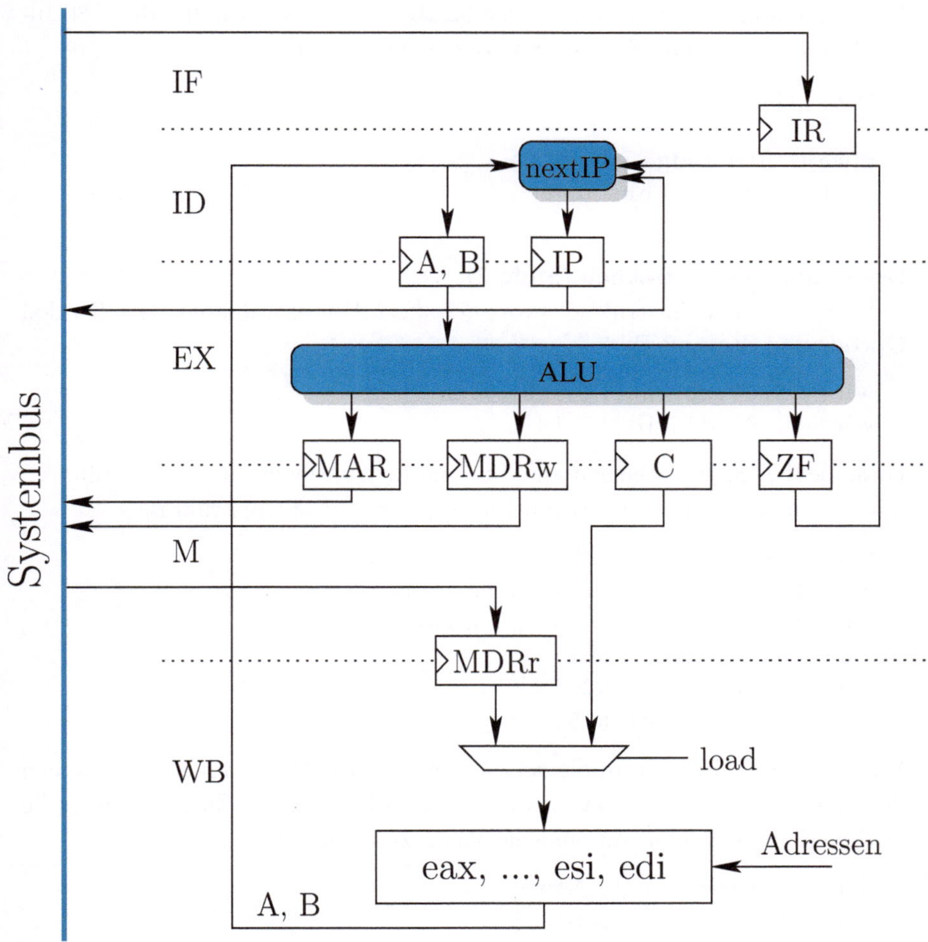

Abbildung 7.7. Eine sequenzielle Y86-Implementierung

Die Hardwarekomponenten der einzelnen Stufen sind in Abbildung 7.7 dargestellt. Die Stufen IF und MEM können auf den Systembus zugreifen, um Daten aus dem RAM zu lesen oder zu schreiben. Die Decode-Stufe (ID) enthält das nextIP-Modul, die den neuen Wert des Instruction Pointers berechnet. Die Execute-Stufe (EX) enthält das ALU-Modul, das die Ergebnisse der ALU-Instruktionen und die Adressen für Speicherzugriffe berechnet, und die Flags. Die Write-Back-Stufe (WB) enthält die Datenregister. Die einzelnen Module werden in den folgenden Abschnitten genauer besprochen.

⊙ Instruction Fetch (Stufe 1)

Das Instruktionswort wird in Stufe 1 vom Systembus in das Register IR kopiert. Der Wert auf dem Systembus ist durch das Signal bus_in gegeben. Der Systembus transportiert immer 32 Bit, von denen wir für die Y86-Instruktionen maximal 24 (also drei Bytes) verwenden.

```
reg [31:0] IR;


always @(posedge clk)
   if(ue[0]) IR=bus_in;
```

⊙ Dekodierung der Instruktion (Stufe 2)

In Stufe 2 wird das Instruktionswort *dekodiert*. Wir extrahieren zunächst den Opcode und das mod-Feld:

```
wire [7:0] opcode=IR[7:0];
wire [1:0] mod=IR[15:14];
```

Diese beiden Signale reichen aus, um alle Instruktionen, die es auszuführen gilt, zu unterscheiden. Wir definieren je ein Signal pro Instruktion:

```
   wire load=opcode=='h8b && mod==1;
   wire move=opcode=='h89 && mod==3;
   wire store=opcode=='h89 && mod==1;
   wire add=opcode=='h01;
 5 wire sub=opcode=='h29;
   wire jnz=opcode=='h75;
```

Wir verzichten auf eine Implementierung von **hlt**. Wir definieren zusätzlich die Signale memory und aluop, die es uns erlauben, die Speicher- und die arithmetischen Befehle auf einfache Weise zu identifizieren:

```
wire memory=load || store;
wire aluop=add || sub;
```

Die Nummern der Register, die die Instruktion verwendet, werden wie folgt berechnet:

```
wire [4:0] RD=IR[10:8];
wire [4:0] RS=IR[13:11];
wire [4:0] Aad=memory?6:RD,
           Bad=RS;
```

Im Falle einer Speicherinstruktion verwenden wir grundsätzlich das Register
esi (Index 6) als Operand, da dieses Register die Basisadresse des Speicherzugriffs enthält.

⊘ Das nextIP-Modul (Stufe 2)

Das nextIP-Modul berechnet den neuen Wert des Instruction Pointers (IP).
Dabei sind zwei Fälle zu unterscheiden:

1. Der **jnz**-Sprungbefehl wird abgearbeitet und **ZF** ist nicht gesetzt. In diesem Fall wird der IP um die Länge der Instruktion und zusätzlich um den
   Wert des Distance-Feldes erhöht.
2. Alle anderen Befehle erhöhen den IP um die Länge der Instruktion. Diese
   Erhöhung wird ebenfalls durchgeführt, falls **jnz** ausgeführt wird und **ZF**
   gesetzt ist.

Zur Implementierung des ersten Falls benötigen wird zunächst das Distance-
Feld aus der Instruktion. Dieses Feld hat nur 8 Bit, ist aber vorzeichenbehaf-
tet. Die Sign-Extension kann wie folgt in Verilog modelliert werden:

```
wire [31:0] distance={ { 24 { IR[15] } } , IR[15:8] };
```

Die Notation x { y } steht dabei für die *Replikation* von y: Das Signal y wird
x-mal wiederholt.

Zur Unterscheidung der beiden oben beschriebenen Fälle verwenden wir ein
Signal btaken, das genau dann wahr ist, wenn der erste Fall vorliegt. Das
Signal kann in Verilog wie folgt definiert werden:

```
wire btaken=jnz && !ZF;
```

Das Signal ZF ist der Wert des Flag-Registers **ZF** und ist in Stufe EX definiert.

Eine mögliche Implementierung der nextIP-Schaltung ist in Abbildung 7.8
gegeben. In beiden oben beschriebenen Fällen wird der IP um die Länge der
Instruktion erhöht. Wir definieren daher zunächst ein Signal für die Länge
der Instruktion:[5]

```
wire [1:0] length=                        memory?3:
                   (aluop || move || jnz)?2:
                                         1;
```

Für den ersten Fall (Sprungbefehle) benötigen wir einen weiteren Addierer.
In Verilog modellieren wir die nextIP-Schaltung wie folgt:

---

[5]Die Berechnung der Länge einer Instruktion in der IA32-Architektur ist um
ein Vielfaches aufwändiger. Die entsprechende Schaltung in den Intel-Prozessoren
ist einer der kompliziertesten Teile des gesamten Chips und benötigt etwa 12.000
Gatter.

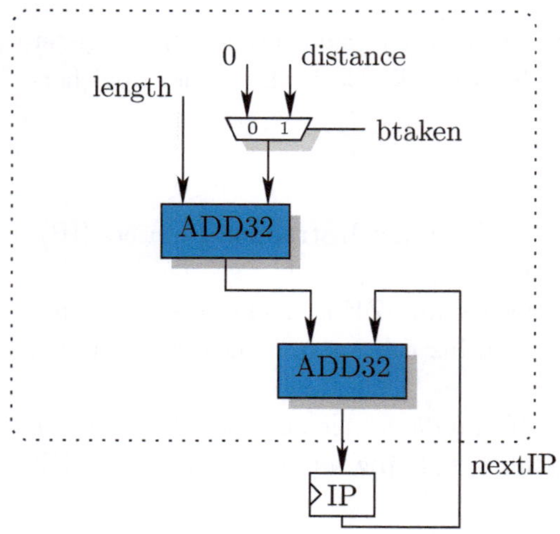

Abbildung 7.8.   Implementierung des nextIP-Moduls

```
  always @(posedge clk)
    if(ue[1]) begin
      IP = IP+length;
       if(btaken) IP = IP+distance;
    end
```

⊘ Das ALU-Modul (Stufe 3)

Das ALU-Modul wird auf zweierlei Weise verwendet:

1. Das ALU-Modul berechnet das Ergebnis der ALU-Befehle **add** und **sub**.
   Das Ergebnis wird im Register C abgelegt.
2. Das ALU-Modul berechnet die Effective Address (ea) der Speicher-Befehle
   MRmov und **RMmov**. Die Adresse wird im Register MDRw abgelegt.

Im Prinzip könnte man beide Operationen unabhängig voneinander ausführen, da die jeweiligen Ergebnisse in getrennten Registern (C und MDRw) abgelegt werden. Dies würde jedoch einen der beiden Addierer verschwenden, da von einer bestimmten Instruktion immer nur eine der Summen benötigt wird. Abbildung 7.9 zeigt eine Implementierung, die mit nur einem Addierer auskommt. Beim Subtrahieren muss zusätzlich eine Eins addiert werden. Um einen weiteren Addierer zu sparen, verwenden wir den Carry-In-Eingang des Addierers (siehe Kapitel 4).

Der Multiplexer, der den zweiten ALU-Operanden auswählt, wird in Verilog mit dem Signal ALU_op2 modelliert. Das Signal wird mithilfe des ?: Operators berechnet. Das Verilog-Modell ist als Programm 7.6 gegeben. Die meisten Syntheseprogramme sind in der Lage, zu erkennen, dass der Summand sub

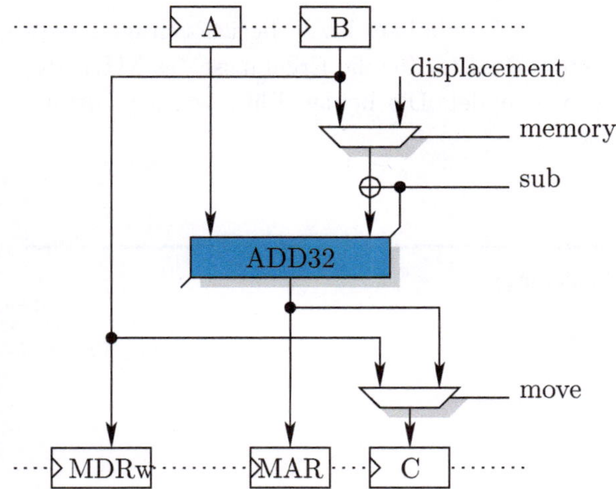

Abbildung 7.9. Implementierung des ALU-Moduls (ohne Berechnung von ZF)

als Carry-In verwendet werden kann und generieren eine Schaltung, die der in Abbildung 7.9 ähnelt.

Programm 7.6 (Das ALU-Modul in Verilog)   7.6

```verilog
wire  [31:0]  ALU_op2=memory?displacement:sub?~B:B;
wire  [31:0]  ALUout=A+ALU_op2+sub;

always @(posedge clk)
  if(ue[2]) begin
    MAR = ALUout;
    C = move?B:ALUout;
    MDRw = B;
     if(aluop) ZF = (ALUout==0);
  end
```

Das Register-File

Das Register-File enthält die acht Datenregister **eax**, ..., **edi**. Eine Verilog-Modellierung ist in Programm 7.7 gegeben. Das Register-File selbst kann mithilfe eines Arrays mit acht Elementen modelliert werden. Jedes der Array-Elemente ist ein Bit-Vektor mit 32 Bits.

Die Adressen der Operanden sind durch die Signale Aad und Bad gegeben. Diese Signale sind in Stufe 2 definiert. Die Werte der beiden Operanden werden gleichzeitig ausgelesen; wir nehmen also an, dass unser Register-File zwei

Lese-Ports hat. Beim Schreiben des Ergebnisses ist zu berücksichtigen, dass unsere Implementierung getrennte Register für die Ergebnisse des **MRmov**-Befehls und der ALU-Befehle verwendet. Die beiden Fälle werden mithilfe des Signals load unterschieden.

7.7   **Programm 7.7 (Register-File in Verilog)**

```verilog
reg [31:0] R[7:0];

assign Aop=R[Aad];
assign Bop=R[Bad];

always @(posedge clk)
  if(ue[4])
    if(aluop || move || load)
      R[load?RS:RD]=load?MDRr:C;
```

7.4 Eine Y86-Implementierung mit Pipeline

7.4.1 Fließbänder für Instruktionen

Wie in Abbildung 7.5 zu sehen ist, wird erst dann ein neuer Befehl bearbeitet, wenn die letzte Phase des vorherigen Befehls abgeschlossen wurde. Dies ist eine Zeitverschwendung und kann mit dem Prinzip der *Pipeline* verbessert werden.

Das Prinzip einer Pipeline beruht auf der einfachen Idee der Parallelisierung unterschiedlicher Aufgaben. Stellen Sie sich ein Fließband vor, mit dessen Hilfe ein Produkt, z. B. ein Automobil, hergestellt wird. Die Herstellung des Automobils läuft – ebenso wie die Ausführung einer Instruktion – in Phasen ab. Zunächst wird der Motor in das Fahrgestell eingebaut, dann die Karosserie zusammengesetzt und anschließend lackiert. Die einzelnen Phasen finden in unterschiedlichen Bereichen der Werkhalle statt und das (halbfertige) Automobil wird von Station zu Station weitergereicht.

Die Produktion wird dadurch maximiert, dass das zweite Automobil bereits seinen Motor erhält, sobald das erste Automobil diese Station verlässt. Diese Idee lässt sich auf Instruktionen übertragen: Betrachten Sie die einzelnen Stufen unserer sequenziellen Implementierung als Stationen.

Zeit	0	1	2	3	4	5
IF	I_1	I_2	I_3	I_4	I_5	I_6
ID		I_1	I_2	I_3	I_4	I_5
EX			I_1	I_2	I_3	I_4
MEM				I_1	I_2	I_3
WB					I_1	I_2

Abbildung 7.10. Die Abarbeitung der Befehle in einer Pipeline: obwohl jeder einzelne Befehl nach wie vor fünf Takte benötigt, erhöht sich der Gesamtdurchsatz

Die zweite Instruktion (I_2) kann also schon aus dem Arbeitsspeicher geholt werden (IF), während die erste Instruktion noch dekodiert wird (ID). Im besten Fall könnte also die Pipeline eine Folge von Befehlen wie in Abbildung 7.10 dargestellt bearbeiten.

Die Umstellung unserer sequenziellen Implementierung auf den Pipelinebetrieb ist denkbar einfach: statt $ue_0 = full_5$ gehen wir davon aus, dass die erste Stufe immer eine Instruktion enthält.

7.4.2 Ressourcenkonflikte

Auch ein Fließband läuft nicht immer störungsfrei. Manchmal wird eine Phase verzögert, z. B. weil ein Sondermodell gefertigt werden soll, wofür eine bestimmte Maschine benötigt wird, die gerade von einer anderen Station verwendet wird. Eine solche Situation wird als *Ressourcenkonflikt* bezeichnet.

Betrachten wir wieder Abbildung 7.7. Welche Ressourcen werden von mehreren Stufen geteilt? Wir stellen fest, dass sowohl die Stufe IF, als auch die Stufe M den Systembus benötigen, um die Instruktion aus dem Arbeitsspeicher zu laden bzw. den Speicherzugriff für eine mov Instruktion auszuführen.

Eine Möglichkeit, derartige Konflikte aufzulösen, besteht darin, die entsprechende Ressource mehrfach zur Verfügung zu stellen, in unserem Fall also zwei Busse zum Zugriff auf den Arbeitsspeicher zu implementieren. Dies ist auch die Lösung, die aktuelle Prozessoren anwenden: Es gibt zwei getrennte Caches (siehe Kapitel 6), einer für die Daten und einer für die Instruktionen.

7.4.3 Daten- und Kontrollabhängigkeiten

Mit dem Auflösen der Ressourcenkonflikte ist noch kein reibungsloser Pipelinebetrieb garantiert. Betrachten wir folgendes Beispiel:

```
mov ebx, [esi]
add eax, ebx
```

Die zeitliche Abfolge der Ausführung in der Pipeline ist in Abb. 7.11 gegeben. Betrachten wir den Taktzyklus zwei: Die **add**-Instruktion befindet sich in Stufe ID, ist also gerade dabei, den Wert des Quelloperanden **ebx**

Zeit	0	1	2	...
IF	mov ebx, [esi]	add eax, ebx	...	
ID		mov ebx, [esi]	add eax, bax	
EX			mov ebx, [esi]	
MEM				
WB				

Zeit	3	4	5	...
IF	...	...		
ID	add eax, bax	add eax, bax	...	
EX	BUBBLE	BUBBLE	add eax, bax	
MEM	mov ebx, [esi]	BUBBLE	BUBBLE	
WB		mov ebx, [esi]	BUBBLE	

Abbildung 7.11. Abarbeitung der Befehle in einer Pipeline bei einer Datenabhängigkeit: Der **add**-Befehl benötigt einen Wert, der durch den **mov**-Befehl berechnet wird

aus dem Register-File auszulesen. Der gewünschte Wert wird jedoch von der **mov**-Instruktion berechnet, die erst in Stufe EX ist. Es besteht somit eine *Abhängigkeit* zwischen den Befehlen. Die Abhängigkeit ist in der Abbildung farblich gekennzeichnet.

Der benötigte Wert von **ebx** wird erst zur Verfügung stehen, wenn die **mov**-Instruktion die Stufe M beendet hat. Die Ausführung der **add**-Instruktion muss solange angehalten werden. Dieser Vorgang wird als *Stalling* bezeichnet. Die Stufe EX wird als *leer* markiert, sobald die **mov**-Instruktion die Stufe verlässt. Man sagt, dass die Stufe dann eine *Pipeline-Bubble* enthält.

Sobald die **mov**-Instruktion in Stufe WB angekommen ist, können wir das Ergebnis abgreifen und mit der Ausführung der **add**-Instruktion fortfahren. Dadurch wird ein Zyklus eingespart. Diese Technik wird als *Forwarding* bezeichnet. Forwarding eignet sich ebenfalls für das Ergebnis von RRmov und ALU-Instruktionen. Das Ergebnis kann dann bereits in Stufe EX abgegriffen werden.

Eine weitere Möglichkeit, Stalling zu vermeiden, ist die *Spekulation*. Betrachten Sie den Fall einer **jnz**-Instruktion, die auf eine ALU-Instruktion folgt. Zur Berechnung des IPs der nächsten Instruktion müssten wir auf das Ergebnis der ALU-Instruktion warten. Diese Situation wird als *Datenabhängigkeit* bezeichnet. Um die Wartezeit zu vermeiden, *raten* moderne Prozessoren den Wert des nächsten Instruction Pointers mit einer Sprungvorhersageeinheit. Falls sich die Vorhersage als fehlerhaft erweist, wird die entsprechende fehlerhafte Instruktion einfach durch eine Pipeline-Bubble ersetzt. Gute Vorhersageeinheiten erreichen Trefferraten von bis zu 99%.

Mnemonic	Bedeutung	Opcode

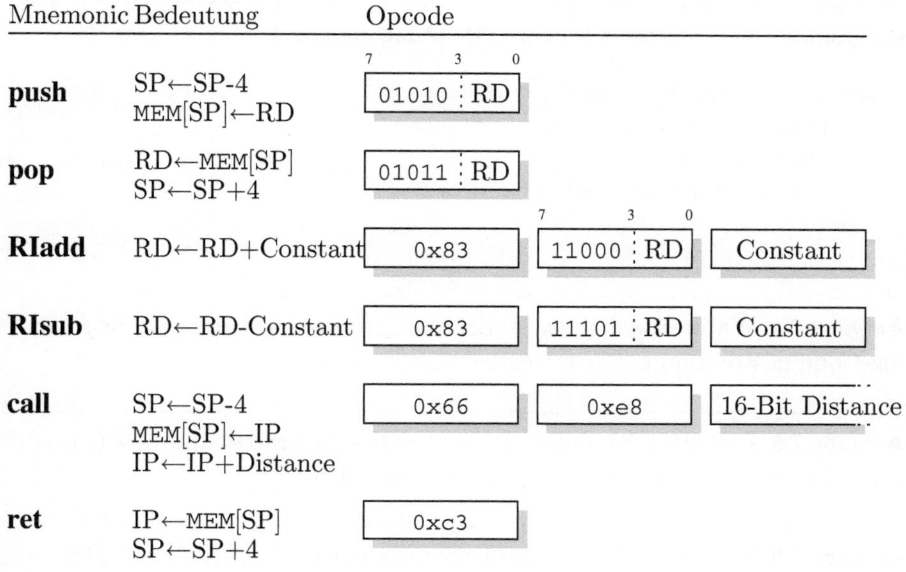

Abbildung 7.12. Weitere Befehle für unseren Y86-Prozessor

7.5 Aufgaben

Aufgabe 7.1 Erweitern Sie den Y86 um die Befehle **RIadd** und **RIsub**. Diese Befehle verwenden statt des zweiten Quellregisters eine Konstante, die in die Instruktion eincodiert ist. Die Konstante wird vor der arithmetischen Operation auf 32 Bits vorzeichenerweitert. Das Instruktionsformat ist in Abbildung 7.12 spezifiziert. Erweitern Sie zunächst den Simulator und dann die Verilog-Implementierung.

Aufgabe 7.2 Erweitern Sie den Y86 um die Befehle **push** und **pop**, spezifiziert in Abbildung 7.12. Erweitern Sie zunächst den Simulator und dann die Verilog-Implementierung.

Aufgabe 7.3 Erweitern Sie den Y86 um die Befehle **call** und **ret**, spezifiziert in Abbildung 7.12. Erweitern Sie zunächst den Simulator und dann die Verilog-Implementierung. Wozu werden diese Befehle verwendet?

7.8   **Programm 7.8 (Eine alternative nextIP-Implementierung?)**

```
always @(posedge clk)
  if(ue[1]) begin
    IP<=IP+length;
    if(btaken) IP<=IP+distance;
  end
```

7.4   **Aufgabe 7.4** Wie würde die nextIP-Schaltung aussehen, wenn man den Verilog-Code in Programm 7.8 verwendet hätte?

7.5   **Aufgabe 7.5** Erweitern Sie den Y86 um die OF- (Overflow) und CF- (Carry) Flag-Register und die entsprechenden Sprungbefehle.

7.6   **Aufgabe 7.6** Schreiben Sie eine Implementierung der sequenziellen Y86 auf Register Transfer Ebene in einer Programmiersprache wie C++ oder Java. Vergleichen Sie die Geschwindigkeit Ihrer Simulation mit der Simulation des Verilog-Modells durch ModelSim.

7.7   **Aufgabe 7.7** Schätzen Sie die Kosten (Anzahl Gatter) jeder Stufe der sequenziellen Y86-Implementierung ab.

7.8   **Aufgabe 7.8** Ermitteln Sie den kritischen (längsten) Pfad der sequenziellen Y86-Implementierung. Gehen Sie dabei davon aus, dass der Speicher (am Systembus) langsamer als die ALU ist. Erkennen Sie Auswirkungen auf aktuelle Prozessordesigns?

7.9   **Aufgabe 7.9** Bestimmen Sie den längsten Pfad in der nextIP-Schaltung. Schlagen Sie eine schnellere Schaltung vor!

7.10   **Aufgabe 7.10** Der Stromverbrauch einer Schaltung lässt sich dadurch verringern, dass Register nur dann aktualisiert werden, wenn dies unbedingt nötig ist. Die Bedingung, unter der ein Register aktualisiert wird, wird als *Clock Gate* des Registers bezeichnet.

a) Identifizieren Sie Register in der Y86-Implementierung, bei denen eine solche Einsparung möglich ist, und geben Sie möglichst starke Clock Gates für diese Register an.

b) Verwenden Sie ein Simulationsmodell, um die Einsparung abzuschätzen.

Aufgabe 7.11 Erweitern Sie den Simulator, so dass ELF (Executable and Linking Format) Programme eingelesen werden können. Sie dürfen dabei auf externe Programme zurückgreifen, wie z. B. `objdump` oder `readelf`.

7.11

Aufgabe 7.12 Können Sie sich eine Situation vorstellen, in der man einmal eingefügte Pipeline-Bubbles wieder (vor dem Ende der Pipeline) entfernen möchte?

7.12

Aufgabe 7.13 Entwerfen Sie eine Kontrolleinheit für eine Y86-Implementierung mit Pipeline.

7.13

7.6 Literatur

7.6

Die Y86-Architektur wurde von R. Bryant und D. O'Hallaron entworfen und ist in [BO03] beschrieben. Neben der Architekturbeschreibung und einer sequenziellen und einer Pipeline-Implementierung finden sich dort auch Details zur Programmiersprache C, zu Compilern und Betriebssystemen, Socket-Programmierung und paralleler Software. Detailierte Informationen zur IA32-Architektur von Intel gibt es auf den Webseiten der Firma. Eine gute Einführung zur Assembler-Programmierung unter Linux gibt Jonathan Bartlett [Bar04].

Ein gut dokumentierter Vertreter der RISC-Architekturen ist die *DLX*. Die Pipeline der DLX ist auch die Grundlage unserer Y86-Implementierung. Die DLX wurde von Hennessy und Patterson zunächst für akademische Zwecke entworfen [HP96, PH94], und anschließend als MIPS-Architektur kommerzialisiert [KH92]. Eine Zusammenfassung der DLX-Befehle findet sich in [SK96]. Müller und Paul beschreiben und verifizieren die Implementierung einer typischen DLX-Pipeline einschließlich einer Floating-Point-Einheit [MP00]; als Besonderheit finden sich dort auch die dazugehörigen Korrektheitsbeweise. Die SPARC und die PA-RISC Architekturen sind kommerzielle Varianten der DLX und in [SPA92, Hew94] zu finden. Eine weitere kompakte Architektur wird in [Wir95] beschrieben.

Literaturverzeichnis

[Bar04] Jonathan Bartlett. *Programming From The Ground Up*. Bartlett Publishing, 2004.

[BCRZ99] A. Biere, E. Clarke, E. Raimi, and Y. Zhu. Verifying safety properties of a PowerPC microprocessor using symbolic model checking without BDDs. In Nicolas Halbwachs and Doron Peled, editors, *Proceedings of the 11th International Conference on Computer Aided Verification (CAV'99)*, volume 1633 of *Lecture Notes in Computer Science*, pages 60–71. Springer, 1999.

[BD94] Jerry R. Burch and David L. Dill. Automatic verification of pipelined microprocessors control. In David L. Dill, editor, *Proceedings of the sixth International Conference on Computer-Aided Verification (CAV'94)*, volume 818 of *Lecture Notes in Computer Science*, pages 68–80. Springer, 1994.

[BM96] E. Boerger and S. Mazzanti. A practical method for rigorously controllable hardware design. In J.P Bowen, M.B. Hinchey, and D. Till, editors, *ZUM'97: The Z Formal Specification Notation*, volume 1212 of *Lecture Notes in Computer Science*, pages 151–187. Springer, 1996.

[BO03] Randal E. Bryant and David R. O'Hallaron. *Computer Systems, A Programmer's Perspective*. Prentice Hall, 2003.

[Bry86] Randal E. Bryant. Graph-based algorithms for boolean function manipulation. *IEEE Transactions on Computers*, C-35(8):677–691, August 1986.

[CGM86] A. Camilleri, M. Gordon, and T. Melham. Hardware verification using higher order logic. In *From HDL Descriptions to Guaranteed Correct Circuit Designs*, pages 41–66. North-Holland, 1986.

[CGP99] Edmund M. Clarke, Orna Grumberg, and Doron Peled. *Model Checking*. MIT Press, Cambridge, MA, 1999.

[CKZ96] Edmund Clarke, M. Khaira, and X. Zhao. Word level model checking - avoiding the Pentium FDIV error. In *33rd Design Automation Conference (DAC'96)*, pages 645–648, New York, 1996. ACM Press.

[Coe95] Tim Coe. Inside the Pentium FDIV bug. *Dr. Dobb's Journal of Software Tools*, 20(4), Apr 1995.

[CRSS94] D. Cyrluk, S. Rajan, N. Shankar, and M. K. Srivas. Effective theorem proving for hardware verification. In *2nd International Conference on Theorem Provers in Circuit Design*, volume 901 of *Lecture Notes in Computer Science*, pages 203–222. Springer, 1994.

[Cyr93] David Cyrluk. Microprocessor verification in PVS: A methodology and simple example. Technical Report SRI-CSL-93-12, SRI Computer Science Laboratory, 1993.

[FL98]   John Fitzgerald and Peter Gorm Larsen. *Modelling Systems*. Cambridge University Press, 1998.

[Fri01]   Klaus Fricke. *Digitaltechnik*. Vieweg, 2001.

[GKP94]   Ronald L. Graham, Donald E. Knuth, and Oren Patashnik. *Concrete Mathematics: A Foundation for Computer Science*. Addison-Wesley Longman Publishing Co., Inc., 1994.

[Gol95]   Ulrich Golze. *VLSI-Entwurf eines RISC-Prozessors - Eine Einführung in das Design großer Chips und die Hardware-Beschreibungssprache VERILOG HDL*. Vieweg, 1995.

[Hew94]   Hewlett Packard. *PA-RISC 1.1 Architecture Reference Manual*, 1994.

[HP96]   John L. Hennessy and David A. Patterson. *Computer Architecture: A Quantitative Approach*. Morgan Kaufmann Publishers, INC., 2nd edition, 1996.

[Hun94]   Warren A. Hunt. *FM8501, a verified microprocessor*, volume 795 of *Lecture Notes in Artificial Intelligence and Lecture Notes in Computer Science*. Springer, 1994.

[IEE85]   Institute of Electrical and Electronics Engineers. *ANSI/IEEE standard 754-1985, IEEE Standard for Binary Floating-Point Arithmetic*, 1985.

[JNFSV97]   Jawahar Jain, Amit Narayan, M. Fujita, and A. Sangiovanni-Vincentelli. A survey of techniques for formal verification of combinational circuits. In *International Conference on Computer Design: VLSI in Computers and Processors (ICCD '97)*, pages 445–454. IEEE Society Press, 1997.

[Joy88]   Jeffrey J. Joyce. Formal specification and verification of microprocessor systems. *Microprocessing & Microprogramming*, 24(1-5):371–8, 1988.

[Kae08]   Hubert Kaeslin. *Digital Integrated Circuit Design: From VLSI Architectures to CMOS Fabrication*. Cambridge University Press, 2008.

[Kat94]   Randy H. Katz. *Contemporary Logic Design*. Benjamin Cummings, 1994.

[KH92]   Gerry Kane and Joe Heinrich. *MIPS RISC Architecture*. Prentice Hall, 1992.

[LF80]   Richard E. Ladner and Michael J. Fischer. Parallel prefix computation. *Journal of the ACM*, 27(4):831–838, 1980.

[Man93]   M. Morris Mano. *Computer System Architecture*. Prentice Hall, 3rd edition, 1993.

[McM93]   Kenneth L. McMillan. *Symbolic Model Checking*. Kluwer, 1993.

[MP95]   Silvia M. Müller and Wolfgang J. Paul. *The Complexity of Simple Computer Architectures*. Lecture Notes in Computer Science 995. Springer, 1995.

[MP00] Silvia M. Müller and Wolfgang J. Paul. *Computer Architecture: Complexity and Correctness.* Springer, 2000.

[Par00] Behrooz Parhami. *Computer Arithmetic: Algorithms and Hardware Designs.* Oxford Univ. Press, 2000.

[PH94] David A. Patterson and John L. Hennessy. *The Hardware/Software Interface.* Morgan Kaufmann Publishers, INC., San Mateo, CA, 1994.

[Sch00] Uwe Schöning. *Logik für Informatiker.* Spektrum Akademischer Verlag, Berlin, 5. edition, 2000.

[SH99] Jun Sawada and Warren A. Hunt. Results of the verification of a complex pipelined machine model. In Laurence Pierre and Thomas Kropf, editors, *Correct Hardware Design and Verification Methods: IFIP WG 10.5 Advanced Research Working Conference, CHARME '99,* pages 313–316. Springer, 1999.

[SK96] Philip M. Sailer and David R. Kaeli. *The DLX Instruction Set Architecture Handbook.* Morgan Kaufmann, San Francisco, 1996.

[SPA92] SPARC International Inc. *The SPARC Architecture Manual.* Prentice Hall, 1992.

[Thu04] Frank Thuselt. *Physik der Halbleiterbauelemente.* Springer, 2004.

[TM91] Donald E. Thomas and Philip Moorby. *The Verilog Hardware Description Language.* Kluwer, 1991.

[TS99] Ulrich Tietze and Christoph Schenk. *Halbleiter-Schaltungstechnik.* Springer, Heidelberg, 11. edition, 1999.

[WD96] Jim Woodcock and Jim Davies. *Using Z.* Prentice Hall, 1996.

[Wir95] Niklaus Wirth. *Digital Circuit Design.* Springer, 1995.

[Zwo03] Mark Zwoliński. *Digital System Design with VHDL.* Pearson Education, 2nd edition, 2003.

Index